辽河油田 50 年勘探开发科技丛书

U0343887

# 辽河油田岩性地层油气藏精细勘探

主编◎刘宝鸿

副主编◎邹丙方 陈 昌 裴家学 杨光达

石油工业出版社

## 内 容 提 要

本书为《辽河油田 50 年勘探开发科技丛书》之一，重点介绍了辽河油田岩性地层油气藏形成的基本地质条件、分布特征和成藏模式。总结了辽河坳陷相关凹陷等具代表性的岩性地层油气藏勘探实践成果，探讨了适合辽河坳陷及外围地区地质特点和符合岩性地层油气藏分布规律的勘探思路和方法，并对相应的勘探技术进行了总结。

本书对辽河油田岩性地层油气藏的深化勘探具有重要的指导意义，对油气勘探理论研究人员、高等院校师生和生产实践工作者均具有重要参考价值。

**图书在版编目（CIP）数据**

辽河油田岩性地层油气藏精细勘探 / 刘宝鸿主编 .
—北京：石油工业出版社，2022.12
（辽河油田 50 年勘探开发科技丛书）
ISBN 978-7-5183-5808-3

Ⅰ．①辽…　Ⅱ．①刘…　Ⅲ．①岩性油气藏 – 油气勘探
– 辽宁　Ⅳ．① P618.130.8

中国版本图书馆 CIP 数据核字（2022）第 236747 号

出版发行：石油工业出版社
　　　　（北京安定门外安华里 2 区 1 号　100011）
　　　　网　　址：www.petropub.com
　　　　编辑部：（010）64523708
　　　　图书营销中心：（010）64523633
经　　销：全国新华书店
印　　刷：北京中石油彩色印刷有限责任公司

2022 年 12 月第 1 版　2022 年 12 月第 1 次印刷
787×1092 毫米　开本：1/16　印张：15.75
字数：330 千字

定价：88.00 元

# 《辽河油田 50 年勘探开发科技丛书》

## 编 委 会

主　　编：任文军

副 主 编：卢时林　于天忠

编写人员：李晓光　周大胜　胡英杰　武　毅　户昶昊

　　　　　赵洪岩　孙大树　郭　平　孙洪军　刘兴周

　　　　　张　斌　王国栋　谷　团　刘宝鸿　郭彦民

　　　　　陈永成　李铁军　刘其成　温　静

# 《辽河油田岩性地层油气藏精细勘探》

## 编 写 组

主　　编：刘宝鸿

副 主 编：邹丙方　陈　昌　裴家学　杨光达

编写人员：韩宏伟　时林春　李敬含　刘东旭　席文艳

陈仁军　于海波　赵立旻　张　卓　张海栋

张子璟　李子敬　董德胜　卢明德　张瑞斌

蓝　阔　康武江　李玉金　徐　锐　白东昆

周　艳　李　明　姜　立　解宝国　李　鑫

何浩瑄　杜庆国　杨　曦　郝　亮　田　涯

李秀明　王　洋　刘晓丽　张甲明　刘兴周

辽河油田从 1967 年开始大规模油气勘探，1970 年开展开发建设，至今已经走过了五十多年的发展历程。五十多年来，辽河科研工作者面对极为复杂的勘探开发对象，始终坚守初心使命，坚持科技创新，在辽河这样一个陆相断陷攻克了一个又一个世界级难题，创造了一个又一个勘探开发奇迹，成功实现了国内稠油、高凝油和非均质基岩内幕油藏的高效勘探开发，保持了连续三十五年千万吨以上高产稳产。五十年已累计探明油气当量储量 25.5 亿吨，生产原油 4.9 亿多吨，天然气 890 多亿立方米，实现利税 2800 多亿元，为保障国家能源安全和推动社会经济发展作出了突出贡献。

辽河油田地质条件复杂多样，老一辈地质家曾经把辽河断陷的复杂性形象比喻成"将一个盘子掉到地上摔碎后再踢上一脚"，素有"地质大观园"之称。特殊的地质条件造就形成了多种油气藏类型、多种油品性质，对勘探开发技术提出了更为"苛刻"的要求。在油田开发早期，为了实现勘探快速突破、开发快速上产，辽河科技工作者大胆实践、不断创新，实现了西斜坡 10 亿吨储量超大油田勘探发现和开发建产、实现了大民屯高凝油 300 万吨效益上产。进入 21 世纪以来，随着工作程度的日益提高，勘探开发对象发生了根本的变化，油田增储上产对科技的依赖更加强烈，广大科研工作者面对困难挑战，不畏惧、不退让，坚持技术攻关不动摇，取得了"两宽两高"地震处理解释、数字成像测井、SAGD、蒸汽驱、火驱、聚/表复合驱等一系列技术突破，形成基岩内幕油气成藏理论，中深层稠油、超稠油开发技术处于世界领先水平，包括火山岩在内的地层岩性油气藏勘探、老油田大幅提高采收率、稠油污水深度处理、带压作业等技术相继达到国内领先、国际先进水平，这些科技成果和认识是辽河千万吨稳产的基石，作用不可替代。

序

FOREWORD

值此油田开发建设 50 年之际，油田公司出版《辽河油田 50 年勘探开发科技丛书》，意义非凡。该丛书从不同侧面对勘探理论与应用、开发实践与认识进行了全面分析总结，是对 50 年来辽河油田勘探开发成果认识的最高凝练。进入新时代，保障国家能源安全，把能源的饭碗牢牢端在自己手里，科技的作用更加重要。我相信这套丛书的出版将会对勘探开发理论认识发展、技术进步、工作实践，实现高效勘探、效益开发上发挥重要作用。

辽河油田 50 年勘探开发，从 1973 年认识到西部凹陷西斜坡存在岩性油气藏开始，岩性地层油气藏的勘探工作方兴未艾。特别是在各凹陷构造油气藏勘探程度不断提高、勘探难度日趋困难的形势下，勘探工作把岩性地层圈闭作为主要对象，通过不断的攻关研究和钻探实践，逐步形成了适合辽河坳陷及外围中生代盆地地质特点和符合岩性地层油气藏分布规律的勘探思路和方法，取得了一系列的勘探成果，并形成了相应的地质认识及配套勘探技术。

根据"十三五"资源评价结果，辽河坳陷及外围碎屑岩油藏剩余石油地质资源为 $7.73 \times 10^8 t$，岩性地层油气藏勘探仍有较大潜力。编写本书的目的是系统总结 50 年来辽河油田岩性地层油气藏勘探取得的成果认识，探讨岩性地层油气藏形成的基本规律和勘探实践，指导未来油气勘探，为辽河油田的增储上产做出更大贡献。

全书共分六章，分别介绍了辽河坳陷的地质背景、岩性地层油气藏形成的基本条件、分布特征和成藏模式，并通过不同地区、不同特点的岩性地层油气藏勘探实践，总结了岩性地层油气藏的勘探方法和技术，具有较强的针对性和实用性。

本书由刘宝鸿任主编，邹丙方、陈昌、裴家学、杨光达任副主编。各章具体编写人员如下：前言：刘宝鸿、邹丙方；第一章：李玉金、康武江、徐锐、白东昆；第二章：韩宏伟、时林春；第三章：于海波、张海栋、张子璟；第四章：周艳、姜立；第五章：邹丙方、蓝阔、董德胜、卢明德、张瑞斌；第六章：陈仁军、赵立旻、张卓、郝亮、杨曦、李明、李子敬、李敬含、刘东旭、席文艳、田涯、李秀明、王洋、刘晓丽、张甲明、何浩瑄、杜庆国、李鑫、解宝国。本书最后由刘兴周、刘宝鸿、邹丙方统一审核、修改并定稿。在此，对这些作者和审稿人员的辛勤劳动表示衷心的感谢，同时对为本书编写提供资料的专家表示诚挚的谢意。

本书编写过程中，得到了辽河油田勘探部、科技部、勘探开发研究院及相关所领导、专家的指导和帮助，在此一并感谢！

由于编者水平有限，书中难免出现不妥之处，敬请广大读者批评指正。

目　录

# 第一章 概 述

　　辽河坳陷油气资源丰富，经过 50 年的勘探开发，岩性地层油气藏已经成为勘探增储的重要领域。本章通过岩性地层油藏概念的提出和内涵的演变过程的回顾，明确了本书岩性地层油气藏的范畴，并介绍了国内外相关类型油气藏的勘探进展。从认识提升、技术进步、勘探思路、勘探发现等方面，系统总结了辽河油田 50 年来岩性地层油气藏的勘探历程，分析了勘探潜力和进一步的勘探方向。

## 第一节　岩性地层油气藏简介

　　油气藏是一种能阻止油气继续运移并能在其中聚集的场所。自从 1859 年开始有目的地进行工业性油气勘探开发以来，国内外许多学者从不同角度、不同目的出发，根据油气藏勘探的难易程度、圈闭成因、储层形态、储量或产量规模、烃类相态等因素，提出了多种分类方案。岩性地层油气藏的概念是随着油气勘探活动的推进，为了探索非背斜（构造或断块）油气藏的成藏规律，在勘探的难易程度、圈闭成因、储层形态的划分方案中提出并逐步演变而来的。

　　1844 年，Logan 根据背斜中产油的地质现象，提出了背斜圈闭的概念。1880 年，Carll 注意到非构造圈闭（non-structural trap）的存在；1934 年，Wilson 提出非构造圈闭是"由于岩层孔隙度变化而封闭的储层"；1936 年，Levorson 提出了岩性地层圈闭（stratigraphic traps）的概念，1954 年，Levorson 将圈闭分为构造圈闭（structural trap）、岩性地层圈闭、复合圈闭（combination trap）和流体圈闭（fluid trap），并进一步将岩性地层圈闭分为原生圈闭及次生圈闭。1966 年，Levorson 在 AAPG 上发文提出隐蔽圈闭（subtle trap）的概念；Halbouty 将圈闭分为构造圈闭、隐蔽圈闭、复合圈闭，进一步将隐蔽圈闭区分为地层圈闭（stratigraphic trap）、不整合圈闭（unconform trap）及古地貌圈闭（paleogeo-morphic trap）[1-2]。

　　我国也有多种圈闭 / 油气藏分类方案。张厚福等将圈闭分为构造圈闭和地层圈闭，进一步将地层圈闭分为原生砂岩体型、生物礁块型、地层不整合遮挡型、地层超覆不整合型[3]；胡见义等将圈闭分为构造圈闭和非构造圈闭，进一步将非构造圈闭分为岩性圈闭、地层圈闭、混合圈闭和水动力圈闭[4]；贾承造等将圈闭分为构造圈闭、岩性地层圈闭和复合圈闭，进一步将岩性地层圈闭分为岩性圈闭和地层圈闭，将复合圈闭分为构造—岩性和构造—地层圈闭[1]。

　　总体来说，构造圈闭是由于地壳运动使地层发生变形或变位而形成的圈闭，构造作用是圈闭形成的主控因素，特征较明显，常规勘探手段较容易发现。非构造圈闭指因储层岩性沿横向变化，或由于纵向沉积连续性中断而形成的圈闭。沉积作用、剥蚀作用、成岩作用是构造圈闭形成的主控因素，特征不明显，常规勘探手段不易发现，也是隐蔽油气藏的主要内涵[5]。

根据油气藏成因及圈闭形态，结合辽河探区勘探对象的特殊性，辽河油田将油气藏划分为构造油气藏、岩性地层油气藏、潜山油气藏和复合油气藏4大类11亚类（表1-1-1）。

本书中所称岩性地层油气藏专指碎屑岩类油气藏，其概念等同于贾承造等所称岩性地层油气藏和构造—岩性油气藏[1]。具体定义为由沉积、成岩、构造与火山等作用而造成的地层削截、超覆、相变，使碎屑岩类储集体在纵横向上发生变化，并在三维空间形成圈闭和聚集油气而形成的油气藏。

表1-1-1 辽河探区油气藏类型划分表

| 大类 | 亚类 | 种类 | 实例 |
|---|---|---|---|
| 构造油气藏 | 背斜油气藏 | 披覆背斜油气藏 | 兴隆台井沙一至沙二段，月东井东一段、馆陶组 |
| | | 滚动背斜油气藏 | 齐2-7-10井沙三段，欧利坨子井沙一段中亚段 |
| | | 挤压背斜油气藏 | 牛居井沙一段，双台子井沙二段 |
| | 断鼻油气藏 | 断鼻油气藏 | 法101井沙三段，欢4井、欢103井杜家台，锦16井沙二段 |
| | 断块油气藏 | 断块油气藏 | 杜124井、欢9井沙四段，锦607井沙三段，锦270沙井二段 |
| | 泥底辟油气藏 | 泥底辟油气藏 | 沈143井沙三段 |
| 岩性地层油气藏 | 岩性油气藏 | 砂岩上倾尖灭油气藏 | 茨榆坨沙三段，欢齐斜坡带齐2-22-309井沙三段 |
| | | 砂岩透镜体油气藏 | 坨19井沙三段，锦612井、齐62井沙三段 |
| | | 物性封堵油气藏 | 海57井沙三段，沈358井沙四段 |
| | | 沥青封堵油藏 | 杜67块、杜84块馆陶组 |
| | | 火成岩油气藏 | 欧26区块沙三段，洼609井、坨32井中生界 |
| | 地层油气藏 | 地层超覆油气藏 | 铁17井沙三段，杜92井沙四段杜家台 |
| | | 不整合遮挡油气藏 | 胜15井沙三段，青龙台井沙三段 |
| 潜山油气藏 | 古地貌潜山油气藏 | 古地貌潜山油气藏 | 曙古32井古生界，齐2-16-06井新太古界 |
| | 块状潜山油气藏 | 块状潜山油气藏 | 赵古1井、哈36井、东胜堡井、边台井新太古界 |
| | 潜山内幕油气藏 | 内幕层状油气藏 | 曙125井古生界，沈229井、沈262井中—新元古界 |
| | | 变质岩内幕似层状油气藏 | 兴隆台井新太古界，沈289井新太古界 |
| 复合油气藏 | 岩性—构造油气藏 | 岩性—构造油气藏 | 锦611井沙二段，马深1井沙三段，沈225井、沈241井沙四段 |
| | 构造—岩性油气藏 | 构造—岩性油气藏 | 齐2-20-11井沙四段，洼111井、双229井沙一段 |

# 第二节 岩性地层油气藏的勘探进展

## 一、国外岩性地层油气藏勘探进展

自 1966 年美国著名石油学家 Levorson 提出勘探隐蔽圈闭以来，世界各国都加强了地层不整合、岩性及古地貌等圈闭的油气勘探。随着勘探技术和地质理论水平的不断提高，人们对隐蔽油气藏的勘探也取得了较大进展，有关的新理论和新方法不断得到突破和应用，如层序地层学、成藏动力学、流体压力封存箱、构造坡折带等。形成了一套较有效的勘探流程和技术方法，三维地震采集处理技术、测井约束反演技术、Seislog 预测技术、叠前深度偏移、成像测井等十几项新技术的应用，在砂体追踪描述等方面为隐蔽油气藏勘探提供了强有力的技术支持。

20 世纪 90 年代以来，采用层序地层学和三维地震相结合的方法，在东非莫桑比克、坦桑尼亚海岸大陆边缘盆地、南大西洋被动大陆边缘转换带、巴西海域、墨西哥湾、澳大利亚西北陆架被动大陆边缘盆地，西西伯利亚、滨里海、东非肯尼亚裂谷等裂谷盆地，阿拉斯加北坡、中东等前陆盆地，勘探各类扇体获得成功，发现了许多以岩性地层油气藏为主的亿吨级油气田。

## 二、国内岩性油气藏勘探进展

国内石油地质界对岩性地层油气藏的研究也在进行不断地探索。1983 年，中国石油学会和黑龙江省石油学会联合主办，在江苏无锡召开了"第一次全国隐蔽油气藏学术研讨会"，1996 年、2003 年和 2006 年分别组织召开了第二、第三届和第四届"隐蔽油气藏国际学术会议"，并出版了相应的论文集。根据我国油气藏的特点，这些会议和论文论著，对岩性地层油气藏的概念、分类、特征、分布规律等进行了系统的界定和描述，对岩性地层圈闭的勘探思路、方法与实例进行了总结 [1, 5]。

"十五"以来，各油气田企业、科研院所和相关院校，依托企业科技项目和国家科技专项，持续开展联合攻关研究，行业协会和各大石油公司也多次针对某种油气藏类型或特定盆地召开理论认识与工程技术交流会（研讨会），油气成藏理论认识和勘探开发技术得到了不断完善和提升，促进了我国岩性地层油气藏的发现和增储上产。

中国石油设立"岩性地层油气藏地质理论与勘探技术"重大科技攻关项目，中国石油勘探开发研究院与塔里木、新疆、华北、吉林等油田分公司开展联合攻关，在实践中总结提升，揭示了"三因素控砂、两相两带控储、六线四面控圈闭、三种组合控藏、十四种构造—层序成藏组合控区带"的岩性地层油气成藏理论；提出了坳陷盆地三角洲"前缘带控油"、陆相断陷盆地富油气凹陷"满凹含油"、陆相前陆盆地"冲断带扇体控油"、海相克拉通盆地"台缘高能相带控油"等油气富集规律，推动了勘探方向从构造高点转向构造围斜和向斜区。

"十二五"期间，针对岩性油气藏勘探面临的发育环境多样、成藏机制复杂、富集因素和战略选区不明、低产低效等难题，中国石油勘探开发研究院依托国家科技重大专项"大型特大型岩性地层油气田/区形成与分布研究"及相关配套科技项目，以各类典型油气藏实例解剖、新技术方法实验、成藏机理物理模拟研究、油气藏形成与分布评价预测等工作为基础，开展了岩性地层油气藏的储集体和圈闭类型、形成环境（斜坡带和凹陷中心）、成藏组合、富集因素与评价选区的系统综合研究，深化了四类盆地（断陷盆地、坳陷盆地、前陆盆地、克拉通盆地）岩性地层油气藏富集规律认识，形成针对性评价方法。构建了三类斜坡带（沉积坡折带、复杂断阶带、坡凸叠合带）、三类凹陷区（裂谷后期坳陷区、克拉通后坳陷区、伸展断陷凹陷区）、三种组合（源上、源内、源下）岩性油气藏成藏模式。提出岩性油气藏在陆相湖盆凹陷中心复合共生；斜坡区主体聚集，断裂、有利相带、压差三要素控制斜坡带油气富集；地层尖灭型油气藏成藏边界和规模受控于"一带一体"（地层尖灭带和不整合结构体）两大主控因素，风化岩溶型地层油气藏分布与富集受控于岩溶地层背景下的有利储层、断裂和局部构造三大关键要素；建立岩性油气藏和地层油气藏大油气区评价方法。实现了从中低丰度大面积成藏到大油气区规模聚集的认识跨越，推动了岩性地层油气藏勘探跳出局部圈闭和二级正向构造带向大油气区整体拓展[6-8]。

同时，持续开展地震资料采集处理、构造精细解释、储层预测、钻完井及油气层保护与改造增产等技术攻关研究，完善形成了针对各油气区特点的高精度地震采集、"两宽一高"地震采集、叠前偏移处理、叠前反演、多波多分量地震流体预测技术，高温+高压地层钻完井、薄互层多级分段压裂等勘探配套技术，促进岩性地层圈闭有效储层的精细刻画和低孔、低渗、低产油层的规模发现与效益建产。

近十年，岩性地层油气藏勘探获得了重大发现和进展，中国石油在准噶尔盆地玛湖凹陷西斜坡百口泉组、西南斜坡上乌尔禾组，塔里木盆地库车坳陷北部斜坡中生界，鄂尔多斯盆地陕北斜坡、陕东斜坡、姬塬斜坡的延长组，渤海湾盆地黄骅坳陷、冀中坳陷、辽河坳陷的古近系，以及松辽盆地中浅层、西斜坡，发现多个亿吨级储量区带。据统计，"十五"以来，岩性地层油气藏一直是我国石油勘探发现和增储上产的主体，探明储量占比近80%[7-9]。

根据第四次油气资源评价结果，中国石油矿权区剩余常规石油地质资源为 $313.12 \times 10^8 t$，其中陆上岩性地层（碎屑岩）剩余地质资源为 $135.42 \times 10^8 t$，占43%。岩性地层油气藏仍然是当前油气勘探最现实、最有潜力、最具普遍性的领域[10]。

# 第三节　辽河油田岩性地层油气藏的勘探历程及潜力

## 一、岩性地层油气藏的勘探历程

辽河坳陷及其外围盆地诸凹陷都是在复杂的基底结构基础上，经历拱张、裂陷和坳陷三大演化阶段发育起来的裂谷型断陷盆地，不仅发育类型多样的构造油气藏，也发育大量多种类型的、主要受地层和岩性变化控制的、具有一定分布规律性和复杂多变性的岩性地层油气藏。从1973年认识到西部凹陷西斜坡存在岩性地层油气藏开始，辽河油田就未停止该类油气藏的探索，特别是在正向二级构造带基本完成钻探的近二十年，勘探工作把岩性地层圈闭作为主要对象，开展了全面系统的攻关研究和钻探实践，逐步形成了适合辽河坳陷地质特点和符合岩性地层油气藏分布规律的勘探思路和方法，取得了一系列的勘探成果，新增储量占比逐渐增大（图1-3-1）。

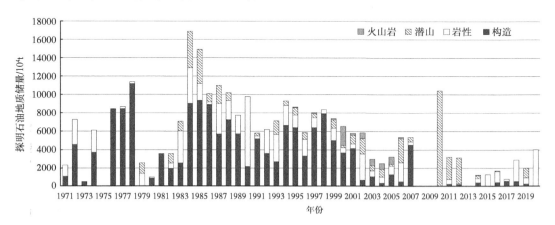

图1-3-1 辽河油田历年探明石油地质储量领域分布示意图

综合考虑勘探思路调整、相关理论技术发展、储量增长变化等因素，把岩性地层油气藏勘探大致划分为三个阶段。

### （一）岩性油气藏偶然发现阶段（20世纪70年代）

20世纪60年代按照"构造高点控油"理念钻探发现了热河台、黄金带两个油气田和黄金带、于楼、兴隆台等多个含油气构造后，70年代初钻探东部凹陷于楼—黄金带、大民屯凹陷前进构造带和西部凹陷兴隆台低断阶获工业油气流，认识到油气的聚集、富集，不仅受构造因素控制，还受岩相带的控制，构造岩相带是控制油气聚集的基本地质单元，从而建立了"二级构造带控油"理念。之后，按照该理念集中勘探西部凹陷兴隆台构造带及西部斜坡带，不仅发现了兴隆台、曙光、高升、欢喜岭4个亿吨级储量大油田，还偶然发现了于4、红1、黄1、黄5、热9、兴1、兴20、马19、前3、沈12、欢2、锦8等砂岩上倾尖灭油气藏、砂岩透镜体油气藏、构造—岩性油气藏（图1-3-2），上报岩性类探明石油地质储量 $2196 \times 10^4 t$、天然气地质储量 $48.07 \times 10^8 m^3$，分别占期间新增探明储量的17%、18%。岩性油气藏的偶然发现，初步展示了裂谷盆地油气成藏的复杂性。

### （二）以构造油气藏勘探思维兼探岩性地层阶段（20世纪80—90年代）

从20世纪70年代初认识到油气聚集受构造和岩相带双重控制开始，结合钻探实践，先后设立"辽河裂谷东部凹陷北部地区下第三系沙河街组一段和东营组沉积特征初步研究""辽河裂谷东部凹陷下第三系沉积特征初步研究""辽河盆地西部凹陷沙河街组沉积发育史与主要储体沉积特征""辽河断陷西部凹陷西斜坡非背斜油气藏的分布特征及近期勘探方向""辽河断陷盆地大民屯凹陷下第三系沉积相研究""储集岩的成岩后生作用和成岩后生封结型油气藏""各种非背斜圈闭油气藏特征分布规律和勘探方法""辽河盆地复式气藏形成条件及分布规律""西部凹陷馆陶组油藏形成条件分析""滩海东部成藏地质条件研究及勘探目标评价""开鲁盆地陆家堡坳陷中生界储层研究"等项目。持续开展了沉积体系、油气成藏条件、油气富集规律研究,成藏认识不断深化,并于 80 年代初加强了与渤海湾盆地其他油田协同研究,升华地质认识,建立了"复式油气聚集(区)带"理论,逐步认识到裂谷盆地具备岩性地层油气藏的成藏条件,并建立了包括岩性地层油气藏在内的不同类型构造带油气藏分布模式,岩性地层圈闭(油气藏)也逐渐成为部署研究主动寻找的目标之一。但受勘探阶段和技术条件的制约,20 世纪 80—90 年代,在以构造油气藏为主要对象进行勘探工作的同时,以"砂对砂、泥对泥"的较为简单的地层岩性对比手段为主,在复式油气聚集带的围斜部位发现了茨 11、牛 12、开 46、大 1、兴 41、冷 46、洼 16、齐 2、杜 129、张 1、沈 84、交 2、建 3 等地质现象较为明显,储层物性较好,单井产量较高的构造—岩性和岩性油气藏(图 1-3-2),新增岩性类探明石油地质储量 $3.9 \times 10^8 t$、天然气地质储量 $195.86 \times 10^8 m^3$,分别占期间新增探明储量的 24%、46%,在油田的增储上产中发挥了重要作用。

### (三)岩性地层油气藏勘探思路与技术探索阶段(2001—2010 年)

经过近 50 年的勘探开发,基本发现了辽河探区主要正向构造带规模较大的构造油气藏,但勘探目标呈现"低、深、难、稠、小"的特点,碎屑岩勘探进入了瓶颈期,储量发现急剧减少。勘探战线广大员工根据辽河探区"窄凹陷、近物源、相变快"的地质特点,主动转变思路,以层序地层学理论为指导,以辽河坳陷的坡洼过渡区和外围盆地的洼陷区为重点,开展岩性地层油气藏成藏条件与分布规律研究及勘探技术攻关,先后设立"东部凹陷中段石油地质特征研究及勘探目标评价""辽河西部凹陷油气成藏形成机制与有利勘探目标评价""辽河西部凹陷层序地层格架及其与岩性地层圈闭的关系""大民屯凹陷沙四段沉积体系及储层分布特征研究""辽河外围中生代盆地油气成藏条件及分布规律研究""滩海地区新近系成藏条件研究及目标选择""三维地震资料二次精细采集处理攻关"等项目。初步建立了西部凹陷、大民屯凹陷及个别地区的层序地层格架及陡坡型、缓坡型和洼陷型岩性地层油气藏成藏模式,形成了"古地貌控砂、相带控储、物性控藏"新认识;初步形成了适合辽河探区地质特点的层序地层学分析、岩相识别及古地理研究、三维地震资料二次精细采集、三维地震资料大面积连片叠前时间偏移处理、三维地震资料叠前深度偏移处理、地震—测井多参数联合储层预测、复杂油气层识别与评价等岩性油气藏勘探配套技术[11-14];相继发现了开 38、铁 17、锦 307、齐 233、雷 64、沈 225、沈 257,包14、奈 1、强 1 等构造—岩性和岩性油气藏,新增探明储量 $8745 \times 10^4 t$,占期间新增探明储量的18%，成为增储上产的重要补充（图1-3-2）。经过十年探索，辽河探区碎屑岩勘探实现了从构造向岩性的转变。

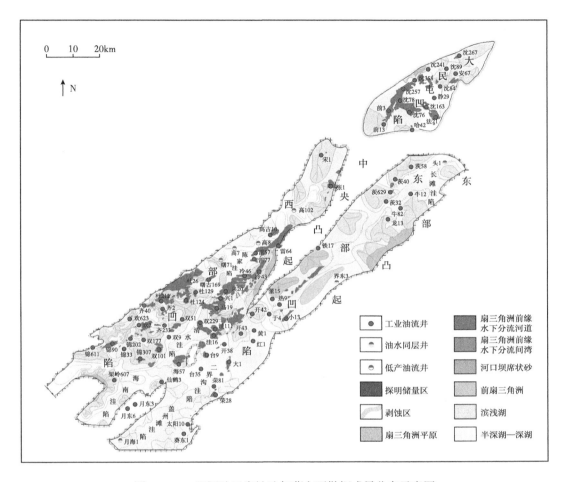

图1-3-2　辽河油田岩性油气藏主要勘探成果分布示意图

## （四）多学科联合攻关与规模发现阶段（2011年以来）

"十二五"以来，面对深层潜山、复杂岩性、火成岩、致密砂岩、页岩油成为主要勘探对象，资源品质越来越差的严峻局面，辽河油田依托"渤海湾盆地北部油气富集规律与油气增储领域研究""渤海湾盆地精细勘探关键技术""中国石油第四次油气资源评价""辽河油田千万吨持续稳产关键技术研究"等国家、中国石油、中国石油勘探与生产公司重点项目，充分挖掘地震、钻井、测井资料，用新理念、新思路、新技术、新方法重新认识富油气凹陷资源潜力，优选有利区带，针对资料、认识、工程等勘探难点，开展地震采集—处理—解释一体化、地质—工程一体化、勘探—开发一体化多学科联合攻关。针对岩性地层油气藏，先后设立"两宽一高地震资料采集攻关""两宽一高资料各向异性成像技术研究与应用""提高地震资料信噪比和分辨率的新方法研究与实践""西部凹陷东部陡坡带砂砾岩体分布特征及有效储层预测""大民屯凹陷西陡坡砂砾岩体有效储层预测""沈旦堡—青龙台陡坡带砂砾岩体控砂机制及分布规律""滩海东部构造沉积演化与成藏机制研究""辽河滩海地区层序地层、构造特征与油气成藏综合研究""陆家堡凹陷成藏控制因素分析及勘探目标优选""辽河低品位油藏有效开发关键技术研究与应用"等攻关研究项目，深化了岩性地层油气藏成藏的认识，完善了提高地震资料分辨率和成像精度、有效储层评价预测、油气层保护与改造增产等地质研究和工程技术，取得了较好效果。

通过构造演化、岩相古地理、沉积微相、油气供给能力、油气运聚方式等深入研究，深化了石油地质与成藏条件认识，建立断陷湖盆陡坡—洼陷带扇体连续发育和油气连续聚集模式，明确了西部凹陷东部陡坡带主干断裂大规模走滑机制、断层两翼多期扇体对接关系及发育规模，洼陷带"源储一体、油气连续聚集、多种油藏共生"的成藏规律[15-16]，完善了不同类型油气藏的成藏模式；形成了陡坡带巨厚砂砾岩油气藏有效储层评价及预测技术、洼陷带薄互层岩性油气藏有效储层预测和流体识别技术。

通过地震资料采集、处理、解释技术攻关，形成了较为成熟的以宽方位、宽频带、高密度为特征的"两宽一高"地震采集技术。以近地表吸收品质因子 $Q$ 补偿、$Q$ 偏移为代表的宽频保幅处理，和以高密度宽方位叠前去噪、五维数据规则化、OVT 域叠前偏移成像为核心的地震高分辨率处理技术，大幅度提高了复杂地质体成像精度，储层分辨能力显著提高。叠后地震储层预测技术持续进步，普及了属性分析、波阻抗反演技术，发展了敏感测井曲线重构反演技术，砂砾岩体叠前混合迭代预测技术，完善形成了岩石地球物理分析、薄储层叠前地震高分辨率预测与油气检测技术，提升了非均质有效储层的预测能力。

在工程技术上，针对岩性油气藏多为薄互层，储层物性差（中低孔、低—特低渗为主），直井产量低，储量升级动用难，洼陷区目标埋藏深、温压高等问题，按照"直井控制含油气面积、水平井提高产能"的部署思路，广泛应用水平井、多级分段压裂、高温＋高压地层钻完井等新技术，大幅度提高了油气藏发现概率和单井产量，实现了低孔低渗油气藏的规模储量发现和效益建产。

2011 年以来，在西部凹陷清东地区（双 229）、陆东凹陷后河地区（河 20）等洼陷带，大民屯凹陷西陡坡（沈 358）、西部凹陷东陡坡（雷 77）、笔架岭构造带（架岭 607）等斜坡带，实现了规模增储和开发上产，新增探明储量 $1.1 \times 10^8$t，占期间新增探明储量的 54%，成为增储建产的主力军（图 1-3-2）。

## 二、岩性地层油气藏的勘探潜力与勘探方向

经过多年探索，辽河探区碎屑岩勘探实现了从构造向岩性、从斜坡区向洼陷区、从中浅层到中深层的转变。截至 2020 年底，辽河探区累计探明石油地质储量 $25.16 \times 10^8$t，探明天然气地质储量 $725 \times 10^8$m³。其中，碎屑岩油藏探明石油地质储量 $20.05 \times 10^8$t，天然气均为碎屑岩气藏。

根据"十三五"资源评价结果，辽河坳陷和辽河外围剩余常规石油地质资源量

$20.46 \times 10^8$ t,剩余常规天然气地质资源量 $3505 \times 10^8$ m³。其中,辽河坳陷碎屑岩油藏剩余石油地质资源量 $7.73 \times 10^8$ t,占 46%;辽河外围剩余石油地质资源量 $3.51 \times 10^8$ t,以碎屑岩油藏为主(表 1.3.1),剩余常规天然气资源主要赋存于辽河坳陷富油气凹陷(洼陷)中深层的碎屑岩中。

根据最新研究成果,辽河探区致密油和页岩油地质资源量为 $15.35 \times 10^8$ t,致密气地质资源量为 $2472 \times 10^8$ m³;鄂尔多斯盆地辽河矿权区剩余石油地质资源量为 $5.27 \times 10^8$ t,天然气地质资源量为 $5155 \times 10^8$ m³,以致密油、页岩油、致密气为主。这些源储一体的非常规资源从储层岩性的角度看,也属于岩性地层油气藏的范畴,只是孔渗条件更差。

表 1-3-1 2020 年底辽河油田待探地质资源统计表

| 资源类型 | | 地区 | 地质资源量 | 探明储量 | 探明率 | 待探地质资源量 |
|---|---|---|---|---|---|---|
| | | | 油 /$10^8$t,气 /$10^8$m³ | 油 /$10^8$t,气 /$10^8$m³ | % | 油 /$10^8$t,气 /$10^8$m³ |
| 常规油 | 碎屑岩 | 辽河坳陷 | 27.4 | 19.67 | 71.8 | 7.73 |
| | 潜山 | | 11.59 | 4.19 | 36.2 | 7.40 |
| | 火成岩 | | 2.14 | 0.32 | 15.0 | 1.82 |
| | 辽河坳陷外围 | | 4.38 | 0.87 | 19.9 | 3.51 |
| | 小计 | | 45.51 | 25.05 | 55.0 | 20.46 |
| 常规气 | | 辽河坳陷 | 4230 | 725 | 17.1 | 3505 |
| 非常规 | 致密油 + 页岩油 | 辽河坳陷 | 8.09 | | | 8.09 |
| | | 辽河坳陷外围盆地辽河矿权区 | 7.26 | | | 7.26 |
| | | 鄂尔多斯 | 5.38 | 0.11 | 2.0 | 5.27 |
| | | 小计 | 20.73 | 0.11 | 0.5 | 20.62 |
| | 致密气 | 辽河坳陷 | 2472 | | | 2472 |
| | | 鄂尔多斯盆地辽河矿权区 | 5155 | | | 5155 |

注:辽河探区常规油气和致密气资源为"十三五"资源评价结果,致密油、页岩油和鄂尔多斯盆地辽河矿权区资源为 2020 年新研究成果。

总体来看,剩余资源以低孔低渗、开发难度大、经济效益差的低品位资源为主,但是鄂尔多斯盆地低渗透油气藏勘探开发的成功经验证实,随着勘探开发技术和管理水平的进一步提升,均可以转化为效益资源。因此,岩性地层油气藏仍然具有较大的勘探潜力,也是辽河油田油气勘探最现实、最有潜力的领域。

综合评价认为,辽河探区各富油气凹陷的洼陷带及其周边的斜坡带是下一步勘探的重点目标。包括辽河坳陷的"四洼""六坡",即清水—鸳鸯沟洼陷、黄金带—二界沟洼陷、牛居—长滩洼陷、荣胜堡洼陷,西部凹陷东部陡坡带和西部斜坡带、大民屯凹陷西部陡坡带和南部断阶带、东部凹陷西斜坡和青龙台—沈旦堡陡坡带；外围盆地陆家堡凹陷交力格洼陷、五十家子庙洼陷、马北斜坡，奈曼凹陷西部斜坡、钱家店凹陷胡力海洼陷、张强凹陷章古台洼陷。鄂尔多斯探区中生界三叠系长6段、长7段、长8段碎屑岩是石油勘探的重点，上古生界二叠系山1段、盒8段碎屑岩，下古生界寒武系马二段、张夏组碳酸盐岩为天然气勘探的重点。

## 参 考 文 献

[1] 贾承造，赵文智，邹才能，等. 岩性地层油气藏地质理论与勘探技术 [M]. 北京：石油工业出版社，2008.

[2] 张巨星，蔡国刚，郭彦民，等. 辽河油田岩性地层油气藏勘探理论与实践 [M]. 北京：石油工业出版社，2007.

[3] 张厚福，张万选. 石油地质学 [M]. 北京：石油工业出版社，1989.

[4] 胡见义，徐树宝. 非构造油气藏 [M]. 北京：石油工业出版社，1986.

[5] 李丕龙，庞雄奇. 隐蔽油气藏形成机理研与勘探实践 [M]. 北京：石油工业出版社，2004.

[6] 陶士振，袁选俊，侯连华，等. 大型岩性地层油气田（区）形成与分布规律 [J]. 天然气地球科学，2017，28（11）：1913−1624.

[7] 杜金虎. 发现大油气田 [M]. 北京：石油工业出版社，2018.

[8] 胡文瑞. 重新发现石油 [M]. 北京：石油工业出版社，2018.

[9] 胡素云，李建忠. 中国石油油气资源潜力分析与勘探选区思考 [J]. 石油实验地质，2020，42（5）：813−855.

[10] 李建忠，郑民，等. 第四次油气资源评价 [M]. 北京：石油工业出版社，2019.

[11] 鞠俊成，张凤莲，喻国凡，等. 辽河盆地西部凹陷南部沙三段储层沉积特征及含油性分析 [J]. 古地理学报，2004，3（1）：63−70.

[12] 单俊峰，陈振岩，回雪峰. 辽河西部凹陷岩性油气藏展布特征及有利勘探区带选择 [J]. 中国石油勘探，2005，29（4）：29−33.

[13] 冉波，单俊峰，金科，等. 辽河西部凹陷西斜坡南段隐蔽油气藏勘探实践 [J]. 特种油气藏，2005，12（1）：10−14.

[14] 孟卫工，孙洪斌. 辽河坳陷古近系碎屑岩储层 [M]. 北京：石油工业出版社，2007.

[15] 李晓光，单俊峰，陈永成，等. 辽河油田精细勘探 [M]. 北京：石油工业出版社，2017.

[16] 郭平，刘其成，赵庆辉，等. 辽河地震资料处理与地质开发实验 [M]. 北京：石油工业出版社，2017.

# 第二章　岩性地层油气藏形成的地质背景

按照板块学说，辽河坳陷是渤海湾盆地的一部分，属大陆裂谷盆地[1-2]。

辽河坳陷"拱张—裂陷—坳陷"的构造演化特点，形成了多期次复杂断裂系统及多类型构造样式。复杂的构造演化造成不同地区、不同时期地层充填方式及分布的差异，沉降、沉积中心在不同时期变化明显[3]。

这些地质背景，为岩性地层油气藏形成奠定了坚实的基础[4]。

## 第一节　沉积充填及地层序列

辽河坳陷是在复杂基底结构的基础上，自下而上充填古近系房身泡组、沙河街组四段、沙河街组三段、沙河街组一段至二段、东营组，新近系馆陶组、明化镇组和第四系平原组。沉积地层在垂向上表现出明显的旋回性和多层含油性特点[5-6]（图2-1-1）。

### 一、房身泡组（$E_{1-2}f$）

下段为玄武岩段，岩性为辉石玄武岩、橄榄玄武岩和少量凝灰岩；上段为暗紫色泥岩夹砂岩、碳质泥岩和煤层。该组顶部绝对年龄为46.4Ma，下段测值为56.4—65.0Ma。全区分布广泛，厚度变化为0~1200m（高参1井，1204m未穿；小3井，1122m未穿）。与前古近系呈角度不整合接触。

### 二、沙河街组四段（$E_2s_4$）

沙四段在地层中分布不均衡，东部凹陷缺失古近系沙四段，大民屯凹陷和西部凹陷仅见沙四段上部地层，以大民屯凹陷和西部凹陷牛心坨地区为沉降沉积中心，发育巨厚的暗色泥岩和规模较大的扇三角洲体系。大民屯凹陷沙四段以暗色泥岩为主夹油页岩，是该区的主力烃源岩。西部凹陷牛心坨地区在沙四段的底部发育含砾砂岩、砂岩、白云质灰岩与泥岩互层段，称之为牛心坨油层段，其上为大段泥岩，向南水体变浅。西部凹陷高升地区沙四段中部发育薄层油页岩、泥灰岩、鲕粒灰岩、粒屑灰岩夹砂岩，称为高升油层段。再往南，西部凹陷欢喜岭、齐家地区沙四段上部则发育间互的砂岩、砂砾岩与泥岩，顶部泥岩与油页岩间互，称为杜家台油层段。沙四段视厚度为0~813.5m，与下伏房身泡组为假整合至不整合接触，平均沉积速率为97m/Ma。

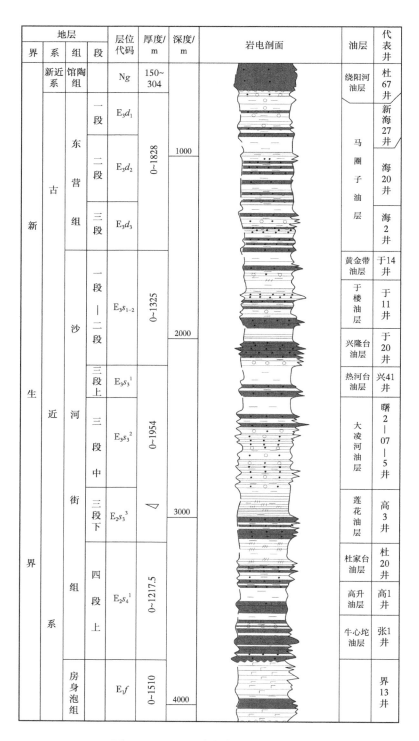

图 2-1-1　辽河坳陷古近系地层序列

## 三、沙河街组三段（$E_2s_3$）

沙三段沉积期，辽河坳陷进入主成盆期，$E_2s_3$ 沉积厚度大、沉积范围广，发育烃源岩和储层，但各凹陷沉积也有差异。大民屯凹陷湖盆收缩，湖水向南退缩，属水退式沉积，下部为互层砂岩与暗色泥岩，上部为互层砂砾岩与紫红色、灰绿色泥岩。西部凹陷水域广阔，呈东陡西缓的箕状深水湖盆，以厚层暗色泥岩沉积为主，在缓坡发育一系列扇三角洲砂体，陡坡有透镜状浊积砂体，湖盆中心发育了大面积的湖底扇砂体。东部凹陷由于补偿速度较快，使沙三段下部以暗色泥岩为主，中部以滨浅湖相互层砂、泥岩为主，上部为沼泽相互层砂、泥岩与碳质泥岩为主，热河台地区有厚层玄武岩分布，向南、北变薄。沙三段视厚度为 0~1861m（未穿），测得火山岩绝对年龄为 42.4~39.5Ma，平均沉积速率为 300m/Ma，与沙四段为假整合—整合接触。

## 四、沙河街组一至二段（$E_3s_{1-2}$）

沙二段是旋回早期底部粗粒充填沉积的产物，分布局限。西部凹陷南、北缺失沙二段，东部凹陷仅在于楼、热河台、牛居、大湾局部存在沙二段，大民屯凹陷及其他地区缺失沙二段。岩性主要为浅灰白色、肉红色砂砾岩、长石砂岩、钙质砂岩，局部砂岩夹泥岩、泥岩、鲕粒灰岩、生物灰岩等，与沙三段为假整合接触。

沙一段分布范围广，发育特殊岩性。大民屯凹陷和东部凹陷以砂岩与泥岩间互为特征，东部凹陷在黄金带、牛居、茨榆坨等地区见黑色玄武岩。西部凹陷岩性以暗色泥岩为主，与砂岩、砂砾岩呈不等厚互层，中部夹油页岩或生物灰岩、鲕粒灰岩，下部发育钙质页岩。沙一段沉积晚期沉积中心向南转移，西部凹陷南部至浅海滩地区发育大量厚层暗色泥岩。

沙二段视厚度为 0~380m，沙一段视厚度为 0~945m，沙一至沙二段底部测得火山岩绝对年龄为 38.4Ma，沙一至二段平均沉积速度为 283m/Ma。

## 五、东营组（$E_3d$）

视厚度为 0~1828m。岩性以灰绿色、绿灰色、褐灰色、棕红色泥岩、砂质泥岩，与浅灰色、灰白色砂岩、长石砂岩、砂砾岩、含砾砂岩间互为特征。双南、鸳鸯沟、马圈子以南和东部凹陷东部断阶带的剖面具有代表性。东部凹陷黄金带以南地区玄武岩层数多，厚度大，分布稳定，火山活动强烈。牛居凹陷、茨榆坨凹陷和大民屯凹陷的东北部地区也有两层厚度较薄的黑色玄武岩。测得玄武岩全岩钾氩年龄为 24.6~36.0Ma。东营组最大揭示厚度为 2278m 未穿（LHl3-1-1 井），与沙一段为整合—假整合接触关系。

## 六、新近系（N）

新近系主要包括馆陶组（Ng）和明化镇组（Nm）。馆陶组以厚层砂砾岩沉积为主，夹少量砂质泥岩，在东部凹陷大平房地区有玄武岩分布。明化镇组下段较细，上段变粗，以砂、砾、泥岩互层为特征。地层厚度一般为 800~1000m，向盆地南部增厚，与古近系呈角度不整合接触。

## 七、第四系平原组（Qp）

平原组主要为粉砂质夹黏土、泥砾与砂砾层，一般厚度为 200~300m。

# 第二节 构造特征及演化

辽河坳陷新生代的构造特征受主干断裂控制，不同构造单元呈现出各具特色的结构和构造样式。

## 一、坳陷结构特征

根据基底性质、盖层构造特点和一级断层的控制作用，辽河坳陷整体划分为"三凸三凹"六个一级构造单元[7]（图 2-2-1），即西部凹陷、东部凹陷、大民屯凹陷和西部凸起、中央凸起、东部凸起，不同构造单元的结构也各不相同，其中，三个凹陷分别呈现出单断箕状（半地堑）、双断"V"字形、三断三角形地堑结构[8]。

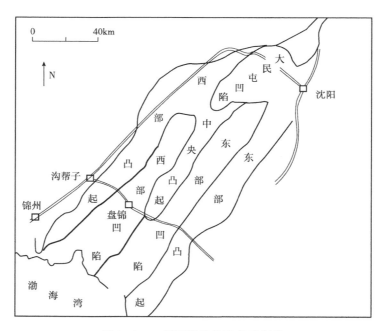

图 2-2-1 辽河坳陷构造单元划分

### （一）单断箕状凹陷

西部凹陷是一个宽缓的长期发育的继承性凹陷，呈单断（台安—大洼断层）箕状结构，由北向南，同等深度位置层位依次变新，可划分为三个次一级构造单元，自西向东依次为西部斜坡带、中央深陷带、东部陡坡带。

### 1. 西部斜坡带

西部斜坡带可进一步分为坡洼过渡带和西部缓坡带。前者位于中西部，主要是沿东营组厚度突变线延伸分布，向东分别与中央洼陷带内各次级洼陷相接；后者主要受始新世的基底断层在渐新世时期走滑导致上部断层向盆倾斜所致，是在正断层垂向运动的同时又发生旋转所形成的一条复杂构造过渡带。

### 2. 中央深陷带

中央深陷带位于西部凹陷的中部，古近系具有由下部始新统铲式结构和上部渐新统地堑结构垂向叠置的复式断陷结构特征。其始新统的沉积主要受台安—大洼断层控制，渐新统主要是对中央洼槽两侧深部走滑断裂带浅层东西向断层活动的沉积响应，因此其沉积中心轴向明显呈东西走向展布。洼槽带内部受深部潜伏走滑断层和潜山分布的影响，可依次划分为 7 个次一级构造单元：兴隆台断裂背斜构造带、双台子—笔架岭背斜构造带、海南洼陷、清水—鸳鸯沟洼陷、盘山洼陷、陈家洼陷、牛心坨—台安洼陷。

### 3. 东部陡坡带

东部陡坡带位于古近纪复式断陷的东部边缘，由控制西部凹陷形成发展的主边界断层和分支断层及其相关构造变形构成。其东部边界可以以古近系的分布或突变线为界，西部边界以主断层面与上盘基底面的切割线或盖层中的分支断层影响范围为界，东邻中央凸起。

## （二）双断型凹陷

东部凹陷是一个相对发育较晚的凹陷，呈狭长不对称的双断"V"字形凹陷结构，斜坡基底坡度很大，古近系向上倾方向超覆很快，凹陷内多期火山活动强烈，规模较大。共划分为三个次一级构造单元，自西向东依次为西部斜坡超覆带、中央断裂背斜构造带、东部斜坡带。

### 1. 西部斜坡超覆带

该超覆带整体为中央隆起的背景下继承性发育的东倾斜坡，西以超覆线为界与中央凸起相邻，东以盖州滩—二界沟、欧利坨子、黄沙坨、铁匠炉等断层为界与中央深陷带相邻。前新生界基底为太古宇、中生界，整个古中央隆起对全区古近系盖层的沉积起到明显的控制作用，表现在古近系基本上围绕着基底斜坡形成了多期超覆带，在斜坡带南段（盖州滩洼陷西部）和北段（大湾斜坡）尤其明显。

### 2. 中央断裂背斜构造带

该构造带位于东部凹陷中央部位，部分属于凹中之隆。受盖州滩、二界沟、欧利坨子、黄沙坨、铁匠炉等断裂以及燕南—驾掌寺—界西断裂夹持，由南至北，依次发育葵花岛、太阳岛、荣兴屯、大平房、桃园、黄金带、于楼、热河台、铁匠路、大湾、牛居等雁行排列的断裂背斜构造，具有呈"串珠状"展布并与区域构造走向呈锐角（一般为30°，体现出与走滑运动有关的特征）相交的特点。雁行排列的断裂背斜构造，其成因机理复杂，既有同沉积作用，又与后期平移断裂形成的应力场有关，形态大多已经不完整。一些次级断层，如荣西逆断层（荣兴屯断层）、大平房断层、黄于热断层、黄沙坨断层、牛居断层等，将其切割成断鼻、断块等构造形态。同时，中央构造带（盖州滩洼陷、二界沟洼陷、长滩洼陷）作为东部凹陷埋深最大的地区，广泛发育沙三段暗色泥岩（东部凹陷最好的烃源岩）。

### 3. 东部斜坡带

东部斜坡带主要由翘倾的基岩块体和沉积盖层披覆其上形成。经燕南1井、荣古4井、界古1井、房1井、龙深1井钻探证实，基底主要是中生界、古生界、元古宇，不同潜山所披覆古近系盖层有很大差异，如青龙台潜山披覆较厚的沙三段，三界泡潜山（青龙台潜山）披覆较厚的房身泡组，燕南、油燕沟潜山仅披覆厚度不大的东营组、沙一段、沙三段（燕南潜山），上部盖层可发育披覆背斜构造和断鼻、地层超覆构造。受营口—佟二堡断裂带以及燕南—驾掌寺—界西断裂夹持，由南至北，依次发育燕南、油燕沟、三界泡、房身泡、青龙台等潜山披覆构造。

## （三）三断型凹陷

整体看，大民屯凹陷受三条边界断层控制，呈不对称的三角形地堑结构。单从北西—南东方向看，大民屯凹陷类似北窄南宽的双断型凹陷，可划分为三个次一级构造单元，即西部斜坡带、中央构造带、东部陡坡带。

### 1. 西部斜坡带

大民屯凹陷西部斜坡带发育兴隆堡陡坡、网户屯斜坡两个二级构造单元。侏罗纪晚期在本区发育了一系列北东向的大断裂。主要断裂发生左旋走滑活动，切割了前中生界基底，截断原来东西向古隆起，把它们初步改造成为北东向凹凸相间排列、东西向带状分布的构造格局。兴隆堡陡坡带基底南、北两端为中生界、太古宇双元结构，中段沈208—沈210井区基底残留元古宇，为三元结构，上覆古近系沙四段、沙三段、沙一段及东营组。

### 2. 中央构造带

大民屯凹陷中央构造带呈中间隆、南北洼形态，由南至北发育荣胜堡洼陷、东胜堡—静安堡—静北潜山带、胜东低潜山带、平安堡—安福屯洼陷、三台子洼陷。

大民屯凹陷古潜山形成是前中生代时期印支褶皱变形、燕山断裂活动及差异风化剥蚀夷平作用的综合结果，该时期是形成古潜山的雏形阶段。在中生代，北东向断裂的活动和继承性发育，为新生代凹陷构造格局的形成及古潜山的定型奠定了基础，同时也揭示了以断块垂直升降运动为主的构造活动特色。本区主要发育东胜堡、静安堡、静北、安福屯、胜东、平安堡等潜山，近北东向展布，一般埋深为2000~4000m，上覆地层为沙四段暗色泥岩，从高部位到低部位均见到良好的油气显示。

新生界受右旋走滑构造运动控制，沙三段沉积期至东营组沉积末期主要发育东西、北东向两组断裂，中央构造带主要表现为静安堡断裂背斜和前进半背斜两大构造带。安福屯洼陷和荣胜堡洼陷是本区主力生烃洼陷。三台子洼陷是大民屯凹陷地层保留最全的地区，为中—新元古界至中—新生界沉积洼陷，荣胜堡洼陷沙河街组沉积期强烈沉降，为新生界沉积洼陷。

### 3. 东部陡坡带

东部陡坡带位于大民屯凹陷东侧，整体地层西倾。东部陡坡带是大民屯凹陷构造活动最复杂的地区。由于边界断层的产状、活动强度的变化及受后期走滑作用改造的方式和程度的差异，构造特征自南向北差异明显。南部地区构造活动以沙三段沉积早期的拉张活动为主；中部法哈牛—边台地区既有早期的拉张活动，又有晚期的走滑活动；北部三台子地区以晚期的走滑活动为主。不同的构造活动产生不同的构造变形并发育不同类型的构造样式。

东部陡坡带基底岩性差异大。南部发育太古宇变质岩，北部在其基础上发育中—新元古界沉积岩和残留的中生界砂砾岩。因埋藏深度的差异，发育了一系列北东走向的高低不一的潜山。受凹陷东部边台—法哈牛断裂系的强烈控制，由南至北依次发育法哈牛潜山、边台—曹台潜山、白辛台潜山。

## 二、构造演化

辽河坳陷在新生代的演化经历了地壳拱张、裂陷和坳陷三个阶段，其中裂陷阶段又进一步分为初陷期、深陷期、持续裂陷—衰减期三个发育期[9-11]（图2-2-2至图2-2-4）。

### （一）拱张阶段（古新世）

古新世早期，本区地壳处于区域性拱张状态，沿中部古隆起区东西两侧产生了一系列北东、北北东向和北西西向的张性断裂系统，形成控制裂谷盆地发育的主干断裂，如边台断裂、法哈牛断裂、大民屯断裂、韩三家子断裂、牛心坨断裂、台安断裂、大洼断裂、牛居断裂、三界泡断裂、驾掌寺断裂、荣兴屯断裂、佟二堡断裂、油燕沟断裂和二界沟断裂等。这些断裂都具深断裂性质，伴有多期次碱性玄武岩喷发。这是辽河裂谷规模最大、分布最广的一次火山活动，在三个凹陷均有广泛分布。当时地面海拔较高，在相对低洼地区，普遍发育红色粗碎屑沉积。

### （二）裂陷阶段（始新世—渐新世）

#### 1. 初陷期（始新世中期）

随着主干断裂活动的增强，基底断块发生差异裂陷，由于主干断裂的发育时间和活动强度的差异，各凹陷的发育时间和下陷幅度也不同。

大民屯凹陷最早成为地堑式凹陷，沙四段沉积范围广、厚度大，沉降中心在边台主干断裂附近的静安堡地区，最大幅度大于1700m。

17

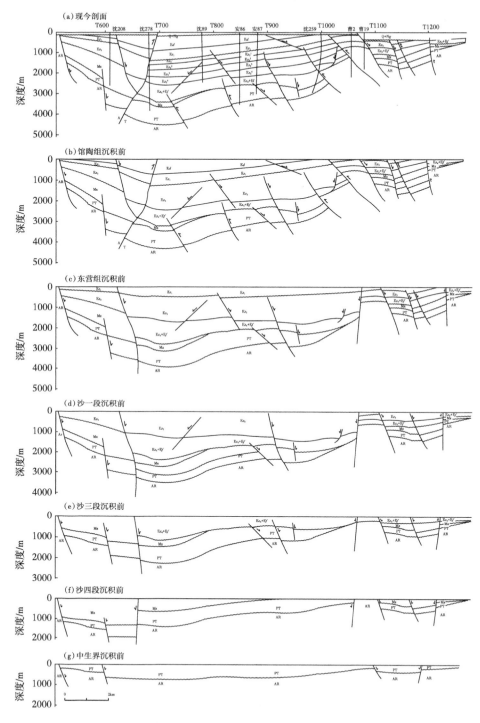

图 2-2-2　大民屯凹陷构造演化剖面

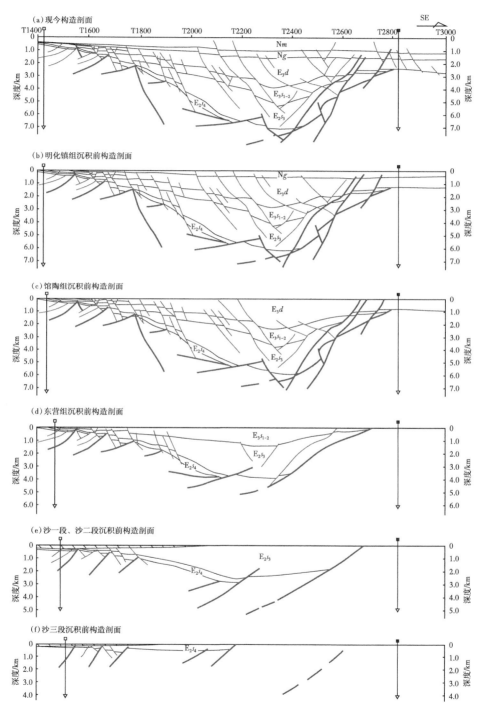

图 2-2-3 西部凹陷构造演化剖面

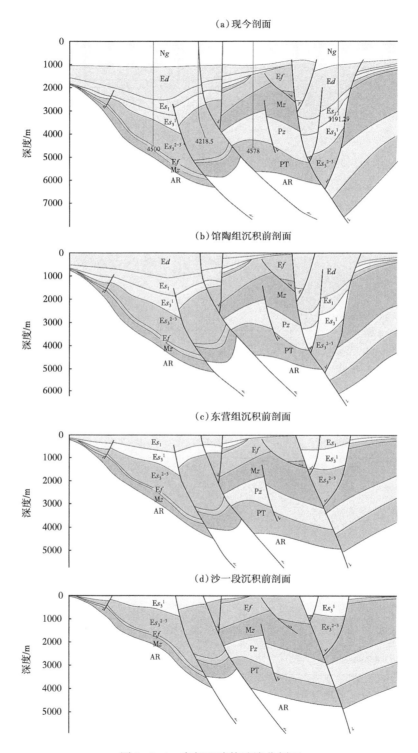

图 2-2-4　东部凹陷构造演化剖面

西部凹陷随着牛心坨、台安主干断裂活动依次增强，处于下降盘的基底断块依次陷落，沉降中心紧靠主干断裂。牛心坨断裂发育早、强度大，沙四段上亚段沉积较齐全（牛心坨、高升、杜家台三套油层都发育）、厚度大，沉降中心在牛心坨地区，下陷幅度超过1500m，而台安断裂下陷较小，幅度为 500~600m。

东部凹陷在始新世中期基本处于隆起剥蚀状态，局部范围可能有零星沉积。

初陷期基本上是浅湖沉积环境，沉降中心部位呈现半深湖沉积特征。水系多属短小河流，流域窄，水量小，物源补给不足。在湖盆边缘发育小型冲积扇或扇三角洲，更广泛的湖域为泥晶白云岩、钙质页岩、油页岩或黑色泥岩沉积，仅局部地区有浊流沉积。

### 2. 深陷期（始新世中晚期）

进入沙三段沉积时期，辽河坳陷处于进一步快速扩张、大幅度下陷的深陷时期。三个凹陷主干断裂均发育大规模陷落活动。

大民屯凹陷近东西向的韩三家子断裂形成，并强烈活动，与持续活动的边台断裂和大民屯断裂构成三角形地堑盆地。沉降中心由北向南迁移到荣胜堡地区，最大下陷幅度达3000m。前当堡、东胜堡、静安堡翘倾断块带开始形成。

西部凹陷牛心坨、台安、冷家堡、大洼断裂在这时期已先后连成一个整体，形成主干断裂系。主干断裂的拉张陷落，使凹陷东侧大幅度沉降，形成典型的箕状凹陷。由于断裂活动强度的差异，从北至南形成四个沉降中心：台安洼陷、盘山洼陷、清水洼陷和鸳鸯沟洼陷，其沉降幅度分别为 1500m、2200m、3200m 和 2000m。曙光、齐家、欢喜岭、兴隆台等翘倾断块带出现雏形。

东部凹陷主干断裂在沙三段沉积早期继续活动，到沙三段沉积中期进入大规模的强烈拉张陷落，牛居断裂、驾掌寺断裂、荣兴屯断裂发育成贯穿凹陷中央连成一体的主干断裂系。油燕沟断裂、佟二堡断裂、二界沟断裂也相继强烈活动。主干断裂的展布及其组合形式，决定了东部凹陷是一个狭长形凹陷，其结构形态复杂，中段为缓斜的"V"字形态，南北两段为复杂的箕状形态。由于断裂活动的差异，从北往南，形成了四个沉降中心，即长滩洼陷、沙岭洼陷、驾掌寺洼陷、二界沟洼陷，其最大沉降幅度分别为 3000m、2100m、3000m、3300m。这时期，茨榆坨、三界泡等翘倾断块带已开始形成。

大规模的快速拉张、裂陷，使凹陷湖盆呈现深水或半深水湖盆的沉积环境，沉积了巨厚的暗色泥岩。根据地震资料推测，西部凹陷最大厚度可达 1200m。在非补偿条件下，广泛发育浊流沉积，以西部凹陷最为典型。到沙三段沉积晚期，各凹陷又出现了明显的差异：西部凹陷基本上保持前期沉积环境；大民屯凹陷北部和东部凹陷中、北部的广大地区，在过补偿和补偿的条件下，转为湖泊沼泽、河流沉积，广泛发育三角洲和泛滥平原沉积体系。

### 3. 持续裂陷—衰减期（渐新世早期—中晚期）

相当于沙河街组沙二段、沙一段—东营组沉积时期。

沙三段沉积末期，盆地内三个凹陷经历了不同程度的抬升剥蚀。渐新世早期，区域拉张裂陷再次增强，基底差异陷落。由沙二段至沙一段水体逐渐扩大，此时最大沉降速率达0.9mm/a，各凹陷中，西部凹陷沉降幅度为1800m、东部凹陷沉降幅度为1600m，大民屯凹陷沉降幅度为700m。火山活动仍以东部凹陷为主，有两期喷发，主要分布在青龙台地区、黄金带—大平房地区一带。这一时期，东部凹陷和西部凹陷均以浅湖沉积为主，发育扇三角洲体系；大民屯凹陷仅有短暂浅湖环境，主要为泛滥平原沉积。

到东营组沉积期，辽河裂谷再度扩张，基底差异沉陷，但沉降速率相对较小，最大沉降速率为0.23mm/a。各凹陷的下陷幅度差异较大，且明显地表现为南段下陷幅度大于北段。大民屯凹陷下陷幅度最小，北段最大幅度仅为200m，南段为900m；西部凹陷居中，北段为1600m，南段达2600m；东部凹陷下陷幅度最大，北部为2400m，南段达2600m。渐新世晚期，区域应力场发生变化，使凹陷的主干断裂产生了右行平移。它使主干断裂系的不同地段产生正断层与逆冲断层转换、派生断裂雁行排列和逆冲断层等多种形式。

岩浆活动仍然活跃，各凹陷仍以东部凹陷火山活动最为强烈。玄武岩主要分布在东部凹陷南段的大平房和北段的牛居等地区，中段的驾掌寺地区还有浅层侵入的辉绿岩；大民屯凹陷的东胜堡地区有玄武岩分布；西部凹陷仅在西八千地区有零星分布。这一时期，各个凹陷的正向和负向构造带均已发育成现今的形态。由于侵蚀基面的不断下降，水系流域扩大，以及河流的沉积作用，浅水湖盆均迁缩至各凹陷南端。在过补偿条件下，广泛发育冲积扇、泛滥平原、三角洲相沉积。到东营组沉积末期，裂陷阶段趋于停止，古近系经历了大6~8Ma的抬升剥蚀。

### （三）坳陷阶段（新近纪—现今）

新近纪开始，辽河裂谷的发育进入整体坳陷阶段。馆陶组巨厚砂砾岩、砾岩覆盖在古近纪不同时代的地层之上，呈区域不整合接触。

这一时期，火山活动明显减弱，仅在东部凹陷南段的大平房地区、荣兴屯地区见零星的新近纪早期的玄武岩分布。主干断裂仍在活动，但强度较小，断距一般为50~100m；原控制各凹陷边界的主干断裂，往往有反向活动。构造形态起伏较小，基本上呈现由北向南倾斜，沉降中心位于渤中凹陷，在区域上与其他邻区坳陷，构成统一的渤海湾大型坳陷盆地。

## 三、断裂特征

辽河坳陷从前中生代到新生代第四纪经历了多期次构造活动[12-15]（本节主要讨论新生代断裂），断裂活动贯穿了盆地发育的始终，控制着构造的基本格局（图2-2-5）。辽河坳陷新生代裂谷盆地的主要特征，具有断层数量多、规模大，以张性正断层为主，多期多组，在平面上纵横交错，在剖面上互相切割的特点。辽河坳陷共发现的主干断裂、次级断裂及其伴生断裂有千条之多。辽河坳陷发育的一级断裂控制了三大凹陷的形成与发展，二级断裂控制着各二级构造带的展布与特征，三级、四级断裂将构造带进一步分割成许多大小不等的局部构造。

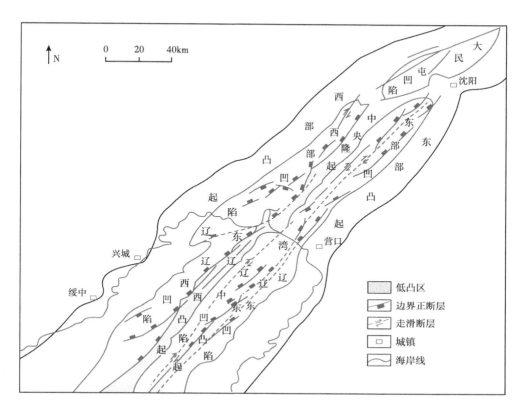

图 2-2-5　辽河坳陷构造纲要图

## （一）断裂发育特征

新生代断裂在中生代断裂的基础上表现出"继承、发展、新生"三个特点：

继承指中—新生代断裂的位置和性质相同，前者的规模大于后者，多数终止于始新世末期—渐新世初期。

发展指控制新生代凹陷边界的断裂在中生代末期处于初发状态，在新生代开始活动逐渐强烈，造成新生代活动规模远大于中生代，属于长期活动的断裂，这些大型断裂发展的程度，决定了辽河坳陷的规模。

新生是在中生代产生的断裂之外，新近纪的新生断裂，一般产生于新生代中晚期，活动时间比较短，常与早期断裂斜交，并对早期断裂有不同程度的切割作用，局部地区出现了走滑逆断裂。

西部凹陷新生代构造变形表现为以北北东—北东向基底正断层为主构成的伸展构造系统和以北北东向深断裂右旋走滑位移诱导的走滑构造系统的叠加构造变形特征，同一条断层在不同时期可以表现出不同的力学性质。东部凹陷的断裂具有发育时间长、断裂性质复杂、组合类型多样等特点。新生代盆地起重要控制作用的断层既对基底断裂有一定的继承性，又存在新生特征。发育时间长是这类断裂的特点，但最主要的发育期是古近纪早期，尤其是古新世—始新世（房身泡组—沙三段沉积期）。大民屯凹陷盖层断裂主要分布于沙四段至东营组，均为正断层，断层以近东西走向为主。断层下界除个别可能断至沙四段底界，其他基本上终止于沙四段的大段泥岩中，上界一般断至古近系东营组，最高可达新近系馆陶组。断层的倾角上部陡下缓，主要盖层断层近平行排列分布，表现为同向倾斜的"多米诺式"正断层组。

### （二）主干断裂

辽河坳陷主干断裂是郯庐断裂的重要组成部分，是在中生代构造格局上的继承、改造并进一步新生，是郯庐断裂系继续活动在浅层位上不同的表现形式。新生代早期有5条一级断裂，均断至莫霍面以下，并有多期岩浆活动，它控制凹陷的发生和发展，发育具有多期性、分段性、多样性三大特点。特别是一级断裂展布的分段性，在不同构造部位发育时间及发育强度不同，营口—佟二堡断裂和台安—大洼断裂最为明显，呈左侧列式排列。

#### 1. 台安—大洼—海南断裂

该断裂是长期活动的大型生长断层，位于西部凹陷的东缘，是西部凹陷主体的东部边界，北东走向，长度为150km，平均走向为42°。台安—大洼断层长期继承性发育，控制了西部凹陷发生、发展演化，在不同时期、不同段落的性质和活动存在很大的差异。

#### 2. 营口—佟二堡断裂

该断裂是东部凹陷与东部凸起的分界断裂，作为一级主干断裂，控制东部凹陷沉降及火山活动，长期发育，贯穿凹陷南北，控制东部凹陷形成与演化，延伸长度170km，断距一般为1000~2000m，最大超过5000m。以腾鳌断裂为界，北段表现为正断层性质，南段为逆冲断层性质。

#### 3. 边台—法哈牛断裂

该断裂即大民屯凹陷东边界断裂，由三条近北东走向且呈雁行分布的张扭及压扭性断裂组成，由南向北依次发育法哈牛断裂、曹台断裂、白辛台断裂，总延伸长度约为45km。

#### 4. 大民屯—兴隆堡断裂

该断裂即大民屯凹陷西边界断裂，延伸长度超过60km，其走向为北东向，断层倾向北西，断距为100~3000m，断层性质北逆南正，由南向北断距逐渐增大。该断裂在前古近纪开始发育，至东营组沉积末期，在右旋走滑应力场作用下，断层倾角变陡，有些位置甚至近于直立，走滑标志明显。该断层控制着凹陷的西部边界、凹陷的形态及古近系沉积，具有延伸长、断距大的特点。

#### 5. 韩三家子断裂

该断裂为大民屯凹陷南边界断裂，北倾，走向近于东西。

## （三）断裂走向特征

按照断裂的走向，大体可分为北东、北西和近东西向三组。

### 1. 北东向断层

北东向断层是辽河坳陷的主要断层。这些断层虽然走向一致，但在裂谷发育的过程中，各条断层活动的时间、产状、性质、规模和作用互不相同。

### 2. 北西向正断层

北西向正断层一部分与中生代断裂同时发生，主要对新生代盆地起分割作用，延伸较短，一般为5~15km，但多数为新生代早期北东向正断层的派生断层，一般长为1~5km，断距小于100m，最大为400m，与北东方向断层相交构成网格状。

### 3. 近东西向正断层

近东西向正断层形成时期较晚，主要发育在东营组沉积时期。多将早期北东向的断层切割，是坳陷内比较发育的一组边沉积、边断落的同生断层。数量多，常成组出现，延伸长度一般为7~25km，断距为100~400m。南倾为主，北倾少量，下降盘由于牵引作用，能形成滚动背斜，这组断裂很少断到基岩。

## （四）断裂活动性质

断裂活动是裂谷发生和发展的主导因素，对辽河坳陷各凹陷及其二级构造带的形成、对沉积体系和火山活动等均起着控制作用，使辽河裂谷呈现多凸多凹、凸凹相间的构造格局，具有多沉积中心、多生油中心、多物源方向、多种类型的储集体和多套生储盖组合、多种类型二级构造带和多种类型圈闭等基本石油地质条件。

辽河坳陷断裂活动具有早期伸展和晚期走滑两套断裂系统。早期发育基底伸展正断层，并多为中生代的继承；新生代早期辽河坳陷主要受拉张作用，主要发育伸展断层，控制盆地的形成；渐新世后区域应力场发生变化，在右旋运动作用下，产生走滑断层和挤压逆冲断层。

### 1. 伸展断层

辽河坳陷伸展断层是主要断层，数量上占绝对优势，约占总数的80%，分布于各构造单元。从伸展断层的几何形态看，在西部凹陷和大民屯凹陷的特征更为明显，在东部凹陷由于经历后期改造，其特征不如前者突出。

### 2. 走滑断层

主要表现为早期伸展、后期走滑改造特征，具有走滑性质的断层主要有大民屯凹陷西界断层、东部凹陷黄金带—欧利坨子断层、茨西断层、茨东断层等，西部凹陷台安—大洼断层、东部凹陷佟二堡—营口断层等也具有走滑性质。

### 3. 逆冲断层

大民屯—兴隆堡断层是一条逆冲断层，倾角由南向北，由陡变缓，在断裂带上产生许多小断裂,该断层北东走向与沈北凹陷北界断层连成一体,延伸长为98km。除此之外,还有西部凹陷牛心坨地区张2断层及冷家断层、大民屯凹陷三台子断层以及东部凹陷荣兴屯断层、欧利坨子断层、沈旦堡断层等。

## 四、构造样式

构造样式是同一期构造形变或同一应力作用下所产生的构造的总和,是一组有着一系列共同特点和规律的构造组合。这些构造在剖面形态,平面展布、排列,应力机制上,都有着密切联系。辽河坳陷依据构造几何、构造演化和构造运动的特征,可划分为三种主要构造样式[16-18],即伸展构造、走滑构造、反转构造。

### (一)伸展构造

在盆地伸展构造演化过程中,发育大量的伸展(正)断层,对盆地伸展构造变形起调节作用,构成盆(凹)内次级伸展构造。辽河三大凹陷广泛发育不同类型的正断层系及其伴生构造以不同方式组合在一起,构成了类型多样的伸张构造样式,根据伸展构造分布及正断层的组合状况,可将次级伸展构造划分为潜山披覆构造、翘倾断块构造(图2-2-6)、滑动断阶构造、断裂鼻状构造、滚动背斜构造等几种类型。

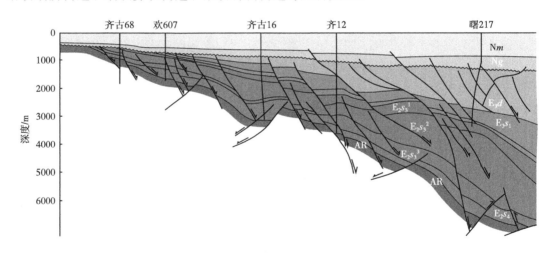

图2-2-6 西部凹陷双台子构造带反向翘倾断块构造

### (二)走滑构造

走滑构造是地壳或岩石圈在水平剪切应力作用下产生的构造组合,包括走滑断裂及其伴生构造。按照其几何形态分类,在剖面上可以划分为正花状和负花状构造(图2-2-7),而在平面上表现为雁列式构造和帚状构造。受郯庐断裂带的影响,辽河坳陷伴生了众多的走滑扭动构造。

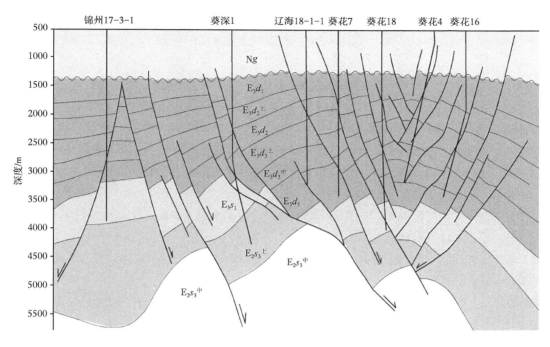

图 2-2-7 辽河滩海葵花岛地区负花状构造

### （三）反转构造

反转构造属于叠加构造的一种类型。叠加构造包括时间上相同，空间上紧密伴生，也包括不同时期、不同的构造应力共同作用，是伸展构造与压缩构造相互转化的结果，是变形作用的转化（反转）。辽河坳陷反转构造包括两种基本类型，即正反转构造和负反转构造。正反转构造的特征是早期沉降，晚期上隆，负反转构造正好相反。

### （四）其他类型

泥底辟构造发育在长期沉降的洼陷之中，下部有巨厚的欠压实泥岩，其上覆盖密度较大的砂岩层，在基底抬升过程产生水平侧向压力，下部泥岩局部增厚，顶面凸起，形成泥底辟构造。泥底辟构造的地震特征十分明显，在剖面可见泥底辟构造顶面向上凸起，底板较平缓，地震相外形呈塔状，内部反射结构为空白或乱岗状，在外围有较连续的反射层次，沿泥底辟边缘往上翘起，翘起幅度随深度增加而减少。构造顶部发育对偶断层，使构造顶部陷落，平面上多呈圆形或椭圆形，也有狭长状。在速度剖面上可见一个低速区，为生长构造，具有顶部地层薄，侧面地层厚的特点。泥底辟作为一种特殊的构造类型，仅在大民屯凹陷荣胜堡洼陷发育此类型构造。

**参 考 文 献**

[1] 葛泰生，陈义贤. 中国石油地质志（卷三）[M]. 北京：石油工业出版社，1993.

[2] 廖兴明，姚继峰，于天欣，等. 辽河盆地构造演化与油气 [M]. 北京：石油工业出版社，1996.

[3] 马玉龙，陈专初，陈玉根，等 . 辽河石油勘探局科学技术研究院志 [M]. 北京：新华出版社，1994.

[4] 张巨星，蔡国刚，郭彦民，等 . 辽河油田岩性地层油气藏勘探理论与实践 [M]. 北京：石油工业出版社，
　　2007.

[5] 李晓光，单俊峰，陈永成 . 辽河油田精细勘探 [M]. 北京：石油工业出版社，2017.

[6] 李晓光，陈振岩，单俊峰 . 等 . 辽河油田勘探 40 年 [M]. 北京：石油工业出版社，2007.

[7] 孙洪斌，张凤莲 . 辽河坳陷古近系构造—沉积演化特征 [J]. 岩性油气藏，2008，20（2）：60-73.

[8] 漆家福，陈发景 . 下辽河—辽东湾新生代裂陷盆地的构造解析 [M]. 北京：地质出版社，1995.

[9] 陈振岩，陈永成，仇劲涛，等 . 辽河盆地新生代断裂与油气关系 [J]. 石油实验地质，2002，24（5）：
　　407-412.

[10] 漆家福，陈发景，等 . 辽东湾—下辽河盆地新生代构造的运动学特征及其演化过程 [J]. 现代地质，
　　1994，8（1）：34-42.

[11] 李晓光，张凤莲，邹丙方，等 . 辽东湾北部滩海大中型油气田形成条件与勘探实践 [M]. 北京：石油
　　工业出版社，2007.

[12] 吴奇之，王同和，李明杰，等 . 中国油气盆地构造演化与油气聚集 [M]. 北京：石油工业出版社，1997.

[13] 王燮培，费琪，张家骅，等 . 石油勘探构造分析 [M]. 武汉：中国地质大学出版社，1990.

[14] 孙洪斌，张凤莲 . 辽河盆地走滑构造特征与油气 [J]. 大地构造与成矿学，2002，26（1）：17-21.

[15] 单家增，张占文，孙红军，等 . 营口—佟二堡断裂带成因机制的构造物理模拟实验研究 [J]. 石油勘探
　　与开发，2004，31（1）：15-17.

[16] 陈全茂，李忠飞 . 辽河盆地东部凹陷构造及其油气性分析 [M]. 北京：地质出版社，1998.

[17] 漆家福，陈发景 . 辽东湾—下辽河裂陷盆地的构造样式 [J]. 石油与天然气地质，1992，13（3）：272-283.

[18] 马玉龙，牛仲仁 . 辽河油区勘探与开发 [M]. 北京：石油工业出版社，1997.

# 第三章　岩性地层油气藏形成的地质条件

建立层序地层格架是岩性地层油气藏的勘探基础。辽河坳陷多层系、大面积广泛发育的烃源岩层、各凹陷不同时期各具特色的沉积体系、复杂构造及沉积演化过程中发育的各种油气输导类型，为岩性地层油气藏的形成创造了较好的地质条件。

## 第一节　层序地层格架

层序地层学方法是岩性地层油气藏领域勘探研究的核心技术之一，层序地层学理论和分析方法对含油气盆地油气勘探的指导作用日益显著，并越来越受到石油勘探界的重视，国内外已有许多应用层序地层学方法进行油气勘探并取得成功的实例[1-6]。层序地层学分析成果提供了称为层序和体系域的成因地层单位、以不整合或与之相对应的整合面为界的年代地层格架。层序和体系域与特定的沉积体系类型、岩性分布和油气成藏具有密切的联系，是由与海（湖）平面相对变化有关的基准面变化引起的。基准面变化表现为地震反射剖面上不同类型地震反射终止关系及露头、钻测井资料上沉积相带叠置方式的变化，进而可利用生物地层学和其他年代地层学的方法确定基准面变化处的地质年代。

当前层序地层学的研究逐渐从盆地规模的层序地层划分和体系域分析向储层规模的高精度层序地层学的方向深化。以 Cross 领导的美国科罗拉多矿业学院成因地层研究组为代表提出的高分辨率层序地层学，它以野外露头、钻井岩心、测井和高分辨率地震反射剖面资料为基础，运用过程响应沉积动力学原理，通过精细地层层序划分和对比技术将钻井的一维信息转变为三维地层叠置关系，从而建立区域、油田乃至油藏等不同规模层次的储层、隔夹层及烃源岩层的成因地层对比格架[7]。虽然我国的高分辨率层序地层学研究时间较短，但是在近几年来也得到了突飞猛进的发展，尤其是在油气勘探开发工作中，在等时格架约束下，为精细储层预测、沉积微相展布研究和油藏分析提供了有效的方法和手段，并在此基础上进行有利岩性目标的评价和优选，取得了很好的应用效果。

### 一、层序划分原理与识别标志

层序可以分为不同的级次，根据层序边界类型和分布，以及层序内部特征，可将层序划分为巨层序、超层序（组）、层序、体系域、准层序组和准层序等。

在层序边界识别的过程中，应遵循下述四个原则：

（1）界面间断性原则。所划分的各级层序内部不应存在比层序边界更重要的沉积间断面；

（2）等时性原则。所划分的各级层序均为同期沉积物的组合体；

（3）统一性原则。所划分的层序应在盆地（凹陷）范围内统一；

（4）一致性原则。据不同资料划分的层序边界是一致的，能相互验证。

常以地震钻井、测井资料为主，综合考虑构造演化特征、古生物资料及地球化学资料等，来识别不同级次的层序界面（表 3-1-1）。

根据 Vail 层序地层学的观点，划分体系域的关键是识别首次湖泛面和最大湖泛面。在体系域划分中，首次湖泛面是在湖平面下降到最低点后，由于受盆地构造作用、气候变化等因素影响使湖平面又再次上升越过坡折带的第一个湖泛界面。在陆相层序地层学中，可依据如下标志确定首次湖泛面：（1）首次越过地形变化带的第一个湖岸上超点对应的界面，这个上超点可以超覆在前一个层序顶界面之上，这是识别首次湖泛面最重要的标志。（2）存在湖泛滞留沉积。当湖泛面初次大幅度上升时，湖平面越过地形变化带，冲蚀缓坡河流沉积物，残留下较粗粒的沉积物。（3）沉积相类型发生突变，第一个上超点附近多为滨湖沉积或三角洲沉积，而首次湖泛面之下多为浊流沉积。（4）准层序的叠置样式发生变化。首次湖泛面之下的准层序多为进积式叠置样式，而首次湖泛面之上的准层序多为退积式叠置样式。（5）沉积物的颜色、岩性、结构和古生物组合发生变化等。

表 3-1-1  层序界面识别的主要标志

| 资料类别 | 层序界面识别的主要标志 |
|---|---|
| 岩心资料 | 颜色和岩性突变界面；底砾岩；湖泛滞留沉积；古土壤层或根土层；沉积旋回类型的转化界面；沉积相突变；油页岩层；有机质类型和含量的突变；地球化学指标的突变 |
| 古生物资料 | 特征古生物的断带；特征古生物组合类型和含量的突变 |
| 构造资料 | 构造运动界面；盆地充填演化转换面（大面积侵蚀不整合界面、超覆界面） |
| 测井资料 | 自然伽马测井曲线突变界面；深浅电阻率测井数值的突然增大或降低；声波测井的突变界面 |
| 地震资料 | 地震反射终止关系：削截、顶超、上超和下超；地震反射波组的产状；地震反射波组的能量动力学特征；不同的地震反射的旋回特点 |

最大湖泛面是在盆地基底下沉明显，湖平面上升达到最大位置时形成的沉积界面。在陆相层序地层学研究中，可依据如下标志识别最大湖泛面：（1）一个层序中的最远湖岸上超点对应最大湖泛面位置，最大湖泛面对应的位置之上常存在上覆沉积层的系列下超点。（2）最大湖泛面对应的地震反射界面常由 2~3 个强振幅、高连续的反射同相轴组成，在全区稳定分布，形成地震反射标志层。（3）最大湖泛面沉积物岩石类型单一，常是厚层质纯的暗色泥岩、油页岩或泥灰岩，常发育反映稳定沉积环境的水平层理，其中富含较深水环境的介形类化石。（4）最大湖泛时期，湖盆边缘被沼泽化，形成泥炭层或煤层，因此可将泥炭层或煤层作为最大湖泛面的识别标志。（5）最大湖泛面上覆沉积序列与下伏沉积序列不同。最大湖泛面之下准层序常呈退积式叠置样式，而最大湖泛面之上准层序多呈进积式叠置样式。（6）最大湖泛面沉积物的有机质丰度高，常构成主力烃源岩，因此，有人将最大湖泛面对应的沉积称为生油密集段。（7）具有明显的电测曲线典型响应，自然电位多为低值平直基线，视电阻率曲线呈低幅尖刀状、锯齿状。

## 二、层序划分方案

"十五"至"十一五"期间，辽河油田与相关科研院校开展了辽河坳陷西部凹陷陆相层序地层学的研究及应用工作，推动了岩性地层油气藏的勘探进程，但在研究与勘探实践中也暴露出以下问题：

（1）层序地层划分方案混乱，表现在层序界面确定随意，区域不整合面与局部不整合面混为一谈，划分级别争议较大，划分方案、划分标准不统一。

（2）层序地层划分方案与传统地质分层衔接性差，不同研究单位之间及与以往研究成果之间难以整合。

（3）井震结合差，根据钻井资料划分的层序（尤其是四级、五级层序）与三维地震剖面反射特征匹配差，影响界面的追踪与储层预测。

（4）辽河坳陷三个主要含油气凹陷的不同构造带勘探目的层不同，全坳陷未形成统一的高精度层序地层格架，影响了岩性油气藏勘探潜力的整体评价与目标优选。

本节运用高分辨率层序地层学原理与方法，井震资料结合，在具有生物化石资料的典型井的控制约束下，对西部凹陷全区优选三维地震剖面开展层序界面追踪对比与闭合研究。研究表明，西部凹陷古近系存在 5 个区域性不整合面（角度不整合、假整合及与之对应的整合面），建立了辽河西部凹陷古近系层序单元与传统地层单元的对应关系，将西部凹陷古近系划分为以区域性不整合面为边界的 4 个三级层序和以区域性或局部性不整合面为边界的 14 个四级层序（图 3-1-1）。明确了层序构型的主控因素，详细探讨了层序发育的演化过程，建立了体系域沉积模式，开展了体系域识别特征分析，确定了不整合类型和不整合空间结构，建立了不整合类型与油气藏之间的关系，对主要沉积层序岩性地层油气藏分布的有利地区进行了预测，取得了良好勘探效果。

5 个区域性不整合面分别对应于沙四段底界面、沙三段底界面、沙一至沙二段底界面、东营组底界面和东营组顶界面，区域性不整合面与盆地构造演化过程中构造事件形成的构造界面对应。在层序地层界面划分的基础上，依据不同层序单元中含有的特有生物化石组合，与传统地层单元对比分析，建立了层序单元与传统地层之间的对应关系。其中Ⅲ级层序（SQ1）对应沙河街组四段，Ⅲ级层序（SQ2）对应沙三段，Ⅲ级层序（SQ3）对应沙一至沙二段，Ⅲ级层序（SQ4）对应于东营组。

## 三、层序划分依据

### （一）层序成因

层序指一套相对整一的、成因上有联系的、顶底以不整合面或与之可对比的整合面为界的地层单元。从定义上讲，强调了不整合面的重要性，不整合面指一个将新老地层分开的界面，沿着这个界面有证据表明存在指示重大沉积间断的陆上侵蚀、削截或陆上暴露现象。三级层序的划分必须遵循以不整合面为界的原则。

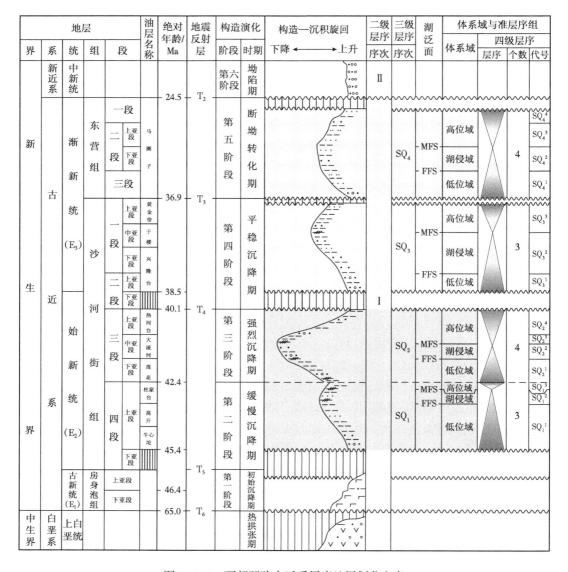

图 3-1-1　西部凹陷古近系层序地层划分方案

## （二）断代化石

根据生物化石群面貌建立的生物化石组合或化石带在一定的时间尺度（即一定的地质年代范围内）上具有等时性，开展生物地层研究可以为不同构造单元之间或断层两边层序单元的等时对比与界面追踪提供依据，从而弥补构造复杂盆地层序地层研究中单靠地震反射同相轴在不同构造单元之间或断层两边难以追踪对比的不足。介形类生物是陆相盆地中分布最广、数量最为丰富、演替变化也最快的一个生物种类，在辽河坳陷也如此。前人生物地层研究成果和数百口钻井生物化石资料分析表明，开展西部凹陷单井介形类生物地层学研究，可为全凹陷三级层序单元的等时对比与界面追踪提供重要依据（表 3-1-2）。其他门类生物地层研究的开展，可为层序单元的等时对比与界面追踪提供更多的依据。

表 3-1-2　层序主要化石组合对照表

| 三级层序 | 主要化石组合 | | | | 孢粉组合 |
|---|---|---|---|---|---|
| | 介形类 | | 藻类 | | |
| | 组合 | 亚组合 | 组合 | 亚组合 | |
| $SQ_4$ | | | 细刺藻—盘星藻属 | | 水龙骨单缝孢属—松粉属—胡桃科组合 |
| | 弯脊东营介 | | 粒网球藻属—网面球藻属—疏刺刺球藻属 | 粒网球藻属—古刺沟藻属 | 波形榆粉—瘤型山龙眼粉组合 |
| | | | | 网面球藻属—疏刺刺球藻属 | |
| | 单峰花华介 | | 角凸藻属—田家膝沟囊藻—毛球藻属 | 角凸藻属—田家膝沟囊藻 | |
| | | | | 毛球藻属—盘星藻属 | |
| $SQ_3$ | 惠民小豆介 | 李家广北介 | 多刺甲藻属—菱球藻属 | 粒面囊果藻—分叉多刺甲藻—变异菱球藻 | 栎粉属—菱孔栎粉组合 |
| | | 新镇广北介 | | | |
| | | 普通小豆介 | | 双饰多刺甲—管突菱球藻—疏管藻属 | 麻黄粉属组合 |
| | 椭圆拱星介 | | | | |
| $SQ_2$ | 中国华北介 | 惠东华北介 | 渤海藻属 | 粒皱锥藻—皱网渤海藻—天津极管藻 | 小亨氏栎粉—椴粉属—桤木粉属组合 |
| | | 脊刺华北介 | | 具角藻属—细网渤海藻—细网面球藻 | |
| | | 隐瘤华北介 | | 粒面渤海藻—百色藻 | |
| $SQ_1$ | 光滑南星介 | | 原始渤海藻—光面球藻属 | | 杉粉属—麻黄粉属—薄极忍冬粉属组合 |

## （三）岩电特征

由于层序边界之下是高位体系域，水体有向上变浅的趋势，反映在粒度上一般是向上逐渐变粗。而层序界面之上为低位体系域或湖侵体系域，水体向上为变深的趋势，反映在粒度上逐渐变细，所以碎屑岩粒度上由粗变细的转换面可作为层序边界的识别标志。西部凹陷经过多期的构造沉降运动，发育多套标志层，如东营组底界"胖砂岩"、沙二段的"高粱米砂岩"及沙三段下亚段莲花油页岩段等均可成为三级层序划分界面。

层序界面上测井曲线组合形状反映的相序演变趋势发生转折。在自然电位和电阻率曲线上，层序边界之下一般为齿状的漏斗形，边界之上一般是倒置的漏斗形，反映了水体由深变浅到由浅变深的一个转换，层序边界多在测井曲线幅度最大的位置。

### （四）地震剖面反射终止关系

地震层序划分的关键是识别各级层序界面，除了界定一套层序的不整合面之外，还包括层序内部各次级单元的界面，如初始湖泛面、最大湖泛面等。三级层序界面的削截、上超、下超等地震反射终止关系比较清楚。

## 四、层序界面的识别

层序界面的形成代表了某一时间段在一定地区的沉积间断，其上下沉积岩层在岩性、沉积相组合、地震反射特征、电测曲线上都会产生一些特殊的响应，这些响应是识别层序边界的重要标志，是划分沉积层序的基础。

地震反射同相轴存在多种接触关系，上超、下超、削截和顶超是在地震剖面上识别层序界面的主要依据。在钻井资料中，古生物组合的变化、岩性和岩相的突变、岩石结构和颜色的变化、沉积相的迁移和地层叠置样式的变化以及特殊岩性等特征均可表明沉积层序边界的存在。测井曲线的不同形态和叠加样式的变化，以及地层倾角等特殊测井资料的不整合响应也是层序地层边界的识别标志。

### （一）SQ$_1$底界面识别

辽河坳陷西部凹陷 SQ$_1$ 对应于沙四段的牛心坨油层、高升油层及杜家台油层，其底界面为古近系与下伏基底或房身泡组之间的分界面，为一个区域性角度不整合面，在地震剖面上对应于 T$_5$ 反射标志层。该界面在地震剖面上表现为一个强振幅、连续性好的地震反射同相轴，可以进行全区追踪，为一个三级层序界面。在典型地震剖面上，T$_5$ 反射标志层在盆地边缘与盆地中央地区都表现为与下伏地层之间的削蚀现象，特别是在盆地北部牛心坨地区表现得十分明显，在三维地震剖面上可清楚地观察到下伏地层被削蚀和上覆地层的上超反射特征。在钻测井资料上，SQ$_1$ 的底界面（SB$_1$）上下主要表现出以下两个方面的差别：（1）岩石性质（岩性、颜色或渗透性）发生突变，如张 1 井 SB$_1$ 之下为渗透性较差的紫红色泥岩与砂砾岩，SB$_1$ 之上为渗透性好的、普遍含油的扇三角洲砂砾岩。（2）电性发生突变，如张 1 井 SB$_1$ 之下的自然电位与电阻率均很低，而 SB$_1$ 之上突然增大（图 3-1-2）。

沙四段含有丰富的介形类、孢粉、藻类与腹足类化石，该层位的介形类化石为光滑南星介组合，孢粉化石组合为杉粉属—麻黄粉属—薄极忍冬粉属组合，藻类化石组合为原始渤海藻—光面球藻属组合，有别于下伏地层的古生物。

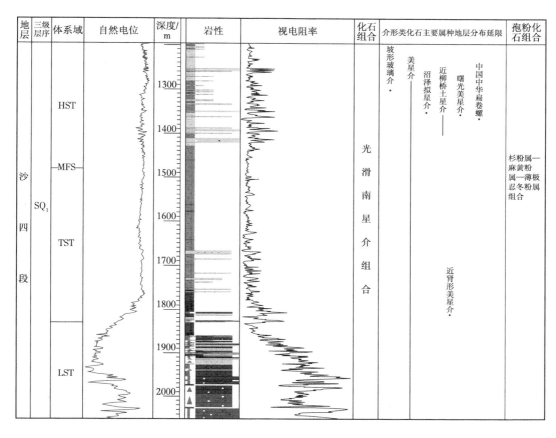

图 3-1-2　辽河西部凹陷张 1 井 $SQ_1$ 岩电特征示意图

## （二）$SQ_2$ 底界面识别

西部凹陷 $SQ_2$ 对应于沙三段，其底界面为沙三段与下伏沙四段的分界面，在地震剖面上表现为一个较强振幅、连续性好的地震反射同相轴，可以进行全区追踪。在地震剖面上，$SQ_2$ 底界面（$SB_2$）在不同地区表现有差异，在西部凹陷北部牛心坨等地区界面下主要表现为平行关系，偶见视削截关系，界面上主要表现为上超关系；而在西部凹陷中部及南部地区，界面之下则主要表现为削蚀关系，界面之上仍表现为上超关系。

在录井、测井资料中，$SB_2$ 上下主要表现出以下三个方面的特征：（1）岩性和颜色发生突变，$SB_2$ 之下以紫红色泥岩为主，$SB_2$ 之上则主要为浅灰色泥岩到灰色泥岩。（2）沉积相类型发生突变，$SB_2$ 发育河流相泛滥平原沉积，而 $SB_2$ 之上则为滨浅湖环境。（3）生物群面貌变化，$SB_2$ 之下地层中的介形类化石组合为光滑南星介组合，孢粉化石组合为杉粉属—麻黄粉属—薄极忍冬粉属组合，藻类化石组合为原始渤海藻—光面球藻属组合，腹足类化石组合为中国中华扁卷螺组合。而 $SB_2$ 之上地层中的介形类化石组合为中国华北介组合，腹足类化石为扁平高盘螺组合，藻类化石为渤海藻属组合，孢粉化石为小亨氏栎粉—椴粉属—桤木粉属组合。

### （三）SQ$_3$ 底界面识别

西部凹陷 SQ$_3$ 的底界面（SB$_3$）为沙二段（局部地区为沙一段）与下伏沙三段的分界面，该界面在地震剖面上表现为一个强振幅、连续性好的地震反射同相轴。地震剖面上 SQ$_3$ 底界面之下主要表现为平行接触关系，局部为视削截关系，界面之上则表现为明显的上超关系。

在钻井、测井资料中，SB$_3$ 上下主要表现出以下特征：（1）岩电特征有显著变化，SB$_3$ 之下以沙三段厚层泥岩沉积为主，SB$_3$ 之上以沙二段厚层砂砾岩沉积为主。（2）SB$_3$ 之下的电阻率与自然电位曲线表现平直且接近泥岩基线，SB$_3$ 之上则表现为中高阻、中高幅度的箱形—钟形曲线特征。（3）生物群面貌不同，SB$_3$ 之下地层中的介形类化石为中国华北介组合，孢粉化石为小亨氏栎粉—椴粉属—桤木粉属组合，藻类化石为渤海藻属组合，腹足类化石为盘平高盘螺组合。SB$_3$ 之上地层中的介形类化石为椭圆拱星介组合，孢粉化石为麻黄粉属组合，腹足类化石为欢喜岭河螺组合，藻类化石为多刺甲藻属—菱球藻属组合（图 3-1-3）。

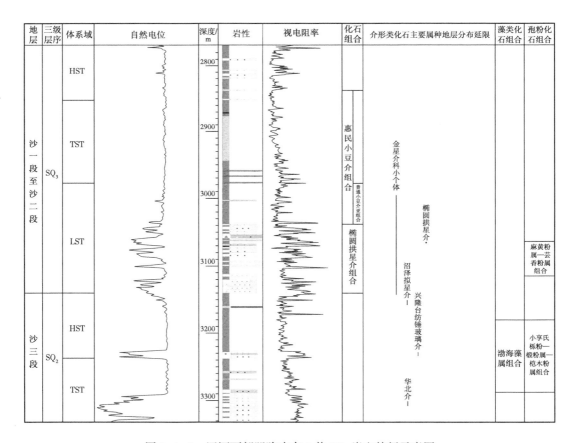

图 3-1-3　辽河西部凹陷欢南 1 井 SQ$_3$ 岩电特征示意图

## （四）SQ₄ 底界面识别

东营组沉积时期，湖泊向南迁移。东三段湖泊沉积的北边缘位于曙光地区、兴隆台地区；东二段时期湖泊水域范围向北扩大，之后逐渐向南退缩；至东一段时期，湖泊水域范围大规模向南退缩，只在清水洼陷以南地区存在湖泊沉积。这种沉积特征决定了东营组不同沉积层序的形成，在钻井、测井资料上，$SQ_4$ 底界面（$SB_4$）上下主要表现出以下三方面的不同：（1）岩电特征有显著变化，$SB_4$ 之下一般以沙一段上亚段厚层泥岩沉积为主，$SB_4$ 之上以东三段底部砂砾岩沉积为主（如欢 30 井，双 118 井等）。（2）$SB_4$ 之下的电阻率与自然电位曲线表现平直且值较低，$SB_4$ 之上则表现为中高阻、中高幅度的钟形—刺刀形曲线特征。（3）生物群面貌不同，$SB_4$ 之下地层中的介形类化石为惠民小豆介组合，藻类化石为多刺甲藻属—菱球藻属组合，孢粉化石为栎粉属—菱孔栋粉组合，腹足类化石为上旋脊渤海螺—短圆恒河螺组合。

$SB_4$ 之上地层中的介形类化石为单峰花华介组合，腹足类化石为兴隆台田螺组合，藻类化石为角凸藻属—田家膝沟囊藻—毛球藻属组合，孢粉化石为波形榆粉—瘤型山龙眼粉组合。

## （五）最大湖泛面（MFS）的识别

最大湖泛面是三级层序内部的重要分界面，是沉积层序中水进体系域和高位体系域的分界。在测井和录井资料上通常位于颜色相对较深、质地较纯的泥岩中间，代表湖泊水体范围最大时的深水沉积。当泥岩厚度较大时，其位置则难以确定，可以从以下五方面识别：（1）在岩性录井剖面上，最大湖泛面一般位于稳定泥岩段的顶部。（2）从沉积物粒度变化看，最大湖泛面处于粒度最细的位置，其下粒度呈向上变细趋势，其上粒度呈向上变粗的趋势。（3）从地层的叠置方式，最大湖泛面处于退积式向进积式或加积式叠置方式转换的位置。（4）测井曲线上，最大湖泛面一般处于自然电位曲线泥岩基线内或电阻率曲线的最低值处。（5）地震剖面上，最大湖泛面表现为分布最广、连续性最好的强反射。

西部凹陷古近系发育四个最大湖泛面。$SQ_4$ 湖泛面对应东二段大套泥岩段中，地震剖面上为呈强振幅，连续性较好，钻井对比性较好；$SQ_3$ 湖泛面对应沙一段中上部油页岩，作为标志层的油页岩发育不稳定，局部地区相变为泥岩，钻井横向对比性较好；$SQ_2$ 湖泛面位于 $Es_2^2$ 湖湘泥岩段中。有物源注入时以湖底扇沉积为主，属事件性沉积，不受沉积基准面变化控制，旋回性差，且横向变化大，很难追踪；无物源注入时，则以大套泥岩沉积为特点，湖泛面位置难确定；受沟道改道和后期差异压实作用的影响，旋回的对称性存在变化，识别困难。$SQ_1$ 湖泛面对应高升油层段顶部大套泥岩段中，从地震剖面上看，为强振幅、连续性较好，钻井对比性较好。

层序地层格架的建立，为烃源岩分布、沉积体系研究、精细储层预测和油气藏分析提供了基础。

# 第二节　成熟烃源岩分布与演化

## 一、烃源岩分布

烃源岩是油气资源形成的物质基础，其规模和质量在很大程度上决定了一个盆地（凹陷）或一个区带油气资源的丰富程度及资源类型、分布等特征。

辽河坳陷存在多套烃源岩，石炭系—二叠系、上侏罗统等煤系地层为煤型气源岩，古近系为油气源岩。由于盆地发育、演化控制多旋回沉积，形成了沙四段、沙三段、沙一至二段和东营组多层次、大面积的烃源岩分布。石炭系—二叠系气源岩主要分布在东部斜坡，侏罗系气源岩则主要分布在东、西两凹陷的外侧，古近系烃源岩分布在三个凹陷之中。

目前对石炭系—二叠系气源岩的地球化学特征尚缺乏认识，但中生界上侏罗统烃源岩，已有多井钻遇，钻井揭露暗色泥岩最大厚度达 400m，煤层累计厚度大于 80m。就目前揭露的层段而言，有机质丰度相对较高，总有机碳含量在 0.5%~2% 之间，最高达 3.36%；氯仿沥青 "A" 含量在 0.02%~0.2% 之间，最高达 0.5%；总烃含量在 100~750μg/g 之间，最高达 2083μg/g。根据干酪根镜鉴、饱和烃色谱分析和饱和烃质谱分析资料，辽河东、西两凹陷中生界烃源岩有机质类型相似。母质类型均以陆源高等植物为主，属 $II_B$—III 型，以 III 型为主的干酪根类型，热演化程度较高，成熟度 $R_o$ 一般为 0.74%~1.25%，大致相当于长焰煤至肥煤演化阶段，而深部情况尚待认识[8]。

### （一）古近系烃源岩分布及发育特点

烃源岩发育受断裂活动影响，断裂活动的周期性控制了烃源岩发育的旋回性，辽河断陷深陷期发育了沙四段、沙三段、沙一至二段及东营组四套烃源岩层。断裂活动的分段性，控制着各旋回烃源岩的发育，使其依次变差：早期沙四段、沙三段烃源岩发育好，中期沙一段烃源岩发育较好，晚期东营组烃源岩发育较差。

断裂活动的不均衡性，使各凹陷的烃源岩分布有明显的差别。西部凹陷四套烃源岩都较发育，东部凹陷只发育沙三段、沙一段、东营组这 3 套烃源岩层，大民屯凹陷则主要发育沙四段、沙三段两套烃源岩，沙一段烃源岩分布范围较小。

沙四段在西部凹陷呈北厚南薄分布，牛心坨洼陷烃源岩厚为 700m，清水洼陷厚约为 350m，大民屯凹陷则相反，沙四段厚度一般为 400~500m，而南部荣胜堡洼陷厚达 700m（图 3-2-1）。

沙三段为主力烃源岩，面积分布广、厚度大。西部凹陷沙三段烃源岩南厚北薄，清水洼陷烃源岩厚达 1200m，台安洼陷厚约为 800m，其平均厚度为 500m（图 3-2-2）。东部凹陷烃源岩主要分布在南、北两端的洼陷区，厚达 1000m 以上（图 3-2-3）。大民屯凹陷沙三段烃源岩相当发育，厚度超过 800m 的地层占其面积的一半，最厚在荣胜堡洼陷为 2000m（图 3-2-4、图 3-2-5）。

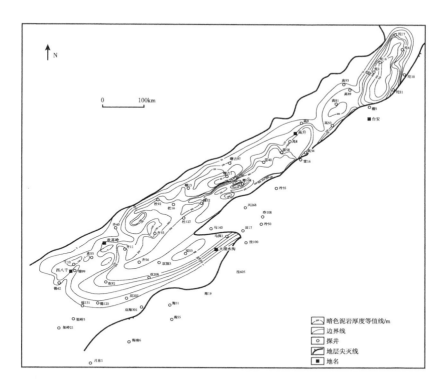

图 3-2-1  辽河西部凹陷沙四段暗色泥岩等厚图

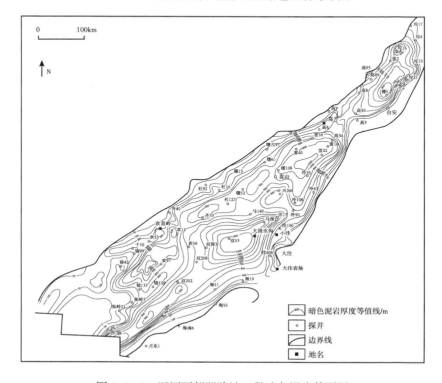

图 3-2-2  辽河西部凹陷沙三段暗色泥岩等厚图

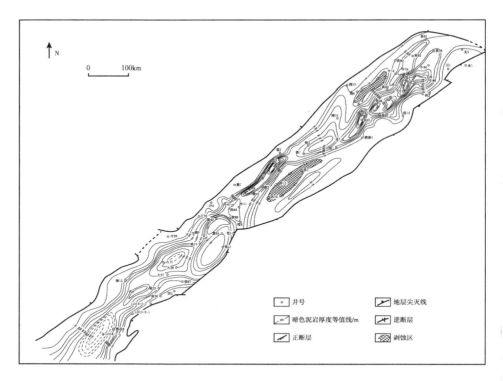

图 3-2-3　辽河东部凹陷沙三段中—下亚段暗色泥岩等厚图

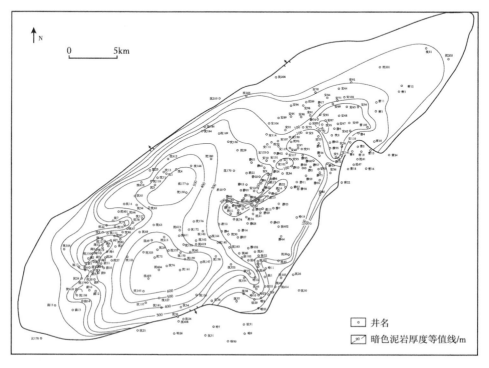

图 3-2-4　辽河大民屯凹陷沙三段下亚段（$E_2s_3^4$）暗色泥岩等厚图

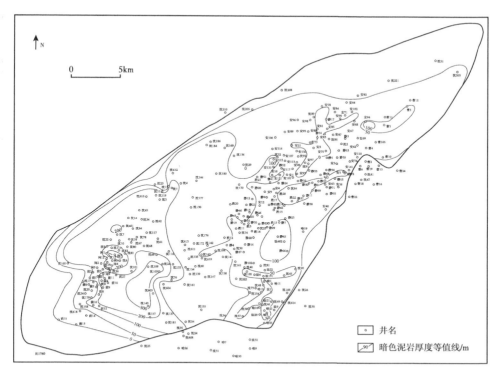

图 3-2-5　辽河大民屯凹陷沙三段中亚段（$E_2s_3^3$）暗色泥岩等厚图

　　各凹陷沙一段烃源岩发育都比沙三段差。东、西部凹陷烃源岩厚度一般为 250m，烃源岩在长滩洼陷和清水洼陷最厚，厚度均达到 600m。大民屯凹陷沙一段烃源岩比较薄，大部分地区在 200m 以下，在荣胜堡洼陷最厚，为 400m。

　　东营组烃源岩不但面积比沙河街组小，而且厚度也薄。西部凹陷大部分地区烃源岩厚度在 400m 以下，仅在鸳鸯沟、清水洼陷中心厚度达 1000m。东部凹陷相对较厚，南、北洼陷均达到 1000m 以上，最厚在二界沟洼陷，厚达 1500m。

　　总之，本断陷烃源岩分布层位多、面积广、纵向厚度大。丰富的烃源岩发育，为辽河油气资源提供了基本的物质基础。

## （二）前古近系烃源岩发育特点

　　经钻探证实，辽河外围凹陷主要发育了下白垩统九佛堂组、沙海组、阜新组 3 套烃源岩系，不同程度地分布在各个凹陷之中，是辽河坳陷外围的重要烃源岩系。其发育规模及分布情况受到多方面地质因素的控制和影响。当然这与该研究区侏罗系—白垩系不同时期的区域构造背景、构造演化规律和古气候环境有关。因此这 3 套烃源岩的存在和发育程度成为评价该探区各凹陷有无勘探价值的重要因素。

　　1. 九佛堂组

　　九佛堂组主要分布于嫩江—八里罕和依兰—伊通两断裂之间。在 7 个重点凹陷中均有发育，烃源岩累计厚度为250~460m，其早期的沉积物含凝灰质且岩性相对较粗，充分反映了早白垩世之初大规模火山活动接近尾声与凹陷强烈下陷的构造背景。晚期的洪积物面貌较早期有了明显的改变，沉积物颜色变暗，以深灰色、灰黑色泥岩、油页岩为主，含丰富的介形虫、叶肢介等水生生物化石，有机质丰富，有些凹陷发育为油页岩。半深—深湖相沉积为主，具有较强的生油气能力。

**2. 沙海组**

沙海组与九佛堂组相伴发育，在各凹陷均有分布，其中在钱家店、张强等凹陷沙海组泥岩最发育。为凹陷发展过程中稳定沉降阶段的沉积产物，烃源岩厚度一般为200~370m，是一套以深灰色泥岩为主夹油页岩，为弱还原、还原环境下的半深湖和湖沼沉积，含丰富的叶肢介、介形虫、瓣鳃类等水生生物及植物碎屑化石，尤其在张强凹陷具有很强的生油能力。

**3. 阜新组**

阜新组烃源岩为凹陷发育晚期的产物，主要发育在陆家堡凹陷、龙湾筒凹陷、茫汉凹陷，在钱家店凹陷、张强凹陷、宋家凹陷发育不全。总体发育特点为：普遍含煤；沉积厚度整体上比沙海组和九佛堂组薄，生油岩厚度为240~580m，以深灰色、灰绿色泥岩为主夹煤层，见大量植物碎片化石，生物贫乏。为弱还原环境下河湖沼泽沉积，生油条件差。

## 二、烃源岩有机质丰度

烃源岩有机质丰度分析表明（表3-2-1），各层系有机质丰度较高，西部凹陷明显优于其他两个凹陷；按层系来看，以沙四段有机质丰度最高，其次为沙三段、沙一段，东营组最低。

表3-2-1 辽河坳陷古近系暗色泥岩地球化学指标均值表

| 凹陷 | 层位 | 总有机碳 / % | 氯仿沥青 "A" 含量 / % | 总烃 / μg/g | $S_2$ / % | 氯仿沥青 "A" 含量 / 有机碳 % | 烷烃 / 芳烃 |
|---|---|---|---|---|---|---|---|
| 西部 | 东营组 | 1.07 | 0.0219 | 60 | 0.17 | 2.81 | 1.42 |
| | 沙一段 | 1.85 | 0.1103 | 358 | 0.54 | 6.25 | 1.29 |
| | 沙三段 | 1.99 | 0.1375 | 543 | 0.59 | 6.13 | 1.62 |
| | 沙四段 | 2.83 | 0.2167 | 1142 | 0.42 | 7.65 | 1.72 |
| 东部 | 东营组 | 0.38 | 0.0159 | 39 | 0.06 | 4.03 | 1.83 |
| | 沙一段 | 1.09 | 0.0452 | 149 | 0.45 | 3.45 | 1.34 |
| | 沙三段 | 1.94 | 0.0894 | 314 | 0.26 | 3.82 | 1.56 |
| 大民屯 | 沙一段 | 0.60 | 0.0262 | 24 | 0.45 | 2.67 | 1.29 |
| | 沙三段 | 1.68 | 0.0570 | 152 | 0.19 | 2.86 | 1.08 |
| | 沙四段 | 1.59 | 0.1154 | 501 | 0.18 | 5.63 | 1.09 |

## 三、有机质类型

判别母质类型的方法有很多，通常用干酪根镜鉴、元素分析、生物标志化合物等方法来确定类型。

### （一）干酪根镜鉴和元素分析

母质类型的干酪根镜鉴和元素分析表明（图 3-2-6，表 3-2-2）：

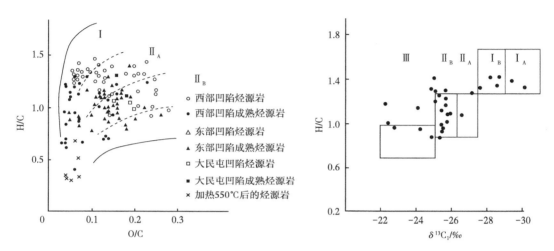

图 3-2-6　辽河坳陷古近系烃源岩干酪根 H/C 与 O/C，及 $\delta^{13}C$ 与 H/C 关系图

表 3-2-2　辽河坳陷古近系烃源岩干酪根显微组分含量表

| 凹陷 | 层位 | 类质组 /% | 壳质组 /% | 镜质组 /% | 惰质组 /% | 类型指数 | 类型 | 样品数 |
|------|------|-----------|-----------|-----------|-----------|----------|------|--------|
| 西部 | 东营组 | 37.9 | 8.0 | 51.9 | 2.2 | 0.6 | $II_B$ | 24 |
|      | 沙一段 | 55.9 | 5.7 | 34.9 | 3.6 | 28.8 | $II_B$ | 45 |
|      | 沙三段 | 66.9 | 5.0 | 25.8 | 2.4 | 48.5 | $II_A$ | 69 |
|      | 沙四段 | 71.5 | 3.5 | 21.8 | 3.2 | 53.7 | $II_A$ | 28 |
| 东部 | 东营组 | 24.1 | 9.4 | 58.2 | 8.4 | −24.4 | III | 13 |
|      | 沙一段 | 47.7 | 8.0 | 41.9 | 2.5 | 18.2 | $II_B$ | 48 |
|      | 沙三段 | 45.8 | 6.9 | 43.1 | 4.3 | 11.7 | $II_B$ | 67 |
| 大民屯 | 沙三段 | 52.4 | 4.5 | 42.1 | 1.2 | 21.0 | $II_B$ | 56 |
|      | 沙四段 | 54.6 | 3.6 | 41.2 | 0.7 | 25.1 | $II_B$ | 11 |

盆地内存在四种主要母质类型，即腐泥型（Ⅰ型）、混合 A 型（$II_A$ 型）、混合 B 型（$II_B$ 型）和腐殖型（Ⅲ型）；

西部凹陷母质类型以 Ⅰ—Ⅱ$_A$ 型为主，大民屯凹陷以 Ⅱ$_B$ 型为主，东部凹陷母质类型以 Ⅱ$_B$—Ⅲ 型为主，与当时总的沉积环境相吻合；

从层位上看，西部凹陷的沙四段、沙三段母质类型以 Ⅱ$_A$ 型为主，东营组母质类型为 Ⅱ$_B$—Ⅲ 型，其他层系以 Ⅱ$_B$ 型为主。

## （二）干酪根碳氢同位素分析

古近系44个干酪根样品的碳、氢同位素资料分析表明，碳同位素值分布在 −30.9‰～−22.5‰ 之间，氢同位素值在 −232‰～−129‰ 之间，平均为 −156‰，表现为辽河坳陷的干酪根碳、氢同位素都具有较宽的分布范围，说明烃源岩具有多种母质类型和沉积环境。

利用干酪根碳同位素组成与 H/C 原子比的关系，结合盆地实际资料，按下列标准划分干酪根类型：Ⅰ型干酪根 $\delta^{13}C$ 值为 −27.5‰～−31‰（−29‰～−31‰ 正是典型的藻腐泥型 ~Ⅰ 型干酪根的碳同位素特征），Ⅱ型干酪根 $\delta^{13}C$ 值为 −25‰～−27‰，Ⅲ型干酪根 $\delta^{113}C$ 值为 −22.5‰～−25‰。根据这一分类界限，依据古近系烃源岩干酪根 $\delta^{113}C$ 值与 H/C 关系图（图3-2-6），对干酪根样品进行类型划分，其类型分布如下：（1）以 Ⅰ 型为主的干酪根分布在西部凹陷沙四段。（2）以 Ⅱ 型为主的干酪根分布在西部凹陷沙四段、沙三段、沙一段；东部凹陷的沙三段、沙一段；大民屯凹陷的沙三段。（3）碳同位素Ⅲ型干酪根主要分布在沙三段中—上亚段，干酪根碳同位素偏重。由于受干酪根样品数量和分布的限制，其分布与实际资料有些出入。根据其他方法鉴定，盆地内Ⅲ型干酪根主要分布在各凹陷的东营组、东部凹陷和大民屯凹陷的沙三段上亚段，西部凹陷沙三段亦有局部分布（北部地区）。

# 四、主力烃源岩特征比较

一个含油气盆地或凹陷总是存在一套或多套烃源岩作为油气的主要烃源岩，这部分烃源岩控制了盆地或凹陷油气资源的总体格局。辽河坳陷三大凹陷的主力烃源岩特征有各自的特点，决定了各凹陷油气相态和分布特征。

## （一）大民屯凹陷——两套烃源岩形成两种品质的原油

大民屯凹陷存在两套主力烃源岩。第一套烃源岩为沙四段下部（$E_2s_4^2$）的油页岩，第二套烃源岩为沙四段上部和沙三段下部泥岩（$E_2s_4^1$+ $E_2s_3^4$）。油源对比表明，凹陷高蜡油主要来自第一套烃源岩，正常油则主要来自第二套烃源岩。$E_2s_4^2$ 烃源岩主要分布在凹陷中部的安福屯洼陷和胜东洼陷，厚度为 100~350m，一般约为 200m，这套烃源岩虽然厚度不大，但有机质丰度高（TOC 最高可达 12%，平均约为 6%）、类型好（Ⅰ型—Ⅱ$_A$型），生烃潜力大。第二套（$E_2s_4^1$+ $E_2s_3^4$）烃源岩主要分布在凹陷南部的荣胜堡洼陷，有机质丰度中等（TOC 为 1.4%~2%，平均约为 1.6%），有机质类型以 Ⅱ$_B$ 型为主，虽然烃源岩品质并不十分优越，但厚度巨大，在荣胜堡洼陷内部最厚可超过 1500m。

## （二）西部凹陷——沙三段、沙四段烃源岩为油气资源富集奠定了物质基础

辽河西部凹陷之所以油气资源富集，首先是有沙四段和沙三段两套优质烃源岩为物

质基础，这两套烃源岩均发育于较深水的沉积环境，整个西部凹陷原油的姥植比（Pr/Ph）几乎都小于 1.5。沙四段烃源岩厚度一般为 150~300m，但有机质丰度高（TOC 为 2%~5%）、类型好（Ⅰ型为主），而且分布较广（清水洼陷、盘山洼陷、陈家洼陷、台安洼陷及牛心坨洼陷均广泛分布）。沙三段烃源岩主要分布在陈家洼陷、清水洼陷和海南洼陷，厚度巨大、品质优良（有机质类型以 Ⅱ$_A$ 型为主）。从原油姥植比来看，由北向南，沙三段烃源岩品质略有下降的趋势，围绕陈家洼陷原油姥植比为 0.8~1.0，围绕清水洼陷原油姥植比为 1.0~1.2，海南洼陷原油姥植比为 1.2~1.5（月海、笔架岭地区）。

### （三）东部凹陷——沙三段中—下亚段构成主力烃源岩

东部凹陷沙三段厚度大，但真正的主力烃源岩却是沙三段中—下亚段湖相暗色泥岩，从揭示井资料（如欧 39 井）来看，烃源岩有机质丰度较高，TOC 平均大于 2.0%，但有机质类型比西部凹陷沙三段烃源岩偏差，以 Ⅱ$_A$ 型和 Ⅱ$_B$ 型为主。东部凹陷绝大部分原油姥植比几乎都大于 2。

综观辽河坳陷三大凹陷的主力烃源岩，大民屯凹陷和西部凹陷都有两套主力烃源岩，而东部凹陷只有一套烃源岩，而且，大民屯凹陷和西部凹陷都发育优质烃源岩，这决定了这两个凹陷具有较高的油气资源丰度。

## 五、有机质热演化特征

烃源岩的热演化及其成熟作用很大程度上影响着有效烃源岩的分布格局。由于构造发育史不同、沉积埋藏史的差异，不同凹陷以及同一凹陷不同构造部位在热演化史上都存在明显差异，通常情况下，人们将 $R_o$ 等于 0.5% 作为有机质成熟生烃的门限值，但大部分烃源岩在 $R_o$ 等于 0.5% 时难以大量排烃成为有效烃源岩。分析表明，辽河坳陷以 $R_o$ 等于 0.6% 界线来分析三大凹陷烃源岩有机质热演化格局较为合理，并将 $R_o$ 为 0.4%~0.6% 划归低成熟阶段，$R_o$ 大于 0.6% 为有机质成熟阶段。

在大民屯凹陷，$R_o$ 等于 0.6% 的界线位于埋深为 2500~3200m（图 3-2-7）。凹陷北部的三台子洼陷以及静安堡潜山带只有沙四段下部烃源岩进入成熟阶段；安福屯洼陷的部分沙四段烃源岩进入成熟阶段，沙三段烃源岩尚未进入成熟阶段；凹陷南部的荣胜堡洼陷内所有沙四段烃源岩及沙三段下部烃源岩（主要为 Es$_3^4$）进入成熟阶段。

在西部凹陷，高升以北的台安洼陷、牛心坨洼陷烃源岩成熟度整体偏低，只有部分沙四段烃源岩进入成熟阶段，同时可见，成熟界线与东营组底界起伏比较一致，说明有机质热演化格局定型较早，而且受后期（东营组沉积末期）构造活动抬升影响明显；陈家洼陷内成熟界线约为 3200m，在此之下的沙三段中—下亚段和沙四段烃源岩已成熟；南部清水洼陷和海南洼陷成熟界线层位明显上移，洼陷中大部分的沙一至沙二段烃源岩以及沙三段烃源岩都进入了成熟阶段。凹陷成熟界线分布的总体趋势是由北向南，成熟界线所处的层位逐渐变新，同时成熟界线的起伏趋势与馆陶组的起伏相对应（图 3-2-8）。

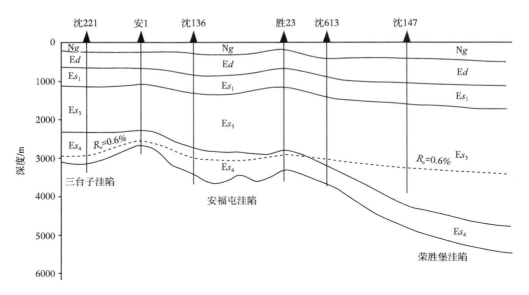

图 3-2-7　大民屯凹陷沈 221 井—沈 147 井连井剖面 $R_o$ 等于 0.6% 界线分布图

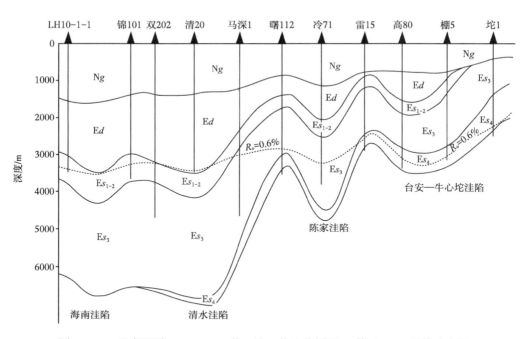

图 3-2-8　西部凹陷 LH10-1-1 井—坨 1 井连井剖面 $R_o$ 等于 0.6% 界线分布图

东部凹陷北、中、南段有机质成熟界线的分布各具特征（图 3-2-9）。中北部地区有机质成熟界线的起伏规律与东营组底界埋深起伏对应较好，中南段则与东营组底界埋深起伏规律对应较好，南段（滩海东部）甚至与地表相对应，说明南段晚期（新近纪以来）有机质成熟作用相对更明显。北段的牛居—长滩洼陷成熟界线位于沙三段上亚段中，主力烃

源岩沙三段中—下亚段成熟度相对较高；中段的于家房洼陷成熟界线位于沙三段中—下
亚段之中，主力烃源岩成熟度相对较低；驾掌寺洼陷区有机质成熟度格局与牛居—长滩洼
陷大致类似；到滩海区的盖州滩—二界沟洼陷，成熟界线主体则位于东营组中，即沙一至
二段和沙三段烃源岩基本都已成熟。

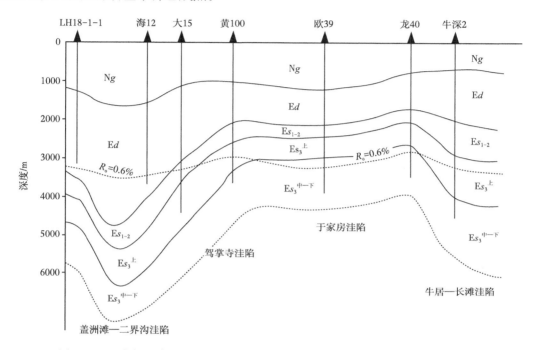

图 3-2-9　东部凹陷 LH18-1-1 井—牛深 2 井连井剖面 $R_o$ 等于 0.6% 界线分布图

　　综观辽河坳陷三大凹陷有机质成熟度格局，地层的埋藏深度以及构造运动都对现今有
机质成熟度的分布格局起了明显的控制作用，正是这种作用导致了不同品质烃源岩的发育
展布形式，形成了不同凹陷之间以及凹陷内不同区域油气资源的差异。

　　辽河坳陷各凹陷都有一些继承性深洼陷，多数基底埋深在 5000m 以下，即沙四段、
沙三段主力烃源岩有较大体积处于过成熟热演化状态，构成了辽河坳陷烃源岩从未成熟至
过成熟的完整热演化系列。

## 第三节　沉积体系分布和储层成岩演化

　　辽河坳陷发育多种类型储层。按层系，主要有基岩潜山储层和中生界、古近系储层；
按储层岩性，可分为混合花岗岩、石英岩和变余石英砂岩、火山岩、碳酸盐岩和碎屑岩等
储层。它们绝大多数是既储油又储气，为盆地油气的大规模聚集提供广阔的储集空间。

　　古近系碎屑岩，特别是砂岩储层是盆地分布最广泛、最重要的储层。由于辽河裂谷断块
活动的阶段性、持续性，决定了在裂谷发育的不同时期，形成各有特色的沉积体系，它们在
平面上自湖盆边缘向中心伸展，在纵向上相互叠置，构成多层次、大面积分布的储层条件。

# 一、碎屑岩储层的沉积体系及其特征

按裂谷发育阶段，古近纪盆地演化可分为初陷、深陷、持续裂陷—衰减期三个时期。

## （一）初陷期浅湖环境的沉积体系（沙四段沉积期）

初陷期湖盆水体很浅，水系流域小，河流一般短小。该期沉积体系具有三个明显的特点：一是沉积体系受周边物源区母岩成分影响较大；二是多为小型沉积体系；三是三个凹陷沉积体系有明显差异。

### 1. 西部凹陷的沉积体系

从北至南有牛心坨扇三角洲体系、高升（鲕）粒屑灰岩体系、曙光扇三角洲体系、齐家扇三角洲体系、欢喜岭扇三角洲体系和西八千扇三角洲体系等（图3-3-1）。

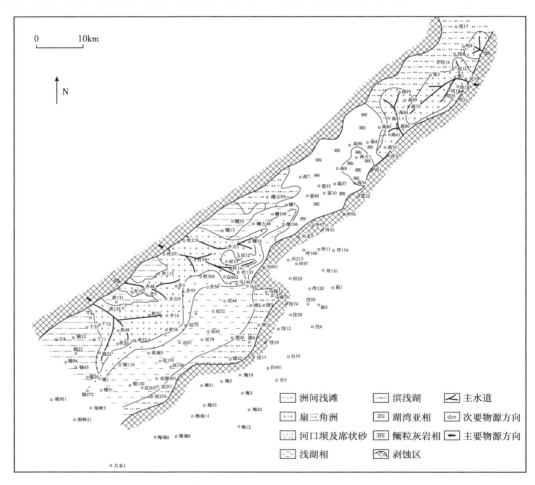

图3-3-1 辽河西部凹陷沙四段沉积体系分布图

高升粒屑灰岩体系分三个相带：滨岸粒屑灰岩带、高能（鲕）粒屑灰岩带和低能泥晶灰岩带。

曙光扇三角洲体系分布于曙光油田及曙光下台阶一带，面积达 130km²，根部在曙一区和曙三区边缘，核部位于杜 67 井—杜 55 井—杜 24 井一带，扇体前端从曙二区一直伸到曙光下台阶的杜 131 井—杜 126 井—双 12 井一带。砂泥岩单层厚为 3~10m，厚者可达25m（杜 84 井）。岩性为细砾岩、含砾砂岩、砂岩、粉砂岩。孔隙度为 21%~28%，渗透率为 1.0~1.91mD。

南部齐家、欢喜岭、西八千 3 个扇 3 角洲发育区，碎屑物较粗，砾岩、砂砾岩较发育，最大砾石直径大于 10cm。

### 2. 大民屯凹陷的沉积体系

现已发现的沉积体系有前当铺扇三角洲体系、大民屯扇三角洲体系和三台子扇三角洲湖底扇体系（图 3-3-2）。

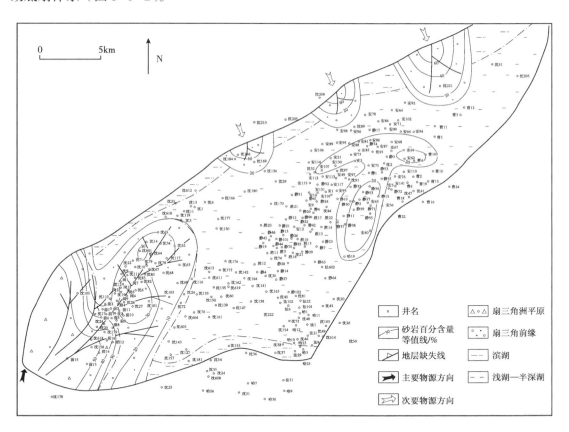

图 3-3-2 辽河大民屯凹陷沙四段沉积体系分布图

### 3. 东部凹陷的沉积体系

东部凹陷沙四段沉积期基本为陆上环境，岩性大部分为红色砂泥岩。

## （二）深陷期深湖环境的沉积体系（沙三段沉积期）

沙三段深陷期，河流水系流域扩大，水量充沛，河流坡降增大，侵蚀能力增强，碎屑物质丰富，沉积物主要以扇三角洲的形式堆积在岸边，进一步在深水中形成大量的浊流沉积。河流能量大小和蚀源区粗碎屑物质的多少，决定沉积体系规模的大小。

### 1. 西部凹陷的沉积体系

沙三段西部凹陷是深水湖盆沉积体系发育的凹陷，它为一个不对称的箕状凹陷。东侧以台安—大洼断裂为湖盆边界，属于陡坡；西侧则是从岸上逐级下陷到湖盆深处的斜坡，属于缓坡。不对称的湖底地形，形成两种不同特点的沉积体系，即缓坡型沉积体系和陡坡型沉积体系（图3-3-3至图3-3-5）。

西部凹陷西岸缓坡型沉积体系，从北到南有：高升扇三角洲体系、雷家扇三角洲—湖底扇体系、友谊（曙古32）扇三角洲体系及卧龙、曙光、齐家、欢喜岭、西八千扇三角洲—湖底扇体系等。

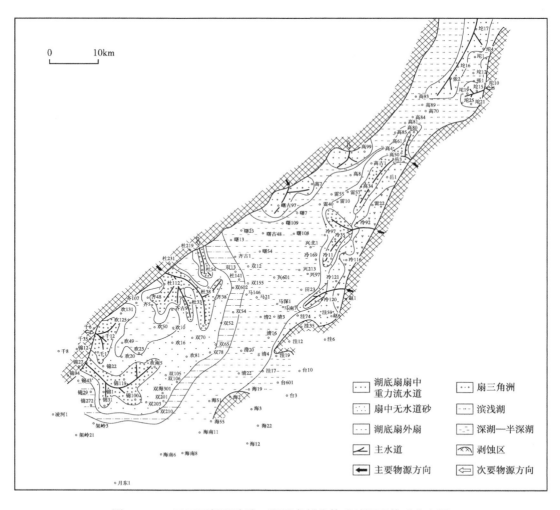

图3-3-3　辽河西部凹陷沙三段层序低位体系域沉积体系分布图

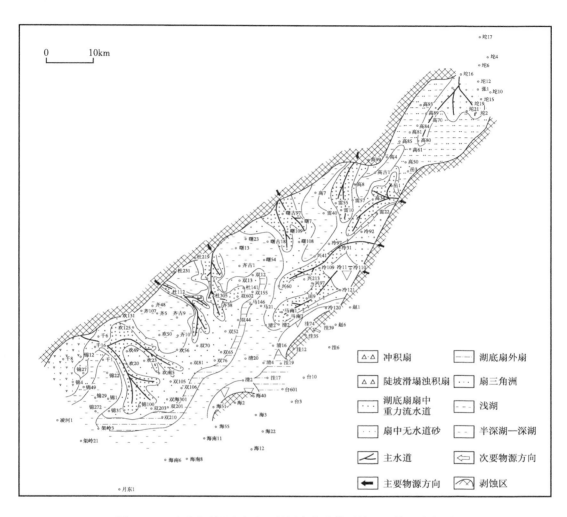

图 3-3-4 辽河西部凹陷沙三段层序水进体系域沉积体系分布图

缓坡型曙光扇三角洲—湖底扇体系的扇三角洲部分位于湖盆边部，大致在杜 7 断层以西，属于曙一区和三区。扇体中心部位在杜 85 井—杜 13 井—杜 16 井一带，砂层累计厚度达 483m（杜 13 井）。杜 7 断层的发育，使斜坡下降一个台阶，湖底地形变深，扇三角洲前缘开始向浊流沉积转化。从杜 7 断层到杜 105 井—杜 39 井一带，发育滑塌型碎屑流沉积（杜 2 浊积扇）。中心部位在杜 105 井—杜 3 井—杜 39 井一带，砂层累计厚度达 531m。在杜 3 浊积扇分布区，砂体多呈舌状或带状，由上倾方向往下倾方向伸展。再往前越过曙 51 断层，进入更低一级台阶，出现了双 16 浊积扇，砂层累计厚度为 544m（双 12 井），单砂体多为扇形。这些砂体类型复杂，有碎屑流、浊流沉积，还有颗粒流和液化流沉积，以浊流沉积为主。浊流与碎屑流交互出现，粗粒层段多为碎屑流，细粒层段多为浊流。平面组合上，杜 3 浊积扇单砂体多为舌状、带状、双 16 浊积扇单砂体多为扇状展布，二者匹配有律，表明曙二区杜 3 浊积扇是下台阶双16浊积扇的物源区，双16浊积扇是杜3碎屑流浊积扇发展的必然产物。上述特征表明，由湖岸到湖心，湖底地形下降，水体逐渐加深，依次形成扇三角洲—碎屑流—浊流沉积。

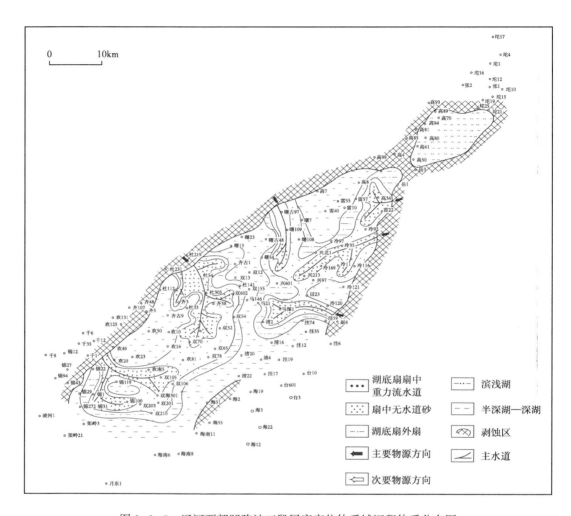

图3-3-5　辽河西部凹陷沙三段层序高位体系域沉积体系分布图

北部地区物源区为火山岩和石灰岩分布区，砂质碎屑不丰富，所以北部斜坡区普遍发育泥岩，砂体小，储层发育相对较差。

曙光以南，基底有几排翘倾断块基岩隆起，湖底地形复杂。基本特征是槽谷水道带网状浊积砂体系，如齐家砂体、欢喜岭砂体和西八千砂体等。

南部物源区分布花岗岩和碎屑岩，粗碎屑物源充足，所以这些砂体规模都很大，如欢喜岭砂体厚达550m，面积大于130km²，一直伸展到双台子地区。

在台安—大洼断裂带，陡坡型沉积体系从北至南有台安扇三角洲体系，莲花、冷家堡（岸）扇、浊流复合沉积体系。

陡坡型莲花砂体的物源为中央凸起上的花岗岩，砾石成分中花岗岩块高达 93.2%，砂粒成分中花岗岩占 62%，洪水从断崖之上直泻入湖，成为岸边特殊形式的扇三角洲，其前缘直接伸展到深湖之中，形成浊流（碎屑流），从冲积扇至深湖浊积岩成为不可分割的整体，构成了扇三角洲—浊流体系的典型模式。

### 2. 大民屯凹陷的沉积体系

大民屯凹陷沙三段共识别出三种类型的沉积体系（图 3-3-6），即长轴河流三角洲体系（三台子河流三角洲体系）、短轴扇三角洲体系（前当铺扇三角洲、法哈牛扇三角洲）、冲积扇—泛滥平原体系（兴隆堡冲积扇泛滥平原体系）。长轴河流三角洲体系分布范围最广，超过湖盆面积一半，砂岩单层厚度为 3~10m，孔隙度为 15%~25%，渗透率为 0.02~16mD。

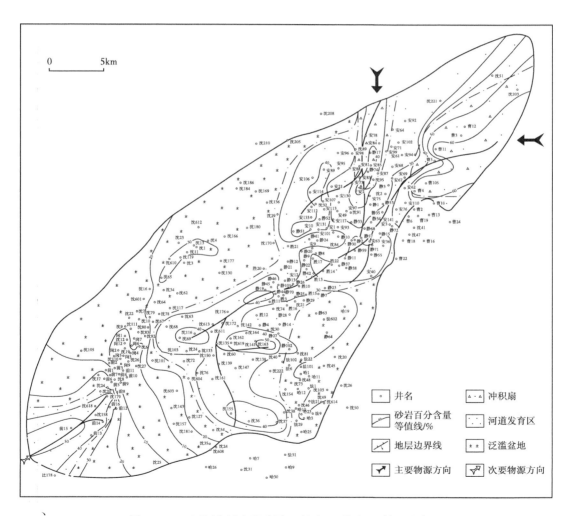

图 3-3-6 辽河大民屯凹陷沙三段（$E_2s_3^3$）沉积体系分布图

### 3. 东部凹陷的沉积体系

东部凹陷的勘探程度较低，现可以识别出来的沙三段沉积体系有大湾、董家岗、小洼、牛居扇三角洲，青龙台浊积扇，黄金带泛滥平原和浅湖沉积等（图3-3-7）。

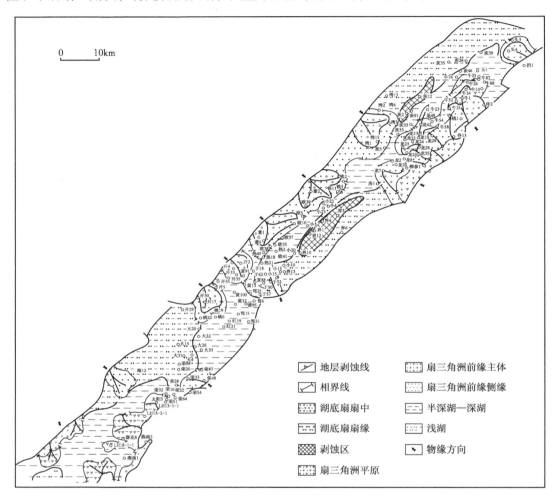

图 3-3-7　东部凹陷沙三段中—下亚段沉积体系分布图

## （三）持续裂陷—衰减期浅湖环境的沉积体系（沙一至二段沉积期）

裂谷持续裂陷期，盆地进入新一轮裂陷，由非补偿湖盆逐渐变成了均衡补偿和过补偿湖盆，沉积体系组合有较大差异。

### 1. 西部凹陷的沉积体系

北端从牛心坨向台安洼陷发育了轴向河流三角洲体系；缓岸的扇三角洲体系从北往南有卧龙、齐家、西八千等扇三角洲；陡岸有兴隆台、大洼等扇三角洲（图3-3-8）。

陡坡型兴隆台扇三角洲体系是由中央凸起向湖盆中央生长的一个复合型扇三角洲体系，面积为250km²，累计厚达200m（冷11井）。北部为冷11朵叶体，南部为冷13朵叶体。其物源来自中央凸起较单一的花岗岩。河道砂岩物性良好，孔隙度为 10%~28%，渗透率为 1.0~5.7mD。河口坝砂体分选好，物性好，孔隙度为 20%~25%，渗透率为 2.0~3.0mD。

图 3-3-8 辽河西部凹陷沙一+二段沉积体系分布图

缓坡型西八千扇三角洲的冲积扇中心在于 1 井附近，面积较大，达 336km²。齐家扇三角洲的冲积扇中心区在齐 1 井附近，面积为 332km²。它们的共同特点是成分复杂，碎屑物质丰富，砂体规模大，河口坝砂体分布范围大，砂层分选较好，粒度较细，孔隙度高。然而渗透率都较低，小于 0.2~0.8mD。

## 2. 大民屯凹陷的沉积体系

大民屯凹陷首先发育轴向长源河流，造成过补偿的沉积环境。以河流沉积为主，夹沼泽和浅湖沉积（图 3-3-9）。三台子河流的轴向三角洲体系和前当铺地区的冲积扇泛滥平原，沉积物分选较好，是良好的储层。

图 3-3-9 辽河大民屯凹陷沙一段沉积体系分布图

### 3. 东部凹陷的沉积体系

东部凹陷构造活动较强，沉积体系多变，发育一系列的扇三角洲体系（图 3-3-10）。西岸物源为中央凸起花岗岩，碎屑成分较单一。扇三角洲前缘沉积平均孔隙度为 20%，渗透率平均为 0.322mD。东侧的牛居扇三角洲，分流河道短小，相带较窄，砂体连通性差，储层非均质性很强，碎屑成分复杂，成岩变化明显降低了孔渗性。孔隙度为 10%~15%，渗透率为 0.04~0.08mD。

### （四）衰减期（东营组沉积期）

衰减期（东营组沉积期）强烈的断裂活动，导致沉积体系类型和分布更为复杂。

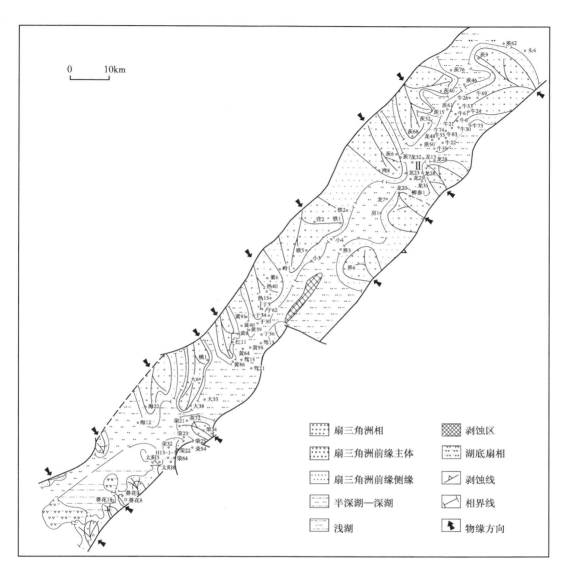

图 3-3-10 辽河东部凹陷沙一+沙二段沉积体系分布图

### 1. 大民屯凹陷沉积体系特点

整个凹陷处于北高南低状态。三台子的远源河流三角洲体系覆盖了凹陷的绝大部分地区，主要属于泛滥平原沉积。周边发育许多小型冲积扇，融合于三台子河流三角洲的泛滥平原中。

### 2. 西部凹陷沉积体系特点

东营组沉积期，西部凹陷沉积水体北浅南深。水体变浅时，发育了轴向远源河流三角洲体系。高升河流三角洲体系一直覆盖到马圈子、双台子地区。以泛滥平原河流沉积占优势，在洼陷地区残留湖泊沉积。当水进时，沉积体系被分隔，围绕各洼陷两岸发育扇三角洲体系（图 3-3-11）。西八千扇三角洲砂层累计厚度达 400m，欢喜岭扇三角洲砂层累计厚为 350m。远源河流分选较好，碎屑粒度较细，为中—细砂岩、含砾砂岩。储层物性良好，兴隆台地区孔隙度平均为 25%，平均渗透率为 0.209mD。双台子地区平均孔隙度为 17%，渗透率为 0.225mD。

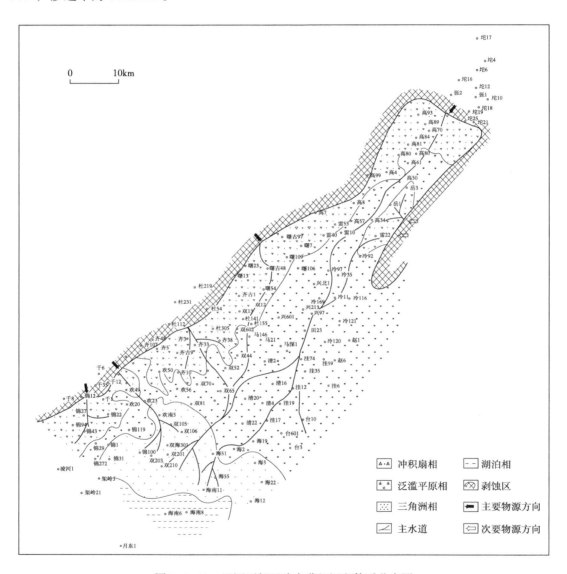

图 3-3-11　辽河西部凹陷东营组沉积体系分布图

### 3. 东部凹陷沉积体系特点

东部凹陷断裂活动最强烈，沉积体系复杂，分割性强，差异性大，产生多洼陷，多沉积中心。在东营组沉积末期，大部分地区被充填成陆地，发育了从北向南的正常河流三角洲沉积，基本上分为东西两条河流体系。这时辽河坳陷整体向南倾斜，水体南移并逐渐干润，结束了长期的湖泊历史。

上述分析表明，古近系各层段都发育良好的储层。与各组碎屑岩伴生的湖相泥岩，既是烃源岩，也是盖层，构成了良好的生储盖组合。同时必须看到，古近纪辽河坳陷是快速沉降的狭小湖盆沉积，在宏观上，它具有明显的裂谷型陆相湖盆储层特征。储层分布广泛，可以多层系叠合连片，为整凹含油气奠定良好的基础。古近系储层单层砂体厚度变化大，横向上不稳定，单个砂体分布面积小，横向变化大。砂岩储层的储集性能具有明显的非均质性，储层的储油气性能受多种因素控制，与物源、体系类型、成岩作用等密切相关，不同类型、同一类型的不同相带，同一相带处于不同成岩阶段都存在明显差异。

## 二、碎屑岩储层成岩作用与孔隙演化

### （一）碎屑岩储层成岩作用

辽河坳陷的构造演化为间歇式逐次下陷，缺少明显的上升运动，8000m厚的沉积物处于连续演化的成岩系统之中。目前所观察到的重要成岩事件有：机械压实作用、化学沉淀（压实）作用、溶解作用、压溶作用、交代作用、蚀变作用、黏土矿物的转化作用等（图3-2-21）。这些成岩事件对油气储集空间的影响，有的是建设性的，如溶解作用；有的则是破坏性的，如机械压实作用、化学压实作用。同时成岩事件也有规律可循。

1. 机械压实作用

研究表明，埋深为1200m以上的浅部地层以机械压实为主，到埋深为1500m时机械压实的影响基本消失。

2. 成岩矿物析出顺序——成岩序列

化学沉积作用产生各种成岩自生矿物，充填于各种孔隙空间，将碎屑颗粒胶结起来，使储层的孔渗性降低。辽河坳陷古近系碎屑岩的析出是有一定顺序的（图3-3-12）。大量的薄片观察表明，这些成岩矿物不仅有一定的析出顺序，而且常成组出现。每一个组合就称为一个成岩矿物相带：由浅至深至少可以划分出四个成岩相带，即微晶粒状碳酸盐相带、自生高岭石相带、石英和长石加大相带及粗晶方解石相带。

成岩矿物析出顺序与埋藏深度密切相关（图3-3-12）。泥晶—晶粒状碳酸盐相带，基本上发育在埋深为1500m以上的浅部地层中，处于早成岩时期至中成岩时期的未成熟阶段；埋深为1500~2500m以自生高岭石相为主，同时也发育了石英、长石增生相带；埋深为2500~4000m以石英、长石增生相带为主，同时存在高岭石相带、片状方解石相带；埋深为4000~5000m（5100m以下无岩心资料），基本上为片状方解石相带，也发育石英、长石加大相带，碳酸盐交代相带，石英增生强烈，达4—5级，自生矿物含量高，压溶作用和交代作用明显，原生孔隙大部分被充填，仅残留原生粒间孔隙、微裂隙和微孔隙，次生溶蚀孔隙不发育。

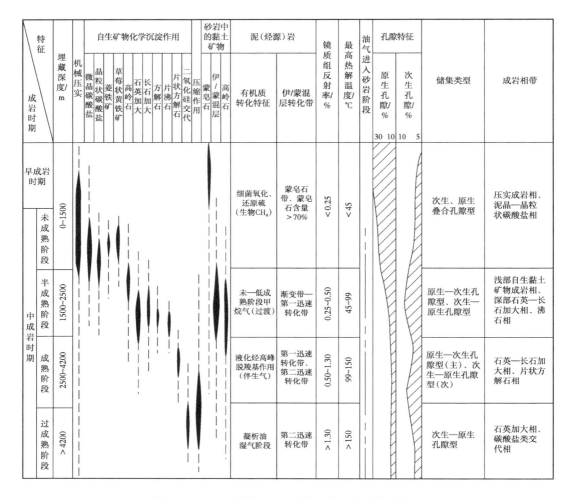

图 3-3-12　辽河坳陷古近系成岩作用演化史综合图

## （二）孔隙类型和孔隙演化史

古近系碎屑岩储层属于高孔渗储层，孔隙很发育，可以分为三种基本类型：原生孔隙、溶蚀孔隙和缝隙。缝隙基本上属于次生孔隙，可以分为层间裂缝、缝合线、矿物裂缝、收缩裂缝等。碎屑岩储层缝隙很发育，见到最广泛的是纹层状泥质白云岩、泥质灰岩中的层间裂缝，往往充填有石油或含有天然气。缝合线主要是由压溶作用产生的颗粒接触面。许多颗粒在受机械压实作用时发生破裂，形成矿物裂缝，有些含水颗粒在脱水收缩时发生收缩裂缝，或者在发生重结晶作用时，也可产生收缩裂缝。

孔隙随着埋藏深度增加而演变，呈现明显的规律性。例如埋深在 1500m 以上，原生孔隙受机械压实作用逐渐缩小；最浅的岩心资料埋深为 800m，储层孔隙度大于 35%，到 1500m 深处，机械压实基本消失，保留原生孔隙约为 25%，局部可保留为 30%。埋深为 1500~4000m，化学压实作用逐渐增强，大量自生矿物析出，使原生孔隙从 25% 减少到

15% 左右。埋深为 4000~5100m 时，原生孔隙进一步减少到 10% 左右。

次生孔隙的演变主要是溶蚀孔隙的变化，其次是微裂缝的发育，其他类型的孔隙对油气影响不大。埋深为 1200m 以上见到少量的溶孔，少于 3%。埋深为 1200~1500m，在盆地边缘地带，溶蚀孔隙很发育，如曙一区和曙三区一带，特别是在（鲕）粒屑灰岩发育的高一区，溶蚀孔隙可高达 10%。埋深为 1500~4000m，是次生孔隙发育带，溶蚀孔隙变动在 1%~10% 范围内。次生孔隙度并不严格随深度增加而增加。只是随深度增加，原生孔隙减少而次生孔隙的比例相对升高。次生孔隙的发育，与多种因素有关，特别是与沉积间断有关，还与地表水渗入有关。在这些地质条件下，次生孔隙比较发育，出现次生孔隙高峰值。古近系有多层次的局部沉积间断，因此次生孔隙存在多个高峰。迭合的孔隙也存在多个高峰，例如兴隆台的沙一段下亚段储层，至少存在两个孔隙发育高峰。当储层埋深为 4000~5100m 时，次生溶孔减少，原生残孔也很少，但颗粒裂缝相对发育起来，总的孔隙度仍可达到 10%。牛深 2 井在 4445m 处孔隙度达到 10.8%，双深 3 井在 5010m 处储层孔隙仍然较发育。可见在 4000m 以下普遍进入低孔渗储层分布段，但仍然还存在有利储层。目前尚未发现深部次生孔隙发育而形成的高孔渗带。

总之，古近纪为辽河裂谷发育的全盛时期，具有多物源、近物源、快速堆积和多旋回的沉积特征。凹陷小，沉积砂体规模一般亦小，在横向上，相带窄、递变快；凹陷深，则是受控于断块活动的多期性和持续性。不同时期沉积体系继承性发育，形成多层叠置的砂岩储层，导致砂岩储层在垂向上的多层系分布特征和平面上不同层系叠合连片，呈大面积分布，为岩性油气藏的形成奠定了必要的储层条件。成岩作用研究表明，在埋深小于 4000m 层段的储层，不仅保留有良好的原生孔隙，同时还有次生孔隙发育，是石油天然气聚集的最佳层段；在埋深为 4000~5000m 层段，尽管储层原生孔隙进一步减少，但总孔隙度可达 10%，对深层天然气仍是良好的储层条件。

# 第四节　油气输导体系和油气运移特征

## 一、油气输导体系

输导体系是相对某一独立的油气运移单元而言的，是含油气系统中所有运移通道（输导层、断层、裂缝、不整合面等）及其相关围岩的总和。油气运移的输导体系是连接烃源岩和圈闭的"桥梁"，它决定着油气运移的路径和方向，并将成藏要素和成藏作用有机地统一成一个整体，由此控制着油气藏的形成和分布。

油气运移的输导体系可以看作连接烃源岩与圈闭的油气运移通道的空间组合，其静态要素主要包括骨架砂体、层序界面、断层及裂缝。按构成可分为四种类型，即断裂型输导体系、砂体型输导体系、不整合面型输导体系和复合型输导体系。

断裂型输导体系：油气先后沿一条或多条油源断层垂向运移，进入相邻砂体而聚集成藏；同时砂体中的油气又可横向穿过断层进入上升盘砂体，断裂不活动时阻挡油气而成藏。因此，断裂体系在成藏过程中起到沟通油源与储层的作用、输导与阻挡油气的作用。

砂体型输导体系：多出现在砂泥岩对接的岩性油藏中，如砂岩透镜体，砂体直接与烃源岩接触或被烃源岩包围，油气从烃源岩排出后直接进入砂体中，砂体起输导和储集两种作用。

不整合面型输导体系：不整合面长期遭受风化剥蚀，形成具一定孔隙度和渗透率的渗透层，油气沿不整合面运移或成藏。

复合型输导体系：常见的输导体系，是上述两种或两种以上输导层的组合，其中，断裂与砂体复合型输导体系就是最常见的一种。

辽河探区复杂的构造及沉积演化过程中发育了多种多样的油气输导类型，为岩性地层油藏的形成提供了可靠的通道。大体可分为受构造作用控制形成的断裂输导体系和受沉积作用控制形成的砂体输导体系及不整合输导体系三大类（图3-4-1）。

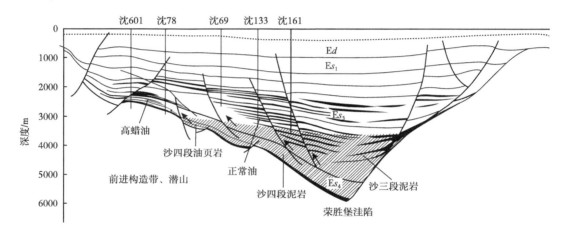

图3-4-1  大民屯凹陷沈601井—沈161井剖面断裂输导体系与油气成藏

## （一）断裂输导体系特征

断裂在岩性油气藏成藏过程中起到很关键的作用。生烃中心生成的油气往往是通过断裂作用形成的断层和裂缝进行运移成藏的。

如西部凹陷是自燕山运动以来在拉伸应力场作用下形成的裂谷型断陷。其基底由太古宇结晶岩、中—新元古界海相地层组成。在其作用下，坡洼过渡带在演化过程中，始终以台安—大洼断层为中心发生大规模的倾向滑动，产生了相互平行、倾向基本相同的次级断裂系，在进一步演化过程中，被正断层所分割的基岩块体，发生右旋翘倾运动，形成了一系列基岩块体单面山。早期北东向西倾反向正断层与晚期的北东向东倾阶梯状正断层组合在一起，使基底在东倾的斜坡背景下具垒堑相间的块体结构及隆洼相间的复杂地貌。受这些断裂作用影响发育的断层一方面可与构造、砂体配合形成圈闭，另一方面也构成了油气向上运移的通道。因此造就了目前已知油藏围绕主干断裂展布的特点（图3-4-2）。

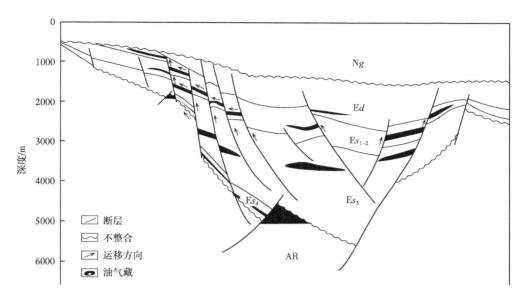

图 3-4-2　辽河坳陷西部凹陷输导体系特征

## （二）砂岩输导体系特征

砂岩输导也对岩性油藏的形成具有重要意义。在斜坡带和坡凹过渡带内较为宽缓的斜坡带和与之相接的洼陷带中，砂体能够形成相对较大面积的稳定分布，从而有效地保证了足够数量的油气充分地向同一个构造—地层岩性带运移。

多样的输导体系与辽河坳陷的发育具有多旋回性沉积序列相配合，致使油气运移具有多期性。断陷形成的凹陷窄小，凹陷之间分隔性较强，岩性变化较大，烃源岩层与储油层紧密相连交互分布，从而决定了裂谷的油气运移主要是短距离的。在多期短距离运移的过程中，由于断裂构造比较复杂，致使油气运移的方式既有早期的又有晚期的，既有水平的也有垂直的。运移的途径既可直接从烃源岩层运移到储层中，又可沿着断层或砂层将烃源岩层中的油气或被破坏了的古油气藏中的油气运移到没有烃源岩层的高部层位或前文论述的各种储集体中。特别是断层带的通道作用，使油气沿着断层断达到哪个层位就运移到哪个层位，造成纵向上油气分布范围很广，形成多种生储盖组合，主要包括：（1）旋回式成油组合：生、储、盖层自下而上紧密配合按序分布，属原生组合。（2）侧变式成油组合：烃源岩层与储油层同属一套层系，受岩性变化的控制，烃源岩层与储油层横向侧变相接，凹陷腹部烃源岩层生成的油气运移到侧翼的储油层中。（3）串通式成油组合：次生成油组合。生、储油层在纵向上不直接相接，而是由断层或不整合面串通作用将烃源岩生成的油气或古油气藏中的油气垂向运移到上部储油层中。（4）倒装式成油组合：新生古储的（古潜山油藏）生储盖组合。对西部凹陷坡洼过渡带已知油藏的统计表明，以上四种成油组合往往不是单一存在，而是相互共存的。

### （三）不整合输导体系

在古近纪，研究区的裂陷作用具有幕式特点，经历了多次构造沉降和抬升，形成了多个不整合，其中具有区域对比意义的不整合有两个：沙三段与下伏房身泡组之间的不整合及沙一段、沙二段与下伏沙三段之间的不整合，后者对本区油气运移有重要影响。

#### 1. 不整合发育特征

经沙三段沉积初期的强烈扩张和沙三段沉积早中期的整体下沉，盆地构造格局初步定型，而沙三段沉积晚期裂陷和拉张活动减弱，地势高差减小；至沙三段沉积末期全区抬升，部分地区遭受剥蚀，并延续至沙二段沉积期；沙一段沉积期盆地再一次大规模扩张，盆地边缘超覆明显，形成了沙一至二段与沙三段之间的不整合。该区不整合面分为平行不整合面、削截不整合面和超覆不整合面（图3-4-3）。平行不整合面主要发育于洼陷区；削截不整合面主要分布在由断层的掀斜作用形成的局部凸起区，界面起伏不平；超覆不整合面分布于凹陷边缘。

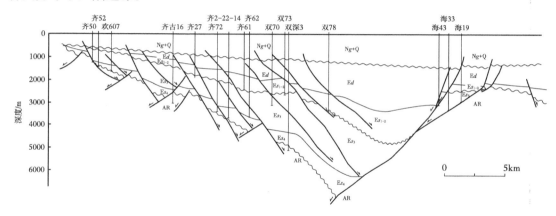

图 3-4-3　西部凹陷过齐 50 井—海 19 井地质剖面上的主要不整合特征

#### 2. 不整合面上、下地层的岩性配置关系

岩心和测井资料分析表明，不整合面上、下地层的岩性配置关系有 3 种：（1）不整合面之上为砂岩和砾岩，不整合面之下为泥岩和页岩，为平行不整合岩性组合；（2）不整合面之上为泥岩和页岩，不整合面之下为砂岩和砾岩，为削截不整合岩性组合；（3）不整合面之上为泥岩和砂岩，不整合面之下为砂岩，为超覆不整合岩性组合。其中第一种配置关系主要分布在茨榆坨潜山的沙一段，第二种配置关系见于牛居构造的沙三段，第三种配置关系分布于西部缓坡带的沙一段。

## 二、流体势和油气运移特征

流体势是控制地下孔隙流体流动的基本动力，决定流体的流动方向，影响油气的富集与成藏，它不仅是盆地分析的重要内容，也是油气成藏动力学系统研究的主体和核心。

油气运移、聚集、成藏过程必须遵守流体运动的基本规律，即从高势区向低势区运移。

油气水势分析的地质意义旨在于通过对油气势的高、低势区的研究和分析，提高对沉积盆地内油气的运移、聚集过程及成藏规律的认识，从而明确预测地下油气的聚集有利部位。

## （一）流体势分析原理

流体势的定义有多种。早在 20 世纪 40—50 年代，Hubbert 就用流体势的概念深入阐述了地下流体（油、气、水）的运动规律。他把单位质量流体所具有的机械能总和定义为流体势，其数学模型为：

$$\varPhi = gZ + \int_0^p \frac{\mathrm{d}p}{\rho} + \frac{q^2}{2} \tag{3-4-1}$$

式中　$\varPhi$——流体势，J；

　　　$g$——重力加速度，m/s$^2$；

　　　$Z$——测压点高程（从选定的基准面算起），m；

　　　$p$——孔隙流体压力（地层压力），Pa；

　　　$\rho$——地下流体密度，kg/m$^3$；

　　　$q$——流体流动速度，m/s。

式 3-4-1 表明，流体势由位能、单位质量的压能和动能三项机械能组成。由于地下流体流动的速度比较缓慢，可将其动能忽略不计。

对油、水而言，由于其压缩性极小，于是，计算油势和水势的公式可简化为：

$$\varPhi = gZ + \frac{p}{\rho} \tag{3-4-2}$$

对于天然气而言，由于气体密度是一个随深度（压力、温度）变化非常明显的函数，所以其积分号不能省略。

由以上分析可知，处于地下某一空间位置的流体，其流体势的大小取决于流体压力、高程、密度及所在地区的重力加速度等因素。其中，重力加速度在一个盆地中可视为常数，高程可由所选择的基准面到测点的距离确定，地下流体密度可由测试资料分析计算求得，地层压力值可由 Fillippone 公式求得，这样即可计算出地下空间任一点的流体势。

根据上面所述原理计算得出的流体势在整个空间或者为常数，或者是连续变化的（流体流动）。其中前者构成一个等势空间，单位质量流体受到的合力为 0，该流体处于平衡状态；后者可看作空间被一系列等势面所划分、分割，单位质量流体从高势面流向邻近的低势面，所减少的势能为二个等势面间的差值，其在充满流体的地层空间中存在着一个与等势面正交的力场。地下流体正是在这种力的作用下，沿势降低的方向运移，而单位质量的流体在力场中所受的力即为力场强度。油、气、水力场强度的差异实质上是由密度差引起的，它是浮力的表现，所以当用油气的力场强度来分析油气的运移和聚集时，浮力因素已然包含在内。实际上，上覆负荷压力已包括上覆的流体压力，在地层空间中形成的一定势梯度就是由上覆负荷压力造成的。因此，在分析流体受力运移时，只要用流体势梯度即可。油、气、水在地层中的分布状态是由各自的势能分布所决定的，在适当的条件下配合出现的油气低势区将构成有利的油气聚集区。

总之，用地下流体力场和流体势分析的方法可以统一处理和定量解释油气的二次运移和聚集规律，明确预测油气运移的主通道，确定有利的油气勘探靶区，显著提高钻探成功率。

### （二）大民屯凹陷流体势和油气运移特征

利用上述原理，通过对大民屯凹陷流体势的分析，由此可以了解流体势平面分布特征和油气运移的基本格局。

#### 1. 沙一段底（$E_2s_1$）流体势特征

$E_2s_1$ 底界面的地下油、气、水势平面分布特征基本相似。总体上，靠近凹陷深部位的流体势高，往斜坡部位的流体势相对较低，流体运移的总方向为自生烃洼陷往斜坡，斜坡带为主要的泄流场所；气势值最大，水势值最小，油势值居中。

平面上流体势可明显地分为高势区域和低势区域，其中超压系统发育区多为流体势高值区，高势区展布范围较小。流体势高值区大体呈北东—南西向（与联络测线相平行）展布，高势区中的相对低势区为有利的油气聚集区。

断层两盘等势线不相连，尤其是继承性发展的深大断裂对流体势的分布起明显的分割作用。

#### 2. 沙三段一亚段底（$E_2s_3^1$）流体势特征

总体上，靠近洼陷中心部位的流体势高，往斜坡部位的流体势相对较低，流体运移的总方向为自洼陷往斜坡（图 3-4-4 至图 3-4-6）；气势值最大，水势值最小，油势值居中；流体势值比沙一段的大。

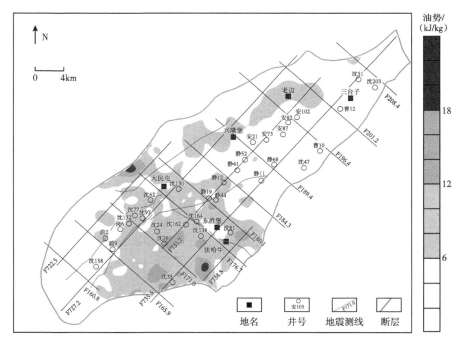

图 3-4-4　大民屯凹陷 $E_2s_3^1$ 底油势平面分布图

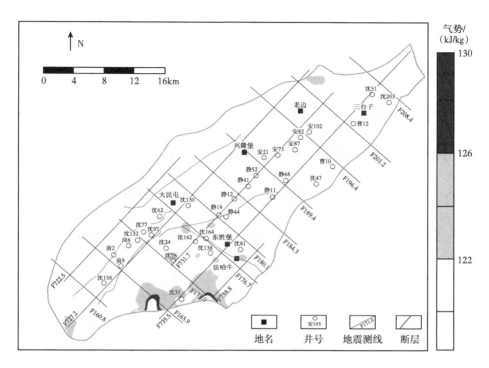

图 3-4-5 大民屯凹陷 $E_2s_3^1$ 底气势平面分布图

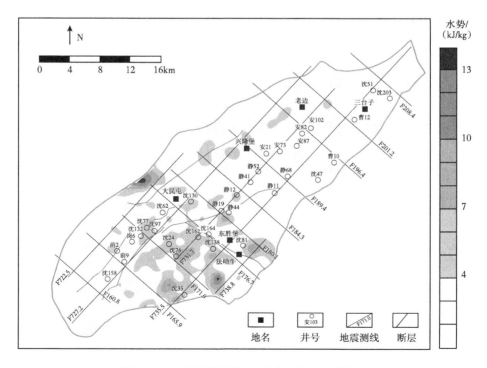

图 3-4-6 大民屯凹陷 $E_2s_3^1$ 底水势平面分布图

平面上的流体势可明显地区分为高势和低势两大区域，其中超压系统发育区一般为流体势高值区，闭合的高势区展布范围较小；流体势高值区无优势走向；高势区中的相对低势区为有利的油气聚集区。

断层两盘的势能场差异较大，尤其是继承性发展的深大断裂对流体势的分布起明显的分割作用。

### 3. 沙三段二亚段底（$E_2s_3^2$）流体势特征

$E_2s_3^2$ 底界面的流体势分布特征与 $E_2s_1$ 底和 $E_2s_3^1$ 底基本相似。总体上，靠近凹陷深部位的流体势高，往斜坡部位的流体势相对较低，流体运移的总方向为自凹陷往斜坡，斜坡带为泄流场所；气势值最大，水势值最小，油势值居中；流体势值比 $E_2s_1$ 和 $E_2s_3^1$ 的大。

平面上流体势可明显地分为高势区域和低势区域，其中超压系统发育区为流体势高值区，闭合的高势区展布范围较小；流体势高值区大体呈北东—南西向（与联络测线相平行）展布，超压系统内的流体呈向四周发散状的"离心流"，高势区中的相对低势区为有利的油气聚集区。

规模较大的断裂（如前当堡主断裂）对流体势的平面分布有明显的分割作用。

### 4. 沙三段三亚段底（$E_2s_3^3$）流体势特征

总体上，靠近凹陷深部位的流体势高，往斜坡部位的流体势相对较低，流体运移的总方向为自凹陷往斜坡，斜坡带为泄流场所；在凹陷内部，靠近洼陷部位流体势高，往构造带部位流体势相对较低；气势值最大，水势值最小，油势值居中。

流体势高值区对应于超压系统发育区，高势区的展布范围较大；流体势高值区大体呈北东—南西向（与联络测线相平行）展布，超压系统内的流体呈向四周发散状的"离心流"，高势区中的相对低势区为有利的油气聚集区。

靠近凹陷东部的断层两侧等势线连续性较好，表明其开启性好；西侧各大断层两盘等势线不相连，大断层对流体势的分布起明显的分割作用。

### 5. 沙三段四亚段底（$E_2s_3^4$）流体势特征

总体上，靠近凹陷深部位的流体势高，往斜坡部位的流体势相对较低，流体运移的总方向为自凹陷往斜坡，斜坡带为泄流场所；气势值最大，水势值最小，油势值居中。

平面上流体势可明显地区分为高势区域和低势区域，其中超压系统发育区多为流体势高值区，高势区的展布范围较大，凹陷东部也有一明显的高势展布区；流体势高值区大体呈北东—南西向（与联络测线相平行）展布，超压系统内的流体呈向四周发散状的"离心流"，高势区中的相对低势区为有利的油气聚集区。

断层两盘等势线不相连，尤其是继承性发展的深大断裂（如前当堡主断裂）对流体势的分布起明显的分割作用。

### 6. 沙四段底（$E_2s_4$）流体势特征

总体上，靠近凹陷深部位的流体势高，往斜坡部位的流体势相对较低，流体运移的总方向为自凹陷往斜坡，斜坡带为泄流场所；气势值最大，水势值最小，油势值居中；在所有界面中，$E_2s_4$ 的流体势值最大。

流体高势区主要集中在凹陷西部，高势区展布范围较大，超压系统内的流体呈向四周发散状的"离心流"，高势区中的相对低势区为有利的油气聚集区；凹陷东部流体势变化较小，流体运移不甚活跃。

断层两盘等势线不相连，尤其是继承性发展的深大断裂对流体势的分布起明显的分割作用。

综合以上分析可知，大民屯凹陷各界面在靠近洼陷（如荣胜堡洼陷）部位的流体势高，往斜坡部位的流体势相对较低，洼陷为主要的供流区，斜坡带为泄流场所，且在同一平面上，流体势表现出东低西高的总体规律；在同一界面上，气势值最大，水势值最小，油势值居中；不同界面的流体势值大小不一，自沙一段经沙三段至沙四段，各界面流体势值逐渐增高（表3-4-1）；平面超压系统发育区往往为流体势高值区，流体势高值区大体呈北东—南西向展布，大致与凹陷走向相平行，沙三段下部和沙四段内流体流动方向明显受压实流的控制，超压系统内的流体呈向四周发散状的"离心流"，高势区中的相对低势区为有利的油气聚集区；规模较大的断层两盘的等势线不相连，尤其是凹陷西部的继承性发展的深大断裂（如前当堡断裂）对流体势的分布起明显的分割作用，现有的油气勘探与开发成果也充分证实了这一认识；凹陷东部的流体势总体变化较平缓，这可能意味着凹陷东部在其整个发育过程中油气运移强度较小，且断层对流体势的控制作用较弱，富集条件相对较差，因此，东部地区的油气远景可能相对较差。

表3-4-1 大民屯凹陷各界面流体势参数对比表

| 流体势 | $E_2s_1$ | $E_2s_3{}^1$ | $E_2s_3{}^2$ | $E_2s_3{}^3$ | $E_2s_3{}^4$ | $E_2s_4$ |
|---|---|---|---|---|---|---|
| 最大油势 /（kJ/kg） | 16.54 | 29.41 | 36.09 | 50.68 | 48.05 | 96.71 |
| 平均油势 /（kJ/kg） | 4.68 | 6.71 | 8.32 | 10.46 | 12.44 | 16.00 |
| 最大气势 /（kJ/kg） | 127.29 | 135.18 | 144.59 | 149.81 | 174.20 | 201.23 |
| 平均气势 /（kJ/kg） | 118.85 | 118.14 | 128.88 | 128.09 | 130.78 | 147.35 |
| 最大水势 /（kJ/kg） | 11.00 | 20.33 | 24.17 | 33.48 | 33.13 | 58.41 |
| 平均水势 /（kJ/kg） | 2.03 | 2.91 | 3.35 | 4.02 | 4.27 | 4.86 |

## 参 考 文 献

[1] 姜振学，庞雄奇，黄志龙.叠合盆地油气运聚期次研究方法及应用[J].石油勘探与开发，2000，27（4）：22-25.

[2] 李晓光，张凤莲，邹丙方，等.辽东湾北部滩海大型油气田形成条件与勘探实践[M].北京：石油工业出版社，2007.

[3] 陆克政，漆家福.渤海湾新生代含油气盆地构造模式[M].北京：地质出版社，1997.

[4] 孙同文，吕延防，刘哲，等.断裂控藏作用定量评价及有利区预测——以辽河坳陷齐家—鸳鸯沟地区

古近系沙河街组三段上亚段为例 [J]. 石油与天然气地质，2013，34（6）：790-796.

[5] 孟令东，付晓飞，吕延防. 碎屑岩层系中张性正断层封闭性影响因素的定量分析 [J]. 地质科技情报，
     2013，32（2）：15-28.

[6] 孙永河，赵博等. 南堡凹陷断裂对油气运聚成藏的控制作用 [J]. 石油与天然气地质，2013，34（4）：
     540-549.

[7] 霍振军，王之前，梁淑贤，等. 冷东—雷家地区构造特征及有利地区预测 [M]. 北京：石油工业出版社，
     2007.

[8] 李晓光，单俊峰，陈永成，等. 辽河油田精细勘探 [M]. 北京：石油工业出版社，2017.

# 第四章　岩性地层油气藏的分布特征和成藏模式

辽河坳陷岩性地层油气藏类型多样。不同凹陷、不同时期的构造背景、沉积环境和成藏控制因素不同，导致岩性地层油气藏分布状况、分布规律存在显著差异。同时依据构造条件和沉积条件的差异，岩性地层油气藏形成具有一定的分带性，具有不同的成藏模式。

## 第一节　岩性地层油气藏类型

勘探实践表明，岩性地层油气藏在辽河坳陷内分布较广，其规模大小不等[1-2]。根据油气藏成因及圈闭形态，可以分为岩性、地层及复合型三大类八亚类（表 4-1-1）。

表 4-1-1　辽河坳陷岩性地层油气藏类型

| 大类 | 亚类 | 代表实例 |
|---|---|---|
| 岩性型 | 砂岩上倾尖灭油气藏 | 茨榆坨 高垒带 |
| | 砂岩透镜体油气藏 | 坨 19 井 |
| | 浊积砂岩油气藏 | 曙 1 区 |
| | 泥岩裂缝油气藏 | 兴 8 断块（$E_2s_3$） |
| 地层型 | 地层超覆油气藏 | 杜 92 块（$E_2s_4$） |
| | 不整合遮挡油气藏 | 青龙台油田（$E_2s_3$） |
| 复合型 | 断层—岩性油气藏 | 齐 2 块 |
| | 构造—岩性油气藏 | 曙 4 区 |

## 一、岩性型

### （一）砂岩上倾尖灭油气藏

这类油气藏的圈闭条件是砂体沿斜坡向上倾方向尖灭，砂岩尖灭线与构造等深线相交形成圈闭。最有利的储集岩体是水下分支流河道砂砾岩体和扇体前缘席状砂体沉积。这些砂砾岩体置于烃源岩之上或插入、邻接烃源岩之中，广泛形成垂向叠置、侧向交叉连续的多套生储盖组合。这些油藏的基本特点是，油藏控制因素以岩性为主，油层物性变化大，非均质性强。这类油气藏在辽河断陷斜坡带有广泛分布，如东部凹陷的茨榆坨高垒带的中低部位（图 4-1-1）。

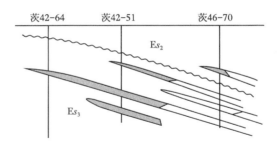

图 4-1-1　茨榆坨地区砂岩上倾尖灭油气藏剖面图

## （二）砂岩透镜体油气藏

砂岩透镜体油气藏的圈闭条件是砂体四周被泥岩或非渗透层包围所形成的圈闭。主要存在于碎屑岩中，砂体类型主要为河道砂、分支流河道砂、扇三角洲前缘的河口坝砂及浊积砂体，该类油气藏是岩性油气藏中最主要的类型。如西部凹陷坨 19 井沙三段远端浊积砂体呈透镜体置于泥岩之中，形成透镜体油气藏（图 4-1-2）。

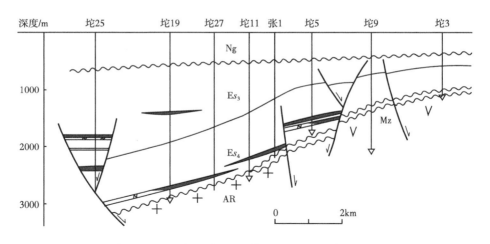

图 4-1-2　西部凹陷坨 25 井—坨 3 井油气藏剖面图

## （三）浊积砂岩油气藏

浊积砂岩油气藏是在冲积扇—扇三角洲沉积体系中，浊流物质通过供给水道进入深水区，浊流物质散开堆积成浊积扇，扇体直接伸入烃源岩中或与油源相通形成的油气藏，如大民屯静 74 块浊积岩油藏。根据浊积砂体所处部位的不同地势，将其分为陡坡类型和缓坡类型两大类。

1. 陡坡类型浊积岩油气藏

该类油气藏是由于沉积物沿盆地边界断层的陡坡迅速下滑，与湖水混合形成浊流，到达湖底堆积起来，并向两侧低部位流动，在峡谷间形成浊积砂体而形成的油气。西部凹陷中主要分布在冷家洼陷带、兴隆台、双台子一带，如雷 64 块油藏就是典型实例（图 4-1-3）。

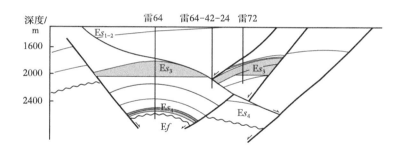

图 4-1-3　西部凹陷雷 64 块陡坡型浊积岩油藏剖面图

### 2. 缓坡类型浊积岩油气藏

该类油气藏由于斜坡坡度较缓，边缘沉积物不是直接滑坡到达盆底，而是通过一段距离的水下峡谷滑坡到达盆底，然后为湖水消化变为浊流，沿盆底最低轴线流动。主要分布在茨榆坨、牛一青、驾东、大湾超覆带、新开开 36 井及董 2 井—欧 39 井一带，西部凹陷沿古大凌河、古饶阳河多发育着一系列这类浊积扇体（图 4-1-4）。

### （四）泥岩裂缝油气藏

泥岩裂缝圈闭是指位于断裂带附近或构造转折部位，非或低渗透性岩石由于发育裂缝而具有储油性能的圈闭。该圈闭平面形态往往不规则，在前三角洲及湖相泥岩区的构

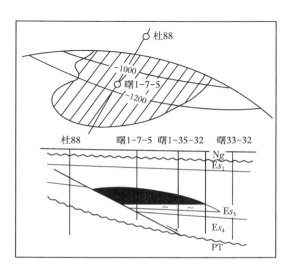

图 4-1-4　西部凹陷杜 88 井—曙 33-32 井浊积砂岩油藏剖面图

造应力集中部位，如构造转折端、大断层附近等容易形成裂缝，为油气提供了储集空间，由于本身处在生烃区，因而易于捕捉油气，形成油气藏。如兴 8 断块沙三段即为泥岩裂缝油气藏（图 4-1-5）。

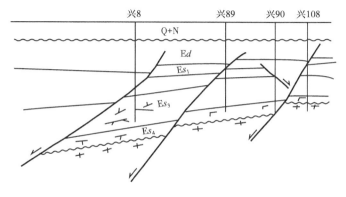

图 4-1-5　兴 8 断块泥岩裂缝油气藏特征

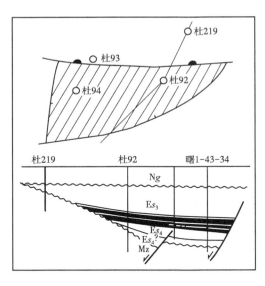

图 4-1-6　西部凹陷曙光地区地层
超覆油气藏

# 二、地层型

## （一）地层超覆油气藏

该类油气藏的圈闭是砂岩地层超覆到非渗透性的不整合面之上，又被非渗透性的地层超覆覆盖而构成的。在多旋回沉积的湖盆演化史中，在大规模的水进期，凹陷湖盆边部均可出现地层超覆，更重要的是裂谷发育早期在缓坡部位基底不整合面之上的地层超覆，它们超覆层次多，范围大[3-4]，如东部凹陷西斜坡、西部凹陷齐家下台阶、曙光地区。

曙光地区地层超覆油藏（图 4-1-6）是在中—新元古界长城系基岩隆起背景上，经砂泥岩差异压实形成的低幅度鼻状构造，上倾方向主要靠地层超覆圈闭，含油面积为 $110\,km^2$，含油丰度为 $152\times10^4 t/km^2$，是一个大型的地层超覆油藏。

## （二）地层不整合遮挡油气藏

地层不整合遮挡油气藏是储层上倾方向直接为不整合遮挡而形成的油气藏，该类油气藏大多分布在凹陷斜坡边缘和古隆起翼部。辽河坳陷在三大构造、沉积旋回末期都有形成不整合圈闭的条件，但各旋回的断块活动、沉积条件有差异，因而圈闭的发育程度是不同的。沙三段沉积末期是坳陷内一次规模较大的断块活动期，其上覆沙一段以湖相泥岩为主，分布稳定，如东部凹陷西斜坡茨榆坨油田沙三段中亚段油气藏、大民屯凹陷胜 15 井（图 4-1-7）。

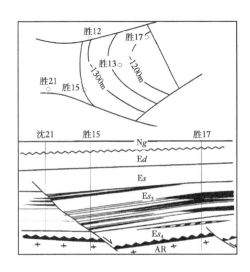

图 4-1-7　大民屯凹陷胜 15 井地层不整合油藏剖面图

## 三、复合型

### （一）断层—岩性油气藏

断层—岩性油气藏是砂岩储层上倾方向被断层遮挡，侧向上砂体尖灭，油气沿断层进入砂砾岩体中聚集形成的油气藏，包括正向正断层和反向正断层遮挡两种类型，如杜家台潜山斜坡上的曙二区东、欢喜岭油田沙河街组大凌河油层和热河台油层的油藏（图4-1-8）。

### （二）构造—岩性油气藏

这类油气藏的圈闭条件是在构造（背斜或断鼻）背景下发育的岩性圈闭，受构造和岩性双重控制油气在此聚集成藏，如曙光油田曙4区沙四段油藏（图4-1-9）。

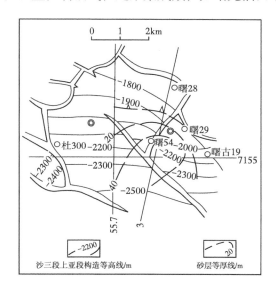

图4-1-8　西部凹陷曙54断层—岩性油藏平面分布特征图

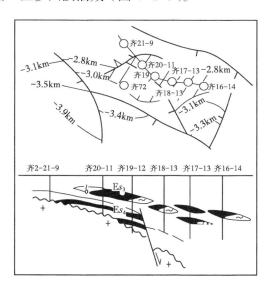

图4-1-9　西部凹陷齐2-20-11断层—砂岩尖灭油气藏特征图

# 第二节　岩性地层油气藏分布特征

在含油气凹陷中，岩性油气藏都是按一定规律分布，纵向上受控于层序格架，横向上受控于一定构造背景下特定的沉积相带。辽河断陷发育三个含油气凹陷，都是独立的成油气单元，油气富集程度和岩性油气藏分布特征都存在较大的差异[5-7]。

## 一、西部凹陷岩性油气藏分布特征

西部凹陷是典型的箕状凹陷，油气分布具有东西分带，南北分块的特点，受基底及断层控制还可分为西部缓坡带、东部陡坡带、中央断裂构造带和洼陷负向构造带4个主要含油气区带。

## （一）西部缓坡带

西部缓坡带的岩性油气藏类型多种多样，不同类型的岩性油气藏具有不同的圈闭条件、油气运聚条件及保存条件。岩性油气藏的形成与分布归根到底受构造沉积条件的控制。坡洼过渡带处于缓坡下倾方向向洼陷转折的部位，与缓坡带相比，其坡折度相对较大。此带的沉积常处于滨浅湖环境，是各种扇体前缘的主要分布区，发育大量分支流河道、河口沙坝及浊积岩砂体，储层厚度大，分布广，物性好，生储盖组合优越。同时，该带不仅分布较好的烃源岩，而且紧邻深陷带，油源丰富，是箕状凹陷中岩性圈闭最为发育的有利带[8-10]。各时期构造背景、沉积环境和成藏控制因素不同，岩性油气藏的分布状况、分布规模也有显著差异。

### 1.沙四段

西部凹陷为西缓东陡的箕状凹陷，古近系沉积前基底地貌起伏不平，西部缓坡带由南向北依次分布有西八千、欢喜岭、齐家、杜家台和曙光潜山，齐家—鸳鸯沟下台阶正好处于齐家—欢喜岭潜山带的下倾部位，沙四段超覆在基底太古宇潜山之上。来自斜坡方向的扇三角洲前缘水下分支流河道砂体沿潜山侧翼的沟谷充填沉积。随着物源供给的不断加大，储集砂体的分布范围进一步扩大，在潜山侧翼形成砂岩上倾尖灭。齐家古潜山、欢36潜山的侧翼都发育有砂岩上倾尖灭岩性油气藏（图4-2-1）。

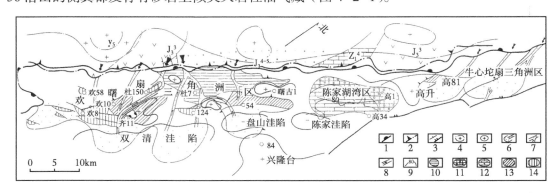

图 4-2-1　西部凹陷沙四段岩性油气藏分布特征

1—沙四段杜家台油层超覆线；2—沙三段剥蚀线；3—断层；4—布伽重力异常；5—沙四段沉积时期水下高地和岛屿；
6—扇三角洲体系；7—水下分支河道；8—油气运移主要方向；9—剩余异常压力；10—地层超覆油藏；
11—粒屑灰岩岩性油藏；12—白云质灰岩裂缝油藏；13—古隆起围斜断块—地层油藏；14—地层—断块油藏

### 2.沙三段

沙三段沉积时期，西部凹陷整体进入断坳阶段，受台安—大洼断层控制，西部斜坡带断裂活动十分强烈，发育多组断裂，主干断裂主要有北东向南倾正断层和近东西向南倾正断层，使西斜坡呈现出西高东低、北高南低断阶状展布的构造格局特征。这些主干断裂控制着地层的沉积和储集砂体的分布。断层下降盘地层加厚，一系列相对独立的湖底扇储集砂体呈朵叶状分布，构成了沙三段沉积期湖底扇沉积体系。

　　就沙三段沉积期而言，不同阶段构造活动强弱有很大变化，导致储集砂体的分布范围、沉积厚度也不尽相同。沙三段沉积早期发育的莲花油层和晚期发育的热河台油层湖底扇储集砂体沿坡折带小范围分布，形成零星分布的相对独立的砂岩透镜体，从而构成了本区沙三段沉积期主要的岩性油气藏。如欢 2-19-16 块、齐 2-22-309 块岩性油气藏。

　　湖盆深陷期，沙三段多期浊流扇叶体在空间叠覆排列，平面呈扇形分布，支流水道的侧缘与湖水交混，砂体的储油物性较好（表 4-2-1）。如西部凹陷欢喜岭油田的锦 2-8-11 块的 2-8-011 井大凌河油层，在 2559.6~2582.0m 井段射开 7 层 22.8m，初试用 8mm 油嘴，日产油为 162.3t，日产气为 43572m³。

表 4-2-1　西部凹陷欢喜岭油田锦 2-8-011 井的沙三段中部物性参数

| 井号 | 序号 | 孔隙度 /% | | | 渗透率 /mD | | | 井段 /m |
|---|---|---|---|---|---|---|---|---|
| | | 最大值 | 最小值 | 平均值 | 最大值 | 最小值 | 平均值 | |
| 锦 2-8-011 | C 段 | 21.9 | 19.5 | 20.8 | 365 | < 1 | 115 | 2585.4~2587.7 |
| | B 段 | 23.5 | 21.2 | 21.4 | 383 | 74 | 228.5 | |
| | A 上段 | 22.2 | 18.7 | 20.8 | 805 | 33 | 391.2 | |
| | A 下段 | 18.8 | 15.6 | 17.1 | 24 | 15 | 19.5 | |

　　沙三段岩性油气藏大部分位于中扇水道侧缘砂体上，上倾方向多为同沉积断层遮挡，形成沙三段断块—浊积砂岩尖灭油气藏（图 4-2-2）。

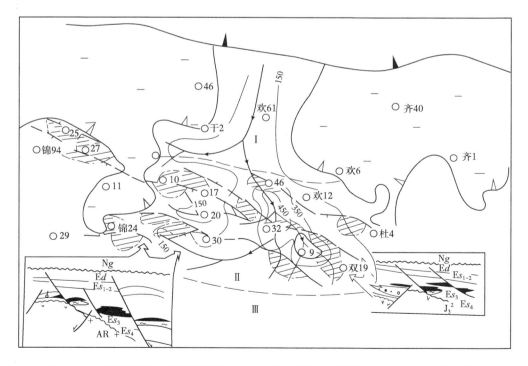

图 4-2-2　西部凹陷欢喜岭油田锦 2-8-11 块大凌河油层湖底扇与岩性油藏分布特征

重力流沉积物的形成属于事件性沉积作用，具有阵发性和突变性，因此，砂体的分布空间变化较大，具备形成多个单砂体岩性圈闭的条件。差异压实构造水道砂圈闭是重力流体系的主要岩性圈闭，普遍发育浊积岩相，形成了曙1-6-12、曙Ⅱ区大凌河和齐2-7-10等油气聚集区块。以齐2-7-10块为例，其沙三段$E_2s_3^4$水道砂在东侧，向上逐渐往西偏移，至$E_2s_3^2$则又由西往东迁移，形成了多套层系的断块—差异压实构造水道砂圈闭（图4-2-3）。

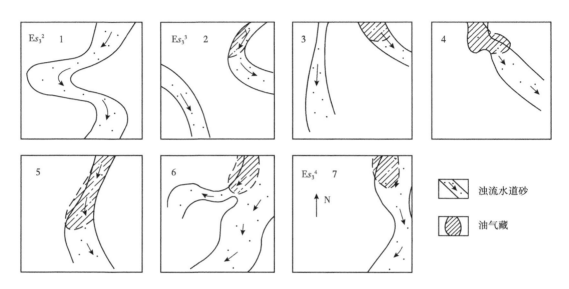

图4-2-3　西部凹陷齐2-7-10块差异压实水道变迁与油气藏分布关系

总体上，深陷作用最为强烈的沙三段沉积中期，大凌河湖底扇储集砂体分布规模最大，多个扇体互相叠置构成一个大的扇群。欢喜岭地区欢103、锦4井区沙三段大凌河油层单砂组分布面积达20km²，砂体厚度累计达180~320m，单层最大厚度为20 m。扇体规模较大，受后期断层的影响，砂体之间连通概率也比较大，不利于油气的保存，往往不易形成规模较大的岩性油气藏，只有上倾于沉积坡折的扇体侧缘部位，或规模相对较小的湖底扇有利于构成小范围的油气有效聚集，从而形成岩性油气藏。如齐62块岩性油气藏。

### 3. 沙一至沙二段

沙一至沙二段沉积时期，西部凹陷进入再次裂陷阶段，构造运动强度较前期明显减弱，构造样式也趋于简单，近东西向南倾主干断裂将本区由北向南分为多个断阶，使本区具有北高南低的构造特点。由于走滑运动的影响，局部地区构造变形，引起地层产状的突变，在多种因素共同作用下，齐家—鸳鸯沟地区具有坡洼过渡带的沉积背景。沙一至沙二段扇三角洲主要受来自西北方向物源的控制，前缘水下分支流河道展布受沉积坡折影响，在地层产状突变带砂体呈扇状分布，上倾方向受东西向断层控制形成侧向遮挡。河道频繁迁移形成多个相对孤立的岩性储集砂体，为岩性油气藏的形成奠定了基础。在鸳鸯沟地区分布的锦310、锦307井岩性油气藏就属于这种成因类型（图4-2-4）。

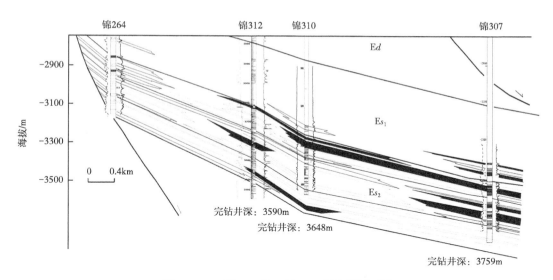

图 4-2-4 锦 264 井—锦 307 井油藏剖面图

## （二）东部陡坡带

东部陡坡带处于深陷带与凸起的交界部位，被一组北东向羽状断裂系统切割成陡坡断阶带。与主断裂相伴生的横张断裂长期发育，并且大都延伸至深陷带。主断裂系统的演化过程，控制了陡坡断阶油气藏的空间分布。由北至南在三大断裂系统（牛心坨、冷东、大洼断裂）控制下，发育了牛心坨—台安、陈家、清水三个生油洼陷及扇三角洲（或三角洲）—浊积岩沉积体系。由于陡坡带狭窄、陡峭，储层非均质程度强，油气藏分布受构造和沉积的双重控制。

三条主干大断裂主活动期不同，北段牛心坨断裂系主要活动期为沙河街组四段牛心坨油层沉积时期，中段冷东断裂主要活动期为沙河街组三段沉积时期，南段大洼—海外河断裂主要活动期为东营组沉积时期，不同地区发育不同的油气藏序列。以南端的大洼—海外河断裂带为例，该带主断裂是大洼、海外河断层，上升盘为中央凸起南部倾伏端，其上发育两个凸起。沙三段沉积早—中期，凸起之间的洼槽中沉积了浊积岩；从沙三段沉积末期开始，两条大断裂连为一体。东营组沉积时期断裂活动剧烈，是该带主要活动期，断裂带上发育了平原—滨湖相沉积体系，在下降盘一侧，与主断裂活动同期还伴生一系列以翘倾为主的正断层切割陡坡（清水洼陷东翼），形成若干翘倾断块，并伴生断裂鼻状构造。该带由北向南，断裂主要活动期逐渐变新，大洼断裂发育在东三段沉积时期，油气藏也以东三段最为发育；南端海外河断裂的主要活动期为东二段沉积期，油气以东二段最富集。因此，与大断裂主活动期相伴生的横张断裂是沟通深部油源、导致油气富集的主要通道（图 4-2-5）。

受区域构造活动的影响，陡坡带物源方向多，发育有湖底扇、扇三角洲及三角洲等多种沉积体系，储层类型多，相变快，非均质性强[11, 12]。因此，该区油气藏多层系分布，中浅层（Es$_{1-2}$）以岩性—构造油气藏为主，中深层（Es$_{3-4}$）主要为构造—岩性和岩性油气藏。

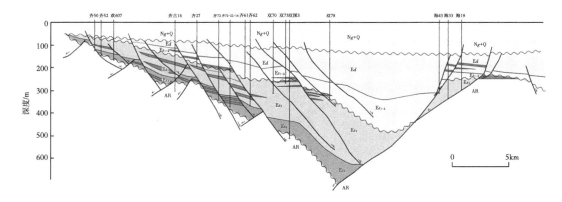

图 4-2-5　陡坡带断裂与浅层油气藏分布关系

### （三）中央断裂构造带

中央断裂构造带是渐新世中—晚期形成的构造，东营组沉积时期，由于受区域张扭应力场的控制，主干断层右行走滑派生东西向挤压、南北向拉张的应力作用，形成了断裂背斜构造带，主要包括双台子和双南两个地区。

其中，双南构造为北北东向长轴背斜，轴部较平坦，两翼基本对称，被南掉断层复杂化，构造高点在双 90 井附近。含油层系为沙二段，为扇三角洲前缘沉积。在构造和物性的双重控制下，平面上和纵向上油层厚度变化较大，油层集中分布在断裂背斜的高部位，受断块控制，每个断块有不同的油水界面，总体上以岩性—构造油气藏为主。

### （四）洼陷负向构造带

西部凹陷主要发育三个洼陷负向构造带，该带发育湖相成因扇三角洲、浊积扇等砂体，以薄层砂、断续砂和透镜砂为主，并直接插入生烃凹陷的泥岩中，形成砂岩与暗色泥岩交互的特点，纵向上可以叠加连片，易于形成岩性圈闭。此外该类砂体与断裂、剥蚀线、超覆线配置，形成复合圈闭类型。但以岩性、断层—岩性圈闭为主。

洼陷带内断裂发育，这些大断裂规模大，活动时间长，往往垂向输导油气作用较强。因此，总体上油气主要分布在中—浅层。但深层油气藏将是今后勘探的重要领域，包括深层高成熟的天然气藏。

## 二、大民屯凹陷岩性油气藏分布特征

大民屯凹陷是辽河坳陷三大凹陷之一，位于辽河坳陷东北部。在平面上呈不规则三角形，南部宽北部窄，是在太古宇变质岩和元古宇碳酸盐岩、石英岩组成的基底之上发育的中生代—新生代陆相凹陷，发育沙三段、沙四段烃源岩，在平面上可将凹陷划分为西部斜坡带、东部陡坡带、中央深陷构造带。

## （一）西部斜坡带

大民屯凹陷西部斜坡油气富集带是在大民屯、前当堡潜山之上发育起来的断块—半背斜构造带。沙四段、沙三段沉积时期，由西侧老山区注入的冲积扇——扇三角洲沉积体直接汇入东侧荣胜堡洼陷，发育成砂岩尖灭—构造油气藏富集带，由南至北，垂直水道方向，发育砂岩尖灭油气藏（图4-2-6）。

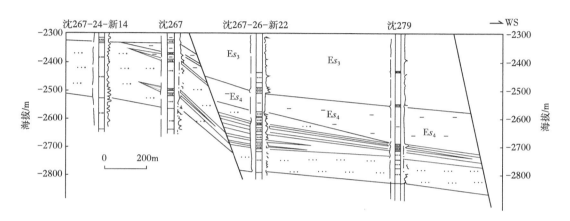

图4-2-6　大民屯凹陷沈267井—沈279井油藏剖面图

## （二）东部陡坡带

东部陡坡带主断裂系发育呈间歇式，新生代断裂运动晚于西侧大民屯—前当堡断裂。沙三段沉积晚期经历强烈构造活动，遭受剥蚀，沙四段—沙三段沉积早期，东侧古湖盆超过现分布范围位置，因而，太古宇断阶型潜山油气藏发育（图4-2-7），并在断块山翼部发育沙三段砂岩尖灭—断裂鼻状（半背斜）构造油气藏。

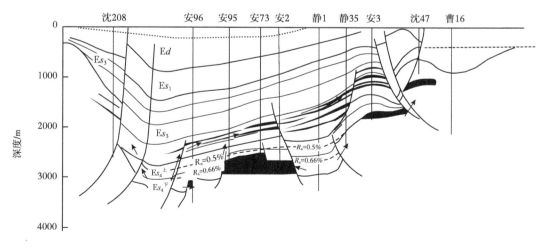

图4-2-7　沈208井—曹16井地质结构及油藏剖面图

## （三）中央构造带

大民屯凹陷的构造演化存在明显的南北差异。中央构造带北部在发育中呈现"早洼晚隆"，即洼中之隆——静安堡—东胜堡断裂鼻状构造带，经历了沙四段湖相至沙三段平原相为主的发育特点，由此而构成沙四段生油，沙三段及潜山储油的优越生储配置体系，发育潜山、断块—河道砂岩性油气藏富集带，是大民屯凹陷中油气最富集的一带，如沈 84 井—安 12 块发育带。

大民屯凹陷南界大断裂长期发育，荣胜堡洼陷为继承性洼陷，在这一狭窄的洼槽中，受重力滑动及差异压实作用，发育泥拱—岩性油气藏；在洼槽围翼，尤其是较为宽缓而平坦的西北翼，是几支水系的前缘相带，沙坝、席状砂体发育，如沈 69 井、沈 9 井和新 60 井等断块—砂岩上倾尖灭油气藏发育带（图 4-2-8）。

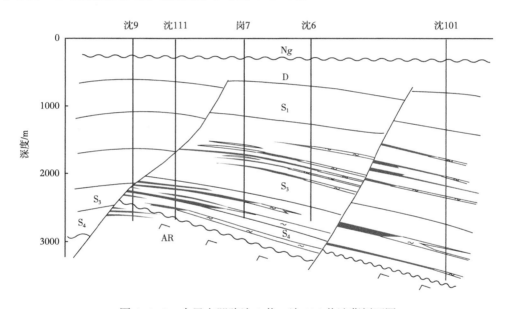

图 4-2-8　大民屯凹陷沈 9 井—沈 101 井油藏剖面图

## 三、东部凹陷岩性油气藏分布特征

东部凹陷整体为狭长形，深陷带位于凹陷中心，两侧为不完全对称的斜坡，其中西部为平缓的斜坡，东侧为陡坡，凹陷下小上大，是典型的水进式凹陷。凹陷内沉积地层主要是新生界和中生界，其中中生界主要发育在凹陷东侧。凹陷生油层系主要是新生界的古近系，中生界侏罗系也有一定的生油能力。古近系逐层向西侧斜坡超覆，东侧斜坡有超覆接触也有断层接触，断层接触主要位于东侧青龙台、三界泡、油燕沟、燕南潜山带东侧营口—佟二堡断裂带。因而东部凹陷油气分布特征主要有以下几点：一是新生界烃源岩主要分布在中央深陷带，由于受油源区控制，各构造带油气贫富差异较大，以深陷带内中央构造带油气最为富集。二是凹陷西侧中央凸起物源供给规模小而东侧长期发育中生界潜山带，也使得东部凸起物源供给受阻，加之断裂长期活动，没有形成稳定的大型碎屑岩沉积体系，砂体分布范围小而厚度薄，因而多为在一定背景下形成的砂岩上倾尖灭和地层遮挡油气藏。凹陷内由于断裂长期活动，油气沿断裂纵向运移明显，使得油气层发育井段长而关系复杂。其三是潜山、火成岩储层类型油气藏发育。在两侧斜坡带虽然新生界油源很难通过早期巨厚玄武岩进入基岩储层中，但是断裂发育的区域油气可沿断层进入基岩储层中。另外，由于受凹陷内断裂活动的影响，火成岩发育，形成了以火成岩为储层的岩性尖灭油气藏（图 4-2-9）。

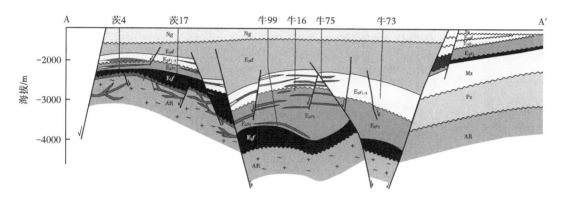

图 4-2-9　东部凹陷油气藏分布模式图

## （一）西部缓坡带

东部凹陷的西部斜坡是一个长期发育的继承性斜坡，坡度较缓。古近系发育的冲积扇—辨状河三角洲沉积体系，一般具有规模较小、砂层厚度薄、岩性细的特点，并逐层超覆于斜坡带上。由于油源主要来自下倾部位的同期烃源岩，因而其成藏条件比西部凹陷缓坡带差，富集程度也远不如后者。本区油气藏序列及类型较单一，主要有沙三段的岩性尖灭油气藏和地层遮挡油气藏，沙一段的地层超覆油气藏，如新开—董家岗、铁匠炉油气藏。由此可见，该带寻找油气聚集区的关键是发现沙三段局部烃源岩和砂岩发育区，目前发现的规模油气聚集区如茨 78、茨 41、茨 30、茨 2 块等主要集中在北部。

## （二）中央断裂构造带

该带位于东部凹陷中央地带，由北至南受北东走向主干断裂作用而形成数个断裂背斜构造，断裂活动由构造形成初期持续到构造发育定形期，同时也形成了此时期的主要含油层系。北部构造定形期较早，主要为沙三段沉积期构造，南部构造定形期较晚，为沙一段沉积期到东营组沉积期，因而油气层分布特点体现为"北老南新"，北部的青龙台构造以沙三段油气层为主，中部的黄沙坨、欧利坨、热河台、于楼构造带以沙三段、沙一段油气层为主，南部的黄金带、大平房构造带以东营组油气层为主。构造翼部发育浊积岩、扇三角洲前缘砂岩、平原河道砂岩上倾尖灭油气藏（图 4-2-10）。

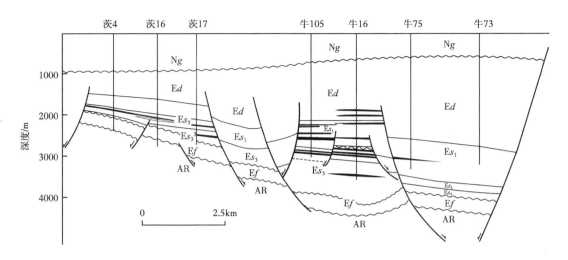

图 4-2-10　东部凹陷茨 4 井—牛 73 井油气藏剖面图

## （三）东部陡坡带

凹陷东侧断裂活动剧烈，断距大于 1000m，依据构造形态和断裂活动强度，由北至南可分为三段，南北两端为断裂活动强烈的陡坡断阶带，中段为断裂活动较弱的斜坡超覆带。这三段在构造发育及沉积条件，油气分布方面都有较大的差异。

### 1. 头台—沈旦堡断阶带

东坡北端的头台西侧大断裂最大断距可达 3000m，西侧发育长滩洼陷，东倾上升盘被北西向断裂切割成向西南倾没的数个断阶，基岩为太古宇混合花岗岩，沙河街组超覆之上，沉积物源主要来自北侧冲积扇、扇三角洲，岩性厚度变化较大，发育岩性尖灭油气藏，已获油气显示或低产油气流。

### 2. 界东斜坡超覆带

位于东坡中段，为界东断层和营口—佟二堡夹持的条带，营口—佟二堡断裂自中生代以来长期剧烈活动，在其西侧形成一个斜坡超覆带，并被若干条北西及近东西向断裂切割成若干断块，古近系逐层超覆在中生界地层之上，沉积物主要是来自东部凸起物源区的冲积扇。基底为太子河古生界向斜西翼，由于距离古近系烃源岩较远，而且缺少断裂沟通，因而可形成自生自储的中生界超覆与岩性油气藏、古生界岩性油气藏。目前完钻的佟 2 井、柳参 1 井，在中生界凝灰岩中见油气显示，王参 1 井在古生界砂岩中见油气显示。

### 3. 驾掌寺断阶带

东坡南端的驾掌寺断阶带发育于驾掌寺洼陷东侧翼部，营口—佟二堡断裂下降盘，受北东向主干断裂—驾东断裂控制，被若干条北西及近东西向断裂切割成若干断块（图 4-2-11）。物源供给来自北部房身泡、三界泡地区，沙一段沉积期和沙三段沉积期沉积体系属于扇三角洲沉积，因而，预测低断阶带存在有岩性上倾尖灭油气藏，沙一段砂体是主力含油层系。

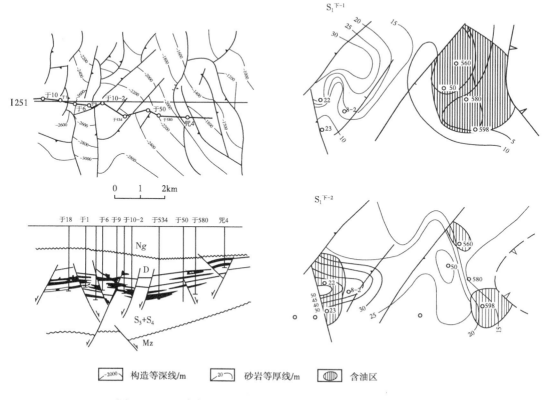

图 4-2-11　东部凹陷于 50 井沙一段下油藏形成与分布特征

### 4. 油燕沟—燕南断阶带

位于东部凹陷东坡最南端，燕南断层西侧。燕南断层是划分凹陷带和斜坡带的东侧边界断层，其东侧是中生代古隆起（燕南潜山带），古近系超覆其上。古隆起东侧由于受燕南东断层活动的影响，古近系由西向东变薄，逐渐向东侧斜坡带超覆在中生界之上。由于燕南断层持续活动，油气沿断裂运移，因而预测燕南潜山带存在有地层、岩性上倾尖灭油气藏，目前燕南 2、101 等井分别在中生界、古生界、新近系、古近系中见到油气显示和油气层。

# 第三节　岩性地层油气藏成因机制

## 一、构造环境控制砂体的展布和富集

断陷盆地裂陷期沉积体系的展布直接与沉积期的古地貌有关，而同时裂陷期的古地貌又明显受到同沉积构造，特别是同沉积断裂的控制。由于在盆地整个裂陷期同沉积断裂的持续活动，无论是盆地规模或局部区带的沉积地貌都受到古构造或同沉积断裂活动的制约，因此，同沉积断裂及其配置控制着盆内沉积体系的总体分布。

在海相和断陷湖盆中都发育坡折带，并对层序和沉积起着重要的控制作用。研究表明，断陷湖盆中的坡折带往往使地层厚度和沉积相带发生突变，控制着特定的沉积相带和储层的分布，对储层的预测和隐蔽圈闭的识别具有重要指导意义。不同构造坡折带形成不同的水系和沉积体系特征。构造坡折带及其以下地区，具有良好的成藏条件。在深水湖盆条件下断坡带有较厚的低位域储集体，发育并可形成斜坡扇或湖底扇类型的优质储集体，储层物性好，直接被湖相泥岩封盖。在断坡带断层发育，有良好的油源运移通道，成藏条件优越，是勘探隐蔽油藏的重点地区。

辽河西部凹陷属于陆相断陷盆地，而始新世正处于裂陷期，同沉积构造活动及其产生的构造古地貌对沉积体系的发育、分布起到极其重要的控制作用。西部凹陷始新世不同时期活动的同沉积断裂及其组合制约着裂陷期盆内可容纳空间的变化，从而控制着盆内的沉积体系的分布（图 4-3-1）。辽河西部凹陷始新世构造演化经历了二期裂陷过程，初始裂陷期（沙四段沉积期）和强烈断陷期（沙三段沉积期）。

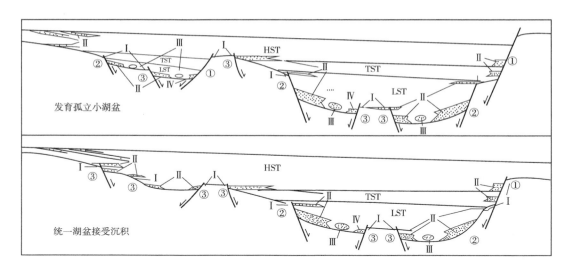

图 4-3-1　西部凹陷断裂控沉积模式图

①—控层序坡折带；②—控体系域坡折带；③—控砂体坡折带

Ⅰ—下切谷（河道）；Ⅱ—扇三角洲／近岸水下扇；Ⅲ—沟道浊积岩；Ⅳ—滑塌浊积扇

沙四段沉积时期，西部凹陷的沉降中心位于西部凹陷的北部（牛心坨隆起区一带）。凹陷南部的双台子断层对沉积边界具有控制作用，从西向东沉积物厚度有总体减小的趋势。西斜坡发育的扇三角洲砂体厚度和砂体百分含量较小，除沉积物供给量较沙三段少外，西倾的多米诺式断裂控制，也是重要的因素。沙四段沉积时期扇三角洲体系受前古近系基底构造控制明显；凹陷北部东西两侧发育的扇三角洲受台安—大洼断裂和牛心坨地区正断层控制。最初，湖盆处于初期发育阶段，水体浅且受断裂活动影响，来自东西两侧凸起上的碎屑物搬运时间短，在边界断裂下降盘快速堆积，形成多个小型冲积扇。随着断裂不断扩展，湖盆水体加深，在沉积物供给量大的地区形成扇三角洲，发育扇三角洲前缘水下分流河道等沉积亚相。在北部高升地区，由于南部兴隆台隆起的阻挡，加上断层不发育，物源供给不足，在此地区形成了半封闭的湖湾沉积环境，形成了众多小型碳酸盐岩沉积体。

沙三段沉积时期，在拗断型凹陷基础上发育为断陷型凹陷。北东向断裂广泛发育，台安—大洼断裂发展成为凹陷的主控边界断裂，凹陷整体是在台安—大洼断裂铲式正断层控制下发育的东南断—北西超的半地堑，凹陷的轴向为北东向，断续发育 3 个沉降中心，形成 3 个沉积洼陷。西部凹陷在强烈断陷期受边界断层活动规模、性质、强度的控制，形成 3 种古地形格架，即缓坡断阶带，陡坡断崖带和陡坡断阶带。

缓坡断阶带发育在地形较缓的西斜坡地区，斜坡背景上多发育垂直斜坡走向、呈阶梯状分布的次级断裂，可形成扇三角洲—远源湖底扇沉积体系。断阶的存在使凸起与凹陷之间呈缓坡相接，可容纳空间相对较小，易形成远源湖底扇沉积。由西部凸起供给的沉积物沿斜坡向下进入湖区，阶梯状分布的断裂为远源湖底扇的推进增加了动力，使沉积物沿斜坡向下搬运一定的距离，在次级断层的下降盘形成重力流扇体，是岩性油气藏发育的最有利区。

陡坡断崖带的形成一般受形成时间较早、长期活动、规模较大的基底断裂控制。由于断面较陡，活动时间长，断层与湖区构成陡岸地形。凸起前缘直接为半深湖区，来自凸起上的水系所携带的沉积物入湖后直接在凹陷内堆积，形成近源湖底扇。断崖带主要沿断裂走向分布在东部中央凸起的东南倾没带和台安洼陷，规模大小不等。

陡坡断阶带的形成也与较大的基底断裂有关，但断面倾角较断崖型略缓，近断裂部位盆底地形较陡，或前方又发育伴生断层。冲积扇入湖后，可在凸起前缘形成近源湖底扇，陡坡带主要分布在东部斜坡带。

## 二、沉积环境控制岩性圈闭的形成和发育

沉积体系是指具有成因联系（如相同的沉积物源、盆地中相同的构造位置、同一种水动力机制等）的沉积相在三维空间上的组合。受构造、气候、物源等因素变化的影响，西部凹陷沙四段上亚段到沙三段沉积体系的垂向演化表现出较为明显的继承性、新生性和旋回性。湖泊水体总体上遵循滨浅湖—深湖/半深湖—滨浅湖的演化序列，从而形成了良好的生储盖配置体系，为油气的生成、聚集及保存提供了理想的"硬件"。特别是沙三段下亚段到沙三段中亚段深湖、半深湖的沉积环境对扇三角洲前缘滑塌沉积体和深水滑塌沉积体系的形成起着重要的作用。

西部凹陷始新统岩性油气藏发育多种不同成因类型的砂体，归纳起来有主要的 7 种，即冲积扇、三角洲、扇三角洲、近岸水下扇、远岸水下扇、浊积扇、滨浅湖砂质滩坝。但并不是每种类型的砂体都适合岩性圈闭的形成。西部凹陷岩性油气藏主要分布在西部欢喜斜坡的断阶带、靠近洼陷区及陡坡带断层的下降盘，此外分布在兴隆台隆起区的南北临近

洼陷的翼部。斜坡区一般以扇三角洲前缘、远岸水下扇、扇三角洲前缘滑塌浊积积和滨浅湖滩坝沉积体系（北部）较为发育，而在东部陡坡带则为扇三角洲、近岸水下扇体、冲积扇等沉积体系发育的区域。

引起不同沉积成因砂体油气充满度差异的主要原因是不同成因砂体发育的构造位置和沉积条件的不同。深水浊积砂体有利于油气成藏的机理是：位于大套暗色生油泥岩中的深水浊积扇砂体油源充足；浊积岩体使得砂体与泥岩相互穿插或砂体包裹于泥岩之中；浊积扇砂体以砂砾岩为主，它们与烃源岩间大多呈侧变式接触关系；砂砾岩体间往往有泥岩隔层，有的砂砾岩体甚至被烃源岩所包围，形成自生、自储、自盖的组合模式，这种生储盖组合在纵向上是储层夹于厚层生油岩之中，横向上则是在凹陷中心部位烃源岩包裹着深水扇浊积岩体和透镜状滑塌浊积岩体，在凹陷周边各种砂砾岩体伸入生油岩之中，有利于凹陷中心部位岩性油气藏的形成，且油藏形成后，受构造破坏作用小，有利于后期的保存。扇三角洲前缘斜坡滑塌成因的浊积体，离有效烃源岩中心位置有一定距离，但一般被烃源岩包裹，能形成自生自储自盖的岩性油气藏。有的近水下冲积扇体，如兴东冷南扇体分布在陈家洼陷南部斜坡带距洼陷中心位置较近的断阶上，深入到有效烃源岩范围内，且通过冷家断层沟通深部烃源岩，其含油气性也较好。扇三角洲砂体一般规模较大，特别是扇三角洲前缘水下分流河道的前端，一般能部分深入有效烃源岩中，也能成为极好的岩性油气藏，不过大多通过断层作为沟通烃源岩的通道，具复式油气藏特征。滩坝沉积体一般位于滨浅湖中，本区只在雷家地区发育，由于未能被有效的烃源岩包裹，距有效烃源岩中心距离较远，含油气性相对较差。

## 三、烃源岩的生排烃条件是成藏的基础

在一个沉积凹陷中，能否形成储量丰富的油气藏，充足的油气来源是重要的前提。而油气来源是否充足，取决于凹陷内生油层系的发育情况，所含原始有机物质的多少及其向油气转化的程度。烃源岩是形成油气藏的基础，它决定了岩性油气藏的发育，其中有效烃源岩对这类油气藏的形成至关重要。

在盆地演化过程中，烃源岩主要形成于断陷湖盆的深陷扩展阶段，平面上发育在深陷湖盆的中部。西部凹陷古近系已确定的烃源岩有三套，即 $E_2s_4$、$E_2s_3$ 和 $E_3s_1$，其中 $E_2s_4$ 和 $E_2s_3$ 是主要的烃源岩。$E_2s_3$ 以深灰色泥岩、灰色泥岩为主，由下而上深灰色泥岩增多，泥质的颜色由深变浅。暗色泥岩厚度较大，盆地中心部位达 400~1000m。古近系沙河街组有机质丰度一般为 1%~2%，其中 $E_2s_3^{下}$ 是 $E_2s_3$ 内主要的生烃层段。在 $E_2s_3^{下}$ 沉积时期，随湖水深度的加大，生物种属和数量的增多，地层内有机碳百分含量也明显提高，西部凹陷的大部分地区有机碳含量较高，特别是在清水洼陷有机碳百分含量更高，其次为陈家洼陷。西部凹陷主要生油层系有机质类型指数均较高，以 $E_3s_1$、$E_2s_3$ 为最好，有机质类型指数平均达到 I 型或 $II_1$ 型。西部凹陷整体演化程度较高，古近系大多数 $R_o$ 值都大于 1.0%，一般以 $R_o$=0.5% 作为成熟门限，对应生烃门限上限深度 2200m（图 4-3-2）。

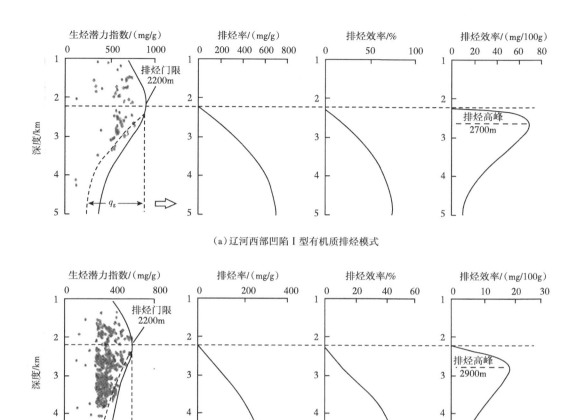

(a) 辽河西部凹陷 I 型有机质排烃模式

(b) 辽河西部凹陷 $II_1$ 型有机质排烃模式

图 4-3-2　辽河西部凹陷优质烃源岩有机质排烃模式

　　西部凹陷古近系具有非常好的烃源岩生排烃条件，烃源岩优越的生排烃条件是西部凹陷大型油气田形成的基础，也是西部凹陷岩性油气藏广泛分布和发育的前提。

　　从埋藏深度来看，西部凹陷古近系岩性油藏在 2000~3800m 范围内，主要分布在 2200~3400m，而且随埋藏深度增加充满度有增大的趋势，在 3000m 左右油气充满度最好（图 4-3-3）。从层位上看，$E_3s_2$ 充满度较低，$E_2s_4$ 次之，岩性圈闭主要分布在 $E_2s_3$ 层段内，而且 $E_2s_3^{\text{下}}$—$E_2s_3$ 中圈闭的充满度较高。这与西部凹陷古近系烃源岩的排烃门限有关，西部凹陷古近系烃源岩的排烃门限大于 2200m，排烃高峰期位于 2700~3500m（图 4-3-2），其与凹陷中 $E_2s_3$ 埋深相当。

　　从圈闭与有效烃源岩的位置关系来看，除断层沟通的构造—岩性油气藏外，孤立的岩性油藏均分布在有效烃源岩范围内或接触有效烃源岩，处于有效排烃范围内。将西部凹陷 $E_2s_3$ 中的岩性油藏分布与烃源岩生排烃平面图相叠合发现，盘山—陈家洼和清水—鸳鸯沟洼陷岩性油藏一般分布在排烃强度有效范围内。在古近纪处于有效烃源岩中心、被有效烃源岩包裹的圈闭，其含油气性好于与烃源岩呈侧向接触的岩性圈闭。而且排烃强度较高区域内的岩性油藏含油气性一般较好，圈闭的围岩的烃源岩排烃强度较低，这些油藏的含油气性相对较差。

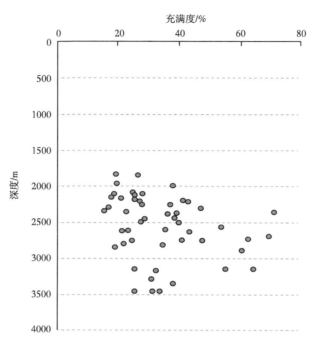

图 4-3-3 岩性圈闭充满度与埋藏深度关系

## 四、储集条件是圈闭成藏的关键因素

　　油气田的勘探实践证明，烃源岩、储层、盖层的密切配合是形成丰富的油气聚集特别是形成巨大油气藏必不可少的条件之一。有利的生储盖组合其含义是在烃源岩中生成的油气能及时地运移到储层中，即具有良好的输送通道和畅通的排出条件，同时盖层的质量和厚度又能保证运移至储层中的油气不会逸散。对于西部凹陷古近系岩性油藏来说，盖层条件相对优越，受构造及构造运动较小，易于油气的保存。在有利的构造环境和沉积环境下，在烃源岩中生成的油气，是否能聚集形成岩性油气藏，那就决定于是否有有利的储集条件了，包括是否有储集体的发育、储集性能的好坏等。

　　砂岩储层物性常常受多种因素控制，如沉积条件（即颗粒成分、粒度、分选、磨圆度、颗粒间杂基含量）及岩石在埋藏过程中所经历的一系列成岩作用（压实、胶结、溶解和交代作用等）。凡是能够储存和渗滤流体的岩层，称为储层。它之所以能够储集油气，是由于具备了两个基本特性——孔隙性和渗透性。孔隙性的好坏直接决定岩层储存油气的数量，渗透性的好坏则控制了储层内所含油气的产能。因此孔渗性是评价油气储集性能的最重要的参数。

只有当砂体的内部孔渗条件达到一定的临界值时，砂体才能接收来自外部烃源岩中的油气。对于砂体内部储集条件对含油气性的控制作用，砂岩粒径大的砂体含油气性好，砂岩粒径小的砂体可能没有油气的聚集。在进行岩性砂体成藏实验后，发现只有砂岩的粒径达到一定的临界值后，砂体才能聚集油气（图4-3-4）：（1）当 $R/r$（砂岩粒径 / 泥岩粒径）=2 时，砂体内部的含油百分比的曲线出现一个拐点，其内部油量陡然增加，而 $R/r < 2$ 时，砂体内的含油饱和度近似于0，说明油气成藏存在临界地质条件 $R/r \geqslant 2$；（2）随 $R/r$ 的逐渐增大，砂体内部的含油百分比逐渐增高，说明砂体与围岩的界面势能差异越大越有利于油气聚集；（3）实验条件下，相同 $R/r$ 比值，$D=1.0$mm 的砂体含油饱和度最低，$D=0.1$mm 的砂体含油饱和度最高。

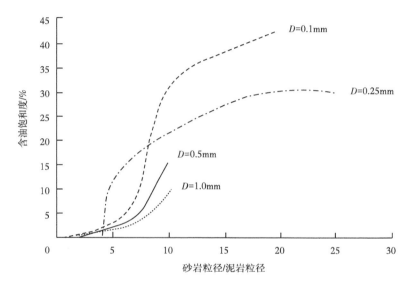

图 4-3-4　岩性砂体成藏实验四种粒径砂体的含油饱和度对比图

物性的好坏直接影响着岩性圈闭的含油气性，物性越好，储集体的储集性能越好，储集空间的孔隙结构越好，越有利于烃源岩中生成的油气排出而进入砂岩体内。由西部的岩性砂体统计实例可以看出，含油气岩性砂体的储集物性存在一个临界值，即当砂体的孔隙度 >10%，渗透率 >1mD，才能有油气的充注。而且含油气性砂体主要分布在孔隙度为14%~22%，渗透率为 1~100mD 的储集体内。

## 第四节　岩性地层油气藏成藏模式

辽河坳陷各类岩性油气藏的形成条件和分布特征表明，岩性油气藏的形成具有一定的分区和分带性，造成这种规律性分布的原因是断块活动、沉积条件及其沉积相类型的变化，以及油气运移聚集条件的相似性和差异性。如西部凹陷从西往东可以分为斜坡带、坡注过渡带（翘倾斜坡带、同生断裂滑脱带、中央背斜带）、深陷带、陡坡带（断阶带、凹间凸起带），不同构造带由于构造背景、断裂活动、沉积和油源等条件的差异，形成不同类型的圈闭和油气藏（图 4-4-1）。根据构造条件和沉积条件的差异，结合岩性油气藏的形成特征，辽河坳陷岩性油气藏可以归纳 8 种模式。

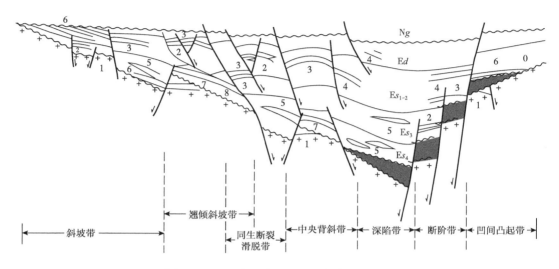

图 4-4-1　西部凹陷圈闭和油气藏分布模式

1—潜山圈闭；2—断块圈闭；3—滚动背斜圈闭；4—鼻状构造圈闭；5—岩性尖灭圈闭；6—地层超覆圈闭；
7—褶皱背斜圈闭；8—不整合面遮挡圈闭

## 一、斜坡带砂岩上倾尖灭和地层超覆油气藏成藏模式

这种模式总体上受区域基底斜坡背景控制，沉积盖层具有明显的超覆沉积特点。储层为扇三角洲前缘砂砾岩和鲕粒灰岩、粒屑灰岩、泥质白云岩等特殊岩性的储层。由于沙三段沉积早期强烈的断裂活动，造成多期的砂砾岩体发育，断块活动也往往强烈，主要受东西向断层控制，形成节节南掉的断阶。断阶带又被北东或北西向断层分割成若干个断块。多期次的砂砾岩体向斜坡方向分异减薄，造成断块内多套油气层纵向上相互叠置，单层侧向尖灭明显，形成断块—岩性油气藏、地层超覆油气藏和岩性尖灭油气藏等油气藏类型。

如东部凹陷斜坡带地层向上倾方向上超形成地层超覆圈闭，来自临近生烃凹陷的油气沿储层或断层向斜坡上方运移，在上倾方向形成的地层圈闭中聚集成藏（图 4-4-2）。

西部凹陷缓坡带位于凹陷西侧的上倾方向，其翘起较高，受到较强烈的剥蚀，并被新近系所覆盖，发育多个不整合面。同时，该带近物源区，多处于冲积扇、扇三角洲的扇中、扇根亚相沉积部位，为砂砾岩体发育区。缓坡带并非单一的斜坡，常常发育多条顺向和反向的基底断层，从而构成台阶式的、鼻隆相间的古地貌景观。这种翘倾断块的顶部，是潜山油气藏的有利发育部位；而鼻状隆起间是砂岩沉积的主要场所，当砂岩向隆起上侧向尖灭时，可形成大量砂岩上倾尖灭油气藏。

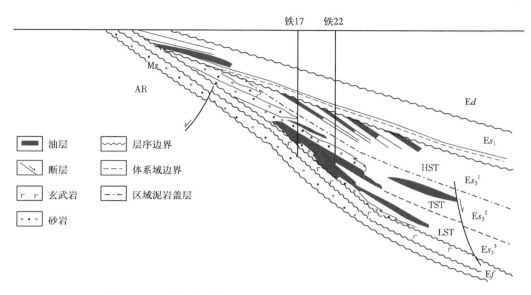

图 4-4-2　斜坡带砂岩上倾尖灭和地层不整合油气藏形成模式

## 二、"洼中隆"构造—岩性油气藏成藏模式

在盆地裂陷期，古隆起强烈深陷作用控制着砂砾岩的发育。洼陷中受古地貌形态的影响，形成"洼中隆"等构造背景，古隆起与砂砾岩体的良好配置形成构造—岩性圈闭，洼陷带的油气近源运移进入这些圈闭形成构造—岩性油气藏。这一地带往往与背斜油气藏和潜山油气藏相伴生（图 4-4-3）。

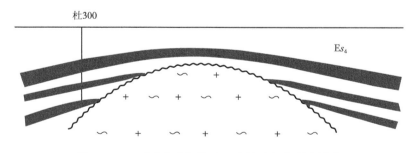

图 4-4-3　"洼中隆"构造—岩性油气藏形成模式

## 三、断裂坡折带岩性油气藏成藏模式

断裂坡折带往往邻近深陷带或坡洼过渡带，由于断裂长期活动，控制沉积和砂体的分布，形成坡折带岩性圈闭。断裂是良好的运移通道，在坡折带形成以断层—岩性、岩性尖灭为主的岩性油气藏（图 4-4-4）。

西部凹陷沙四段沉积时期发育了扇三角洲沉积体系，由于受西侧齐家古潜山的控制，扇三角洲前缘水下分支流河道砂体越过潜山后，沿沟槽分布，在潜山西侧的翼部形成地层超覆沉积，侧向形成砂体尖灭，形成围绕潜山大面积分布的岩性油气藏。沙三段形成于裂谷盆地强烈沉陷阶段，是湖盆水体的最大湖泛期，沙三段沉积时期发育了多期重力流作用形成的扇三角洲—湖底扇沉积体系。由于湖底扇浊积砂体沉积一方面受起伏不平的斜坡背景和北东向断层活动的控制，由斜坡向洼陷的推进具有不连续性和突发性，在供给水道方向的多个断阶处形成不均衡堆积；另一方面不同期次的砂体由于水道不断迁移，沉积中心不断变迁，造成了垂向上岩性岩相变化快。因此，受砂岩体展布控制的油层厚度相应地在砂砾岩体主体部位厚度最大，油气最富集，向斜坡高部位逐渐减薄尖灭，形成了砂岩透镜体油气藏和岩性上倾尖灭油气藏。

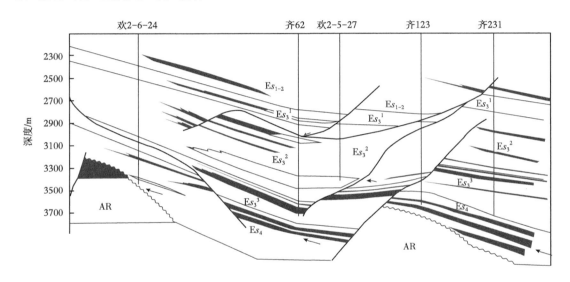

图 4-4-4　西部凹陷齐家地区潜山隆起控制和断裂坡折带控制的岩性油气藏形成模式

西部凹陷齐家—鸳鸯沟坡洼过渡带岩性油气藏在纵向和平面上分布具有一定的规律性。沙四段砂岩上倾尖灭岩性油气藏主要发育于齐家和欢喜岭潜山的侧翼，沙三段浊积砂体岩性油气藏主要围绕断裂坡折带零星分布，沙一段、沙二段砂岩透镜体和砂岩上倾尖灭油气藏也围绕断裂坡折带分布，但分布相对集中。另外，由于该带断裂活动较为强烈，导致各种扇体前缘砂体向湖盆滑塌，形成成群的浊积岩体，因此，该带也是浊积岩油气藏发育的有利场所。

## 四、陡坡带复式岩性油气藏成藏模式

陡坡带多种成因的砂砾岩扇体从凸起向洼陷呈有规律的组合、叠置和展布，形成一个上接凸起、下邻深洼的扇体群。这些扇体群往往被多期的断层所分割，形成断层—岩性油气藏、构造—岩性油气藏。油气主要来自下倾方向的烃源岩，油气运移距离短，多期运移和聚集形成不同类型的油气藏，沿陡坡不同类型的油气藏有规律的叠置、组合，构成了陡坡带复式岩性油气藏（图 4-4-5）。

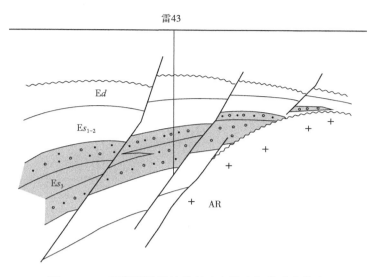

图 4-4-5 西部凹陷陡坡带复式岩性油气藏形成模式

如西部凹陷的陡坡型湖底扇主要分布于西部凹陷东部陡坡带上的冷东—陈家地区。西部凹陷东侧是台安—大洼断裂带,由于受洼陷边界大断裂的控制,湖盆发育期大部分地段为断裂陡崖,水流从断崖直泻入湖,形成陡坡扇三角洲—滑塌浊积扇沉积体系。受古地貌控制,在东侧陡岸形成平行长轴方向的深槽。碎屑物入湖后受断槽拦截,形成纵向搬运的重力流,砂体呈长条状向南、北两侧分开。因此,在该区主要发育陡坡型湖底扇、轴向重力流水道砂体和断槽型重力流水道砂体。

## 五、坡洼过渡带岩性油气藏成藏模式

坡洼过渡带处于缓坡下倾方向向洼陷转折的部位,常处于滨浅湖环境,是多种扇体前缘的主要分布区,发育大量分支流河道、河口沙坝及浊积岩砂体。该带分布较好的烃源岩,油源丰富,是箕状凹陷中岩性圈闭最为发育的有利区带。由于该带砂体大多向洼陷上倾方向尖灭,发育了大量的岩性尖灭及砂岩透镜体气藏(图 4-4-6)。此外,由于该带断裂活动较为强烈,导致沉积物向湖盆滑塌形成浊积岩砂体,因此,该带也是浊积岩油气藏形成的有利场所。

## 六、深陷带岩性油气藏成藏模式

砂体的不连续性是形成岩性圈闭的前提条件,生烃凹陷的有利生烃部位和储集砂岩的有机匹配形成负向构造的岩性油气藏群(图 4-4-7)。深陷带发育湖相成因扇三角洲、浊积扇等砂体,这种成因砂体以薄层砂、断续砂和透镜砂为主,并直接插入生烃凹陷的泥岩中,形成砂岩与暗色泥岩交互的特点,纵向上可以叠加连片。

在箕状凹陷中,深陷带偏于陡坡一侧,是砂岩透镜体及浊积岩油气藏发育的有利部位。该部位主要发育地层超覆、砂岩上倾尖灭等岩性油气藏,这些油气藏的油气来自深陷带，往往是自生自储，良好的泥岩盖层使油气保存条件十分优越。在深陷带的中浅层，由于东营组沉积末期的走滑运动，凹陷内常形成雁列式排列的背斜构造带。这些构造带为"洼中之隆"，可以接受东西两侧的物源，在构造的围翼形成构造—岩性尖灭及断层—岩性尖灭等复合型油气藏。这些油气藏油气主要来源于下部沙三段和沙四段烃源岩，由于埋深较大，沙一段和东营组底部的泥岩也能提供部分油气。

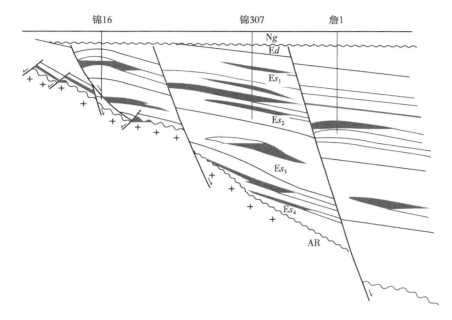

图 4-4-6　坡凹过渡带岩性油气藏形成模式

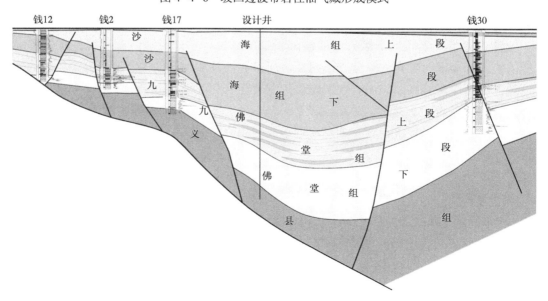

图 4-4-7　深陷带岩性油气藏形成模式

## 七、主干断裂下降盘断层—岩性油气藏成藏模式

在近凹的主干断裂附近，由于湖相泥岩的发育导致封闭性较好，在扇三角洲和浊积扇砂体的配合下形成断层—岩性圈闭，这种断层—岩性圈闭的储层砂岩一般直接插入生烃凹陷的泥岩中，形成下倾尖灭，油气优先进入这些砂岩中，在上倾方向受断层遮挡形成断层—岩性油气藏（图4-4-8）。

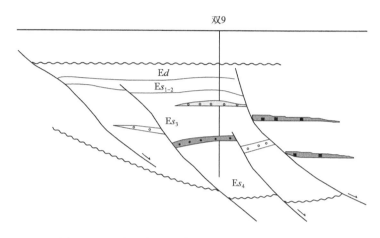

图4-4-8 主干断裂下降盘的岩性油气藏形成模式

## 八、泥拱侧翼地层油气藏成藏模式

在深陷带，受构造运动和异常压力作用，泥岩因塑性流动产生泥拱，在泥拱的侧翼可形成地层油气藏。如大民屯凹陷南界大断裂长期发育，荣胜堡洼陷为继承性洼陷，在这一狭窄的洼槽中，受重力滑动及差异压实作用，形成泥拱，侧向地层发生尖灭或封堵，进而形成泥拱—地层油气藏（图4-4-9）。

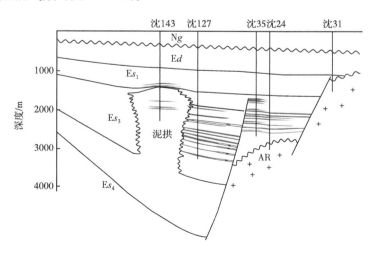

图4-4-9 泥拱侧翼的地层油气藏形成模式

# 参 考 文 献

[1] 李晓光，陈振岩，单俊峰，等 . 辽河油田勘探 40 年 [M]. 北京：石油工业出版社，2007.

[2] 李晓光，单俊峰，陈永成，等 . 辽河油田精细勘探 [M]. 北京：石油工业出版社，2017.

[3] 张巨星，蔡国钢，郭彦民，等 . 辽河油田岩性地层油气藏勘探理论与实践 [M]. 北京：石油工业出版社，2007.

[4] 柳广弟 . 石油地质学 [M]. 北京：石油工业出版社，2018.

[5] 邹才能，袁选俊，陶士振，等 . 岩性地层油气藏 [M]. 北京：石油工业出版社，2009.

[6] 赵靖舟 . 油气成藏地质学 [M]. 北京：石油工业出版社，2013.

[7] 陈振岩，陈永成，仇劲涛，等 . 辽河盆地新生代断裂与油气关系 [J]. 石油实验地质，2002，24（5）：407−412.

[8] 冯有良，鲁卫华，门相勇 . 辽河西部凹陷古近系层序地层与地层岩性油气藏预测 [J]. 沉积学报，2009，27（1）：58−62.

[9] 冉波，单俊峰，金科，等 . 辽河西部凹陷西斜坡南段隐蔽油气藏勘探实践 [J]. 特种油气藏，2005，12（1）：10−14.

[10] 单俊峰，陈振岩，回雪峰 . 辽河坳陷西部凹陷坡洼过渡带岩性油气藏形成条件 [J]. 石油勘探与开发，2005，32（6）：42−45.

[11] 柳成志，霍广君，张冬玲 . 辽河盆地西部凹陷冷家油田沙三段扇三角洲—湖底扇沉积模式 [J]. 大庆石油学院学报，1999，23（1）：1−4.

[12] 李丕龙，庞雄奇 . 陆相断陷盆地隐蔽油气藏形成——以济阳凹陷为例 [M]. 北京：石油工业出版社，2004.

# 第五章　岩性地层油气藏的勘探方法与技术

辽河油田岩性地层油气藏勘探经历了以构造油气藏勘探思维兼探、主动探索及多学科联合攻关三个阶段，目前已经逐步形成了以地震资料采集、处理技术为支撑，以精细层序地层格架内"三相"（测井相、地震相、沉积相）联合分析的岩性圈闭区带评价技术为手段，以地震反演和地震属性分析为核心的储层预测技术进行岩性圈闭识别，多技术联合应用，在实践中获得良好勘探成果，打开了辽河坳陷岩性地层油气藏勘探的新局面。

## 第一节　地震资料采集、处理技术

随着辽河油田勘探开发的深入，勘探目标从初期的构造勘探逐步转移到小断层控制的微幅构造勘探及岩性勘探为主，对储层描述精度提出了更高的要求，为此，辽河油田一直围绕解决薄互层砂体的精细描述和岩性预测问题开展了多年的高分辨率采集、处理、综合研究等系列技术攻关，并取得了较好的勘探开发效果。

### 一、"两宽一高"地震技术

随着地震采集仪器装备的发展，辽河油田地震采集技术相应经历了常规地震采集（2000年以前）、二次精细地震采集（2001—2012年）和"两宽一高"地震采集（2013年以后）三个主要技术发展阶段。尤其是2013年以来，辽河油田开展了以"两宽一高"地震技术为中心的目标地震采集技术攻关工作，取得了良好的地质勘探效果[1]。

"两宽一高"地震技术的核心为：宽方位、宽频带和高密度。通过"宽方位"三维观测系统提高复杂地质体及岩性油气藏成像准确度；通过"宽频带"激发和配套接收方式提高地震资料有效频带；通过"高密度"空间采样改善噪声压制和偏移成像效果。

按照"两宽一高"地震技术的思路，目标三维地震采集观测系统的论证与优化，主要体现为以下特点：

（1）采用10m×10m~12.5m×12.5m的采集面元，满足高密度采样要求，同时保证在地下地质目标存在倾角时，能保护地震不受干扰。

（2）合理选择最大炮检距，在保证叠前偏移处理需求绕射能量收敛95%的前提下，基于二维地球物理模型，进行不同炮检距的波动方程正演和照明能量分析，保证主要目的层反射信号的有效接收、目的层照明能量的充足均匀。

（3）覆盖次数：针对勘探目的层地震资料需要的信噪比，基于目标区以往采集单炮信噪比指标、剖面覆盖次数大小，综合评估地震采集需要的覆盖次数。同时保证纵横向覆盖次数相对均衡，以满足方位各向异性反演对分方位道集信噪比的要求。

（4）横纵比：为保证地震采集资料炮检距等属性的均匀性，力求三维观测系统实现宽方位采集，横纵比大于 0.8。同时，在增加观测系统横纵比的过程中，保证各个方位观测的覆盖次数足够并均匀，以满足地震资料 OVT 域处理的需要。

地震激发方式改变为可控震源激发。可控震源激发实现了"两宽一高"技术中的宽频带激发，提高了地震资料分辨率，同时实现了绿色环保施工。目前辽河探区的地震生产中，多组震源采用"滑动扫描"方式进行激发，各个振次扫描时间可以部分重叠（但最小时间间隔不小于相关后要获得的单炮记录长度），下组震源不必等待上一组震源完成扫描即可开始扫描，大大缩短了相邻两次扫描的间隔时间，使辽河探区地震采集日效大幅提高，比以往井炮生产提高了三倍以上。

在采用可控震源激发的同时，还形成了可控震源高效采集配套技术：（1）应用轨迹导航技术，实现复杂地表震源自动找点、快速行进；（2）使用震源任务无线分发与动态调配技术，满足复杂环境下施工方案快速调整需要；（3）应用震源交替/滑动扫描技术，提高复杂水网区震源作业效率；（4）自主研制震源通行配套工艺，解决复杂水网区震源通行问题。

在接收技术上推广了单点检波器接收方式及埋置配套工艺。单点检波器接收，消除了组合对地震有效信号的改造，这是保证地震信号宽频带的关键，同时提高了放线效率。针对辽河探区冬季地震采集作业的特点，为保证冻土地表检波器的埋置质量，使用摩托钻和机械钻等专用工具打孔，水泥路面等硬地表使用专用水泥耦合器放置检波器，确保检波器与地面耦合良好。

高效采集单炮实时质控技术。可控震源高效采集，每天平均放炮 3000 炮以上，每炮万道以上接收，按以往方式回放监视记录来监控生产质量无法全面实时实现。生产中采用了以下两种方法实时监控单炮质量：

（1）可控震源状态实时监控系统：利用可控震源导航系统，在每台震源激发后，该系统自动对每台震源坐标、震源 6 项指标（峰值相位、平均相位、峰值出力、平均出力、峰值畸变和平均畸变）、扫描力信号进行评价，依据确定的质控标准值判定本次激发是否合格。若激发单炮合格，则可控震源车载终端实时提示激发合格；若炮点激发指标超标，车载终端报警，提示可控震源原地等待，在滑动扫描时序队列分配的时间点再次启震。对已完成激发的全部合格炮点，导航系统通过共享方式，让每台震源机组实时看到炮点分布位置，避免重复激发或放错炮。

（2）利用 SeisAqc 等现场质控软件：软件直接与地震仪器存贮单炮数据的 NAS 盘连接，在每接收 1 炮后自动进行单炮能量、频率、信噪比、环境噪声 4 种基础属性的分析，若监控值超出合格值范围时，则对应属性被评价为异常，通知震源重震，从而保证激发质量。

本阶段地震采集有如下特点：（1）观测系统参数有了较大提高：横纵比为 0.8~1、采集面元为 10m×10m~12.5m×12.5m、覆盖次数为 256~828 次（横向为 15~20 次）、炮道密度为 256~660 万道 /km²；（2）激发采用大吨位低频可控震源或高精度可控震源单台单次激发，激发频带为 3~96Hz 或更宽，向低频拓展了频宽；（3）单点高精度模拟检波器接收。

在油气勘探地质问题驱动下，随着地震采集仪器装备性能的改善提升、采集设计的持续优化完善，地震采集技术得到不断进步完善和发展。同时，地震采集资料品质得到不断改善，为岩性油气勘探发现和地震勘探技术的发展发挥了重要作用。

## 二、高分辨率处理技术

结合辽河实际的勘探开发生产实践，针对二次采集的地震资料，从原始资料入手，对资料特点进行详细的分析，处理技术不断发展完善，从最初的叠后提高分辨率，发展到叠前高分辨率处理、叠前叠后联合高分辨率处理，一直到现在的高分辨率处理及叠前反演一体化研究，形成了一套面向岩性油气藏的处理技术，并将这些技术先后应用到清水、雷家—高升、锦 16 井、沈 84 井—安 12 井等多个勘探开发区块中，使地震资料处理成果的保幅性明显提高，目的层主频平均提高 5~10Hz，分辨厚度能力提高 10~20m，有力地支撑了辽河油田岩性勘探需求。

### （一）高分辨率处理的目的

地震信号数字处理的目的就是从野外记录的地震道资料中，观察其空间、时间、频率等方面的特性，压制噪声、提高分辨率，处理以后的信号尽可能准确地描绘出震源子波到达反射界面的时间或位置，提高和改善地震信号的质量，便于解释人员解释。提高地震信号的分辨率是提高地震信号质量有效手段之一，因此如何提高地震信号分辨率成为地震信号处理中的重要环节。消除近地表的剩余静校正时差（实质上是表层速度不准引起的），消除中层、深层速度和各向异性参数不准确引起的非同相叠加，消除因子波拉伸引起的成像结果分辨率降低现象。

### （二）高分辨率处理的主要思路

地震资料的分辨率是制约勘探精度的重要因素，高分辨率地震资料处理的目的是合理恢复地震记录的高频和低频信息，有效拓宽频宽，技术思路如下：

（1）反褶积技术以褶积模型为基础，对地震子波、反射系数、地层介质产状和激发接收方式等进行各种假设；

（2）吸收补偿技术以吸收衰减模型为基础，对大地滤波引起的振幅衰减和相位畸变进行补偿和校正，补偿效果较依赖于 Q 值精度和资料与模型的匹配度；

（3）基于时频谱的频率恢复技术，关键在于对非稳态地震子波的振幅和相位进行合理的估计。

高分辨率地震资料处理技术的本质是拓宽频宽，对地震剖面有两方面影响：一是多数同相轴变细、增多，子波长度压缩；二是部分同相轴能量变弱甚至消失，子波旁瓣压缩。

相对高频信息，低频信息对增强剖面层次感、提高反演精度的作用更重要，恢复难度也更大，在今后的高分辨率地震资料处理中，应更注重低频信息的保护和恢复。

## （三）辽河特色的高分辨率处理技术流程

开展了高分辨率保幅处理技术攻关，针对二次采集资料，形成了一套具辽河特色的面向岩性地层油气藏的处理技术及质量控制流程（图 5-1-1）。

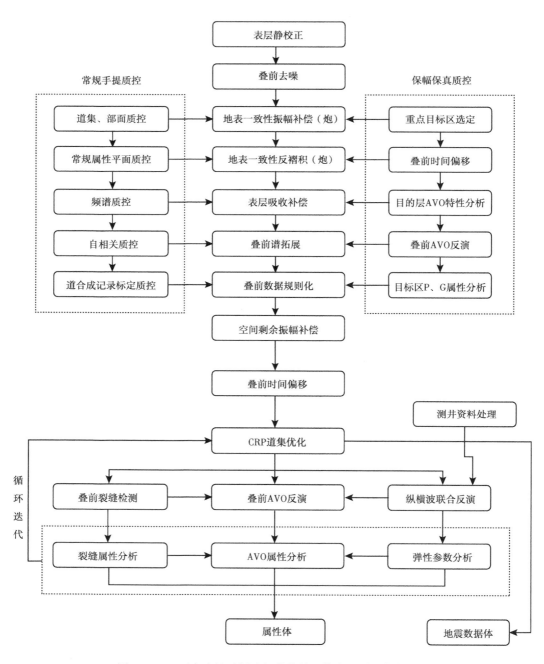

图 5-1-1　面向岩性地层油气藏的处理技术及质量控制流程

该流程的主要技术特点：

（1）表层静校正技术精确校正近地表引起的道间时差，校正后地震反射同相轴一致性加强，地震剖面不产生假地质现象；

（2）剩余静校正后的互相关函数对称性好（反映子波的相位），峰值大（信噪比高）；多次迭代后的剩余静校正数据95%的校正量在一个样点之内，波形同相性有效加强；

（3）利用测井、VSP、岩石物理及地面数据的结合，建立尽可能准确的 Q 模型，沿波传播路径补偿 Q 引起的振幅、频率和相位的变化；

（4）吸收补偿后（反 Q 滤波）的地震数据，符合岩石物性参数及 VSP 建立的本地区地质吸收补偿模型；

（5）采用多道反褶积方法，反褶积后的自相关函数，主瓣宽度压缩、旁瓣幅度降低，主能量一致性加强；

（6）反褶积后，频谱分析有效频带振幅能量加强，资料信噪比得到有效保持，子波一致性变好；

（7）建立准确的速度模型，实现高保真的 CMP 叠加和叠前偏移成像叠加，最大可能地消除子波拉伸效应；

（8）提高分辨率后的地震剖面波组特征清晰，切片显示构造特征完整，能够满足精细地质解释要求。

## （四）效果分析

近年来高分辨率处理技术相继在西部凹陷清水地区、锦 16 区块等进行了应用，取得了明显效果。其中西部凹陷清水地区三维地震资料涉及清水、曙光、欢喜岭和双台子四块地震资料，岩性勘探目标区面积 240km²。

处理过程中，为了使储层内部的微弱有效信息进一步显现，研究通过小波分析理论，将地震信号进行分解，来拓宽地震记录频谱的高频部分，使地震记录频谱的高频成分的振幅增强，从而提高地震资料分辨率。该技术的优点是能够在提高分辨率的同时，很好地保持记录的信噪比和反射波同相轴的连续性，真正达到提高分辨能力的目的，从而满足储层垂向分辨的需求。

利用小波变换技术对振幅谱加权，使频谱向高频方向拓宽，而不是向高频方向移动。其优点是拓宽信号频带；保持甚至提高信噪比。图 5-1-2 为西部凹陷清水地区谱拓展小波变换技术前后剖面及频谱，频宽拓展 5Hz。

图 5-1-3 是西部凹陷清水地区老叠前时间偏移处理成果，图 5-1-4 是新高分辨率叠前时间偏移处理成果，新处理成果较老资料主频提高 5Hz，垂向分辨率有了显著提高，层间信息丰富，地层超覆、尖灭等地质现象更加清晰，为精细的岩性解释奠定了基础。

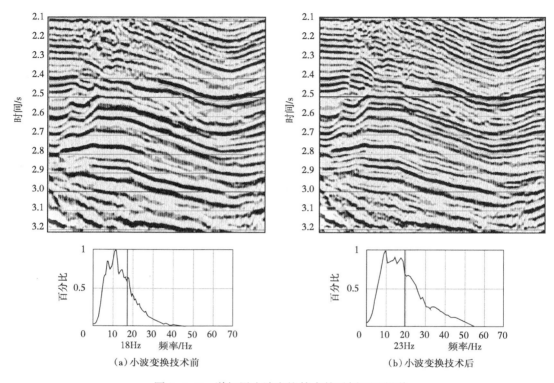

（a）小波变换技术前　　　　　　　　　　（b）小波变换技术后

图 5-1-2　谱拓展小波变换技术前后剖面及频谱

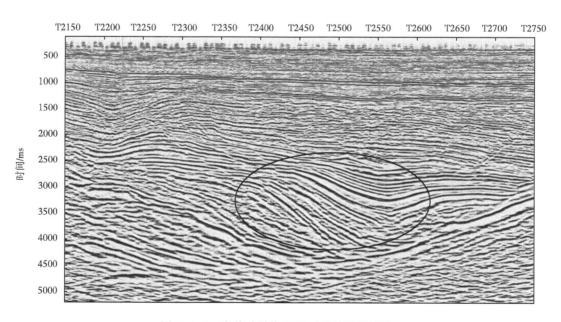

图 5-1-3　老偏移纵线 3080（叠前时间偏移）

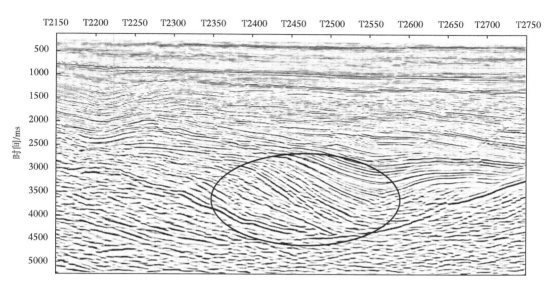

图 5-1-4 新偏移纵线 3080（叠前时间偏移）

# 第二节 岩性圈闭区带评价预测技术

## 一、层序地层格架内有利岩性圈闭发育区预测技术

层序地层学基本原理为含油气断陷湖盆油气勘探评价提供了新的思路。在层序地层格架建立的基础上，可以通过不同体系域的分析来识别其中的岩性地层圈闭。从而指出有利的油气勘探目标区[2-3]。

低位域砂体邻近烃源岩，若埋深较浅，储集物性好，可形成侧向砂体尖灭的地层油气藏。低位体系域下切谷河道砂岩侧向相变快，常被湖泛期的泥岩覆盖，若有较充分的油源供给，可形成高产的岩性油气藏。层序界面—不整合面不但是良好的油气运移通道，而且可以形成次生溶孔发育的储层，进而形成与不整合面相关的地层油气藏（图 5-2-1）。

湖侵体系域中的湖岸砂体随着湖平面的持续上升，不断受到波浪的淘洗，形成分选和磨圆均较好的沿岸沙坝储层，上覆与密集段相关的优质烃源岩和盖层，可形成砂体上倾尖灭或滩坝砂体侧向尖灭的油气藏。洪水作用形成的重力流也可在较深水区形成浊积砂体，该砂体完全位于优质烃源岩之中，自身储集物性较好，易形成地层岩性油气藏。

高位体系域三角洲前缘砂体受河流、湖泊等多种水流作用改造，细粒沉积物被淘洗干净，从而形成储集物性良好的储集体。该储集体下伏优质生烃密集段，上覆湖泛泥岩，加之侧向发育的同生断层和逆牵引背斜，易形成岩性油气藏以及地层与构造配置的复合型油气藏。另外，进积三角洲不断向湖盆中央推进，三角洲前缘界面不断变陡，其沉积物易向前滑塌形成浊积扇，可形成规模不大但储集物性良好、被烃源岩所包裹的地层岩性油气藏。

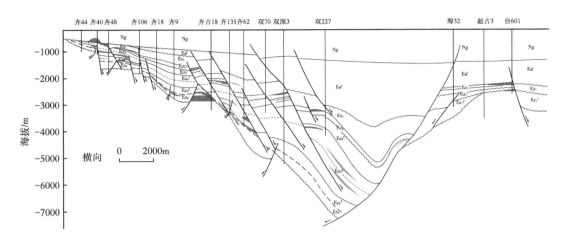

图 5-2-1 齐 44 井—双 227 井—台 601 井油气藏模式图

## 二、"三相"联合圈闭区带评价技术

"三相"（测井相、地震相、沉积相）联合解释技术是勘探阶段纵向有利勘探层系和平面有利勘探位置优选的有效方法，该方法为勘探阶段大比例尺高精度沉积微相研究提供了可行性，该方法在地震资料品质较好、构造相对简单且具备一定勘探程度的地区具有良好适用性。

"三相"联合解释技术主要作用是优选油气勘探的纵向有利层系和平面有利位置，通过地震储层预测、油气水流体性质预测和岩性圈闭综合评价等筛选靶区，是进一步增强后续研究工作的主要技术手段。

以岩心观察、单井测井资料分析为基础的测井相研究是"三相"联合解释技术的基础，它可有效确定在平面上离散分布的各个钻井点目的层所属的沉积相（或沉积微相）类型及纵向沉积微相组合模式。地震相特别是以三维地震资料为基础的平面地震相研究，从等时的角度系统揭示了各个目的层地震相平面变化格局。沉积相是在结合轻重矿物等分析化验资料的基础上，根据"今"沉积微相平面组合模式和纵向演化规律，结合测井相和地震相研究得到沉积相平面变化格局和纵向演化过程。通过"三相"联合解释，为岩性油气藏纵向有利勘探层系和平面有利勘探位置的优选与评价奠定基础，然后结合地震信息多参数综合分析方法等系统识别、优选、描述与评价岩性圈闭，筛选有利勘探目标，提供钻探井位。

在具体勘探实践中，根据不同探区实际地质情况，"三相"技术可以单独或某两相结合解决制约该地区勘探的关键问题。

### （一）以测井相与地震资料分析进行厚层砂砾岩体的期次划分

测井相是表征地层特征，并且可以使该地层与其他地层区别开来的一组测井响应特征集。测井相研究目的是通过其测井响应，客观地描述探测得到的穿过层系，并识别出现有的不同的基本测井相，用以研究它的垂向序列的排列，由此推断侧向演变，达到重建沉积环境的目的。

测井曲线以及地震反射特征往往是由于沉积特征的变化所造成的，如沉积相带变化、岩性变化、粒度粗细变化等。因此，地震、测井资料时频特征的变化可表征沉积期次的变化，是砂砾岩体期次划分的一种有效方法。

在油气勘探领域，在测井相研究基础上，可进一步应用小波变换、时频分析来分析单井垂向沉积序列。小波变换、时频分析最初主要用于薄互层地层的储层预测及研究砂泥岩为主的薄互层的时频响应特征。后来进一步发展到用于储层厚度及含油气性的预测、沉积旋回分析、三角洲沉积序列分析和构造层系解释。在测井领域，测井数据经过小波变换之后，通过考察多种伸缩尺度下表现出来的明显周期性振荡特征，可与各级层序界面建立一定的对应关系，作为测井层序分析的依据。因此，可用于不同级别的沉积旋回分析。

在大民屯凹陷西部陡坡砂砾岩油气藏预探研究中，首先，应用单井测井相分析，认为沙四段低位域具有正、反、正三个旋回，这与该区低位域扇三角洲前缘亚相沉积时发育的水进、水退、水进匹配较好，初步将其分为三个大的期次（图5-2-2）。再应用测井资料小波变换及地震时频分析技术对单井进行分析，其结果与单井识别的结果吻合较好。进而在全区范围内开展小波变换与时频分析，确定每口井的期次划分方案，用以划分结果标定地震资料，自下而上确定三个期次砂砾岩体的平面、纵向分布特征，实现了砂砾岩体的分小层精细研究。

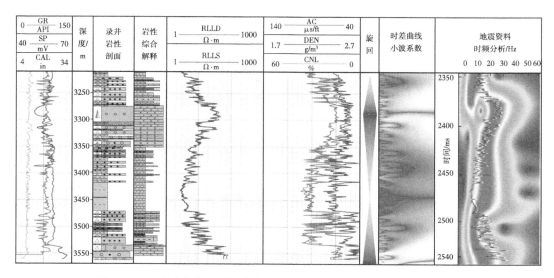

图5-2-2　小波变换及时频分析单井旋回划分图（沈268-34-22井）

## （二）以三维地震资料为基础的平面地震相研究

地震相是指在一定空间区域内圈定的由地震反射层组成的三维地震反射单元，其地震反射结构、振幅、频率、连续性和层速度等与近邻单元不同，为特定沉积相或地质体的地震响应，是特有岩性组合、层理和沉积特征的综合表现，主要通过地震波形变化表现出来。地震相分析就是在层序的框架内，通过对地震反射参数平面变化分析并与区域背景类似盆地内标准沉积相—地震相模式和区域地质沉积规律进行对比，结合单井相分析结果，实现目的层段地震相带向沉积相带的转换。

1. 单井地震相分析

单井地震相分析是在已知井岩性组合特征情况下，分析其井旁道地震相特征，总结出某项地震参数对岩性的敏感程度。

在滩海研究区滩坝砂体预测实践中，以单井岩性综合标定分析为基础，总结出滩坝砂体的地震相特征：泥岩隔层较厚的砂泥互层段，其地震反射特征表现为中、强振幅反射（图 5-2-3，A 段）；泥岩隔层相对较薄的富砂段，其对应的地震反射特征表现为中、弱振幅反射（图 5-2-3，B 段）。对研究区已知的 23 口井做严格的井震标定，分层段对井旁道地震振幅属性与层段内砂岩含量做统计分析。分析结果表明，在同一层段内，地震均方根振幅与砂岩含量呈较好的负相关性（图 5-2-4），砂体发育程度越高，均方根振幅值越低，因此可以根据地震反射振幅的强弱判断储层发育程度。

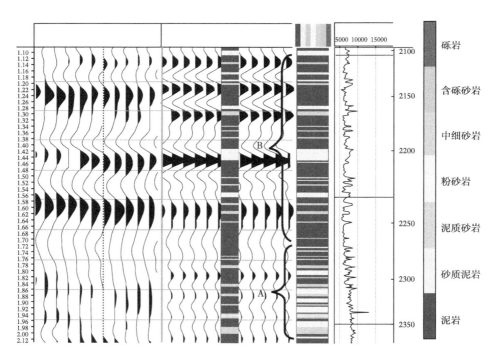

图 5-2-3　海南 7 井岩性地震综合标定

2. 平面地震相研究

地震属性分析的目的就是以地震属性为载体从地震资料中提取隐藏的信息，并把这些信息转换成与岩性、物性、油藏参数相关的、可以为地质解释或油藏直接服务的信息，从而达到充分发挥地震资料潜力，提高地震资料在储层预测、表征和检测能力。

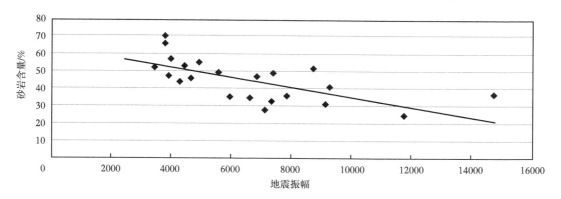

图 5-2-4　海月构造带东三段下亚段均方根振幅与砂岩含量交会图

利用 LandMark 软件中 RAVE 模块对五类 39 种属性进行分析，优选出与储层敏感的属性参数，再利用 PostStack/Pal 模块进行属性提取。

在海月构造带滩坝砂体勘探中，应用单井地震相分析发现地震均方根振幅与砂岩含量呈较好的负相关性，砂体发育程度越高，均方根振幅值越低。根据研究区地震属性参数与储层发育程度的统计关系，分层段提取与地震振幅相关的地震反射强度、甜点属性（振幅除以频率属性）。进而，对同一层段内多属性与砂岩含量做交会分析，从统计学角度建立储层与多属性间优化的定量计算关系，来预测砂岩含量的平面展布情况。通过对地震反射强度、甜点属性的融合分析，初步预测东三段上亚段和东三段下亚段的储层分布特征（图 5-2-5）。

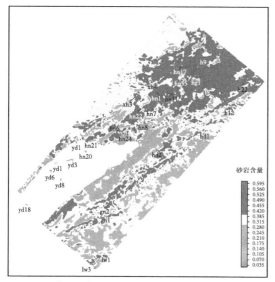

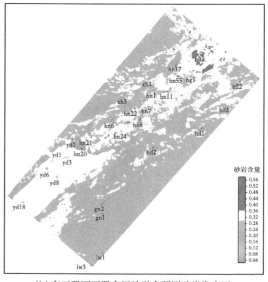

(a)东三段上亚段多属性融合预测砂岩发育区　　　(b)东三段下亚段多属性融合预测砂岩发育区

图 5-2-5　海月构造带东三段砂岩含量预测平面图

### （三）结合测井相和地震相的沉积微相研究

早期常规沉积相研究对确定沉积相宏观变化格局很有利，但在具体划分沉积相、亚相或者微相的边界时往往缺乏具体的依据，主要采用沉积相平面组合模式进行主观外推，因而精度不高，不能适应岩性油气藏勘探对于沉积相研究精度的要求。

"三相"联合分析是通过测井相分析确定井点处目的层的沉积微相类型，目的层地震相平面变化格局通过敏感地震属性分析得以确定，沉积相平面变化就可以利用对离散点的标定和平面的变化格局进行确定。有井标定的部位依靠井标定结果，没有井标定的部位采用沉积相平面组合模式进行外推，使全区沉积微相变化格局得以合理确定。具体的沉积微相边界可以很好地参考地震相分类的结果，而利用地震相的平面变化格局并结合测井相对具体井点处沉积相类型的标定，使勘探阶段沉积相的平面变化研究更为具体，相边界也更为精确和可靠。该方法在西部凹陷清水洼陷岩性油藏勘探实践中得到应用，效果良好。

# 第三节　储层地震预测及圈闭识别技术

## 一、储层地震预测技术现状

近年来随着油田勘探开发程度的不断深入，勘探目标日趋复杂，凹陷陡岸带的砂砾岩体、滨浅湖区的滩坝砂、扇三角洲前缘河口坝及席状砂等储集体的研究与评价越来越受到重视。这些储层具有形成条件复杂、储集性能控制因素多、储集空间类型多样、储集层非均质性强等特点，对储层地震预测技术的要求越来越高。

面对复杂的勘探对象，储层地震预测研究主要存在三方面的难点问题：一是薄储层预测难度大，例如滨浅湖滩坝砂、扇三角洲前缘河口坝及席状砂属于砂岩、泥岩薄互层，具有单层厚度薄、横向变化快的特点，受地震分辨率、勘探程度等因素限制，预测难度大；二是非均质型储层中的有效储层预测难度大，例如大民屯凹陷陡岸带的砂砾岩体、外围九下段凝灰质砂岩等，具有非均质性强、整体物性差、局部层段或区域物性好，即有效储层发育的特点，内部有效储层难预测；三是储层的含油气性预测难度大。针对这些复杂的勘探目标，经过多年勘探实践，辽河油田逐步形成了一套储层预测技术系列，特别是时频分析、地震多属性分析、约束稀疏脉冲反演和储层特征重构等技术的应用逐渐趋于成熟，叠前弹性多参数预测、流体检测等技术得到广泛应用。

## 二、储层地震预测技术分类

储层地震预测技术可分为地震反演技术和地震属性分析技术。地震反演是储层预测的核心技术之一，它主要是从定量角度解决储层纵向、横向分布预测及品质评价等问题。地震属性分析技术包括常规地震属性提取和分析（如振幅、频率、相位等）及波形分类、地

震相干体、模式识别等广义地震属性分析技术，它主要从定性角度解决储层的纵向、横向
分布预测、品质评价及含油性预测等问题 [4]。

### （一）地震属性的分类

地震属性是指由叠前或叠后的地震数据经过数学变换导出的有关地震波几何学、运
动学、动力学和统计学的特殊度量值。它是地震资料中可描述的、可定量化的特征，是刻
画、描述地层结构、岩性以及物性等信息的地震特征量。随着数学、信息科学等领域新知
识的引入和广泛应用，人们从地震数据中提取的地震属性越来越丰富，目前已经发展到上
百种。从属性的基本定义出发，Brown 将地震属性分为四类：时间属性、振幅属性、频
率属性和吸收衰减属性。Quincy C 以运动学与动力学为基础把地震属性分成振幅、频率、相
位、能量、波形、衰减、相关、比值等几大类 [5]。虽然地震属性种类繁多，但由于地质条
件的复杂性和技术本身的局限性，各种地震属性分析技术在应用时都有一定的适用条件，
其预测结果也具有多解性。因此，为了减少多解性，提高构造解释精度和储层的预测精
度，多属性综合分析已成为必然。

### （二）地震反演方法分类

地震反演技术就是综合运用地震、测井、地质等资料揭示地下目标层（储层、油气层
等）的空间几何形态（包括厚度、方向、范围等）和目标层微观特征。它是将连续分布的
地震资料与具有高分辨率的井点测井资料进行匹配、转换和结合的过程。地震反演是储层
预测的核心技术之一。地震反演技术根据所用的地震资料不同，可分为叠前反演和叠后反
演两大类。地震反演技术正经历着从叠后到叠前，从声波阻抗反演到弹性阻抗反演，从单
参数到多参数反演的转变，并且正在朝着非线性反演、全波形反演等方向发展。依据反演
算法实现方法的不同，地震反演方法又可分为道积分法、递归法、稀疏脉冲法、基于模型
法和地质统计法等 [6]。在油气勘探开发的不同阶段，根据不同的地质目标和资料条件，特
别是针对钻井资料的多少，甚至是钻井资料的有无，在储层预测过程中所采用的地震反演
方法差别很大。

## 三、储层地震预测技术

辽河探区勘探面积广，不同地区勘探程度差异大，勘探目标复杂多样，储层地震预测
所要解决的地质问题也不尽相同。针对不同地区的勘探情况，辽河油田加强储层预测技术
的研究及应用，经过多年勘探实践，逐步形成了一套储层地震预测技术系列。

### （一）时频分析技术

随着辽河油气勘探开发的不断深入，薄储层成为油气勘探的重要领域。时频分析技术
是目前解决薄层预测问题经常采用的技术。它将地震数据从时间域转换到频率域进行分频
显示，提高地震资料对薄储层的解释与预测能力，从常规宽频地震数据体中提取出丰富的
地质信息。

时频分析技术在地震勘探领域不断得到发展，从最初的短时窗傅里叶变换（STFT），发展到小波变换（CWT）、S变换、广义S变换等方法。这些方法的应用使得地震数据从时间域转换到频率域分频显示更稳定，也提高了地震资料对薄储层的解释与预测能力。

　　因为时频特征与地层沉积的韵律性和旋回性具有一致性，所以利用时频分析可以建立地震与地质的联系，从而研究海平面的变化规律、构造运动及沉积体的大小、厚薄等，为地质分析提供手段和依据。例如，在大民屯陡岸砂砾岩体的期次划分与沉积研究中，利用时差曲线的小波变换结果与时频分析结果对比分析，发现具有较好的一致性。时频特征的变化反映了砂砾岩体沉积期次的变化，为砂砾岩体期次的划分提供了依据。

　　在时频分析过程中，地层厚度的变化影响时频特征的变化方向，地震响应的频谱峰值频率随地层厚度的减小而升高；另外，砂岩、泥岩地层组合类型影响频谱能量的变化，砂岩、泥岩厚度对应反射系数间隔，随着反射系数间隔增大，低频端能量增强；反之，随反射系数间隔减小，高频端能量增强（图5-3-1）。根据时频特征与砂岩、泥岩岩性组合的关系，时频分析可应用于薄储层的预测研究。

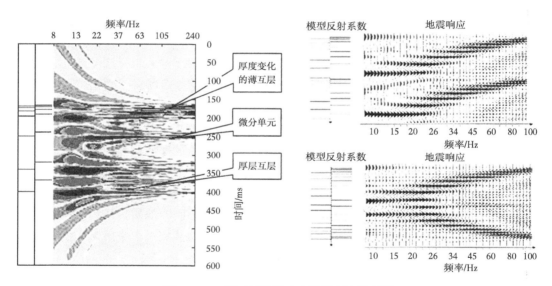

图 5-3-1　薄互层地震响应特征理论模型图

　　利用时频分析技术将地震数据中的频率、频带信息有效利用起来，以达到对目标地质体的刻画效果。这要求地震解释人员充分研究地质体在不同频率下的响应特征，优选出能代表目标地质体发育特征的单频带数据体，最大限度地突出目标的响应，从而在纵向上提高对该地质体的分辨能力，更好地研究其横向展布规律和边界特征。在滩海东部地区，利用时频分析技术对东二段河道的刻画取得明显效果。根据研究区地震资料频带宽度（0~50Hz）及时频域地震能量变化情况，进行时频分析，得到了5~45Hz多个单频体，然后基于不同单频体提取沿层地震属性，刻画不同尺度的地质目标。以东二段顶界为基准层，向下开10ms时窗提取不同单频体沿层振幅属性，可见河道现象。20Hz单频体的沿层属性较清晰地反映河道外部轮廓，主河道具有北东向展布的特征，分支流河道呈近东西向分布，向主河道会集（图5-3-2）。与40Hz单频体的沿层属性对比分析，40Hz单频体属性其河道整体轮廓不如20Hz单频体属性清晰，但是对河道内部细节反映更丰富，如主河道内部的一些截弯取直的现象，较窄的分支流河道形态也更为清楚（图5-3-3）。这说明了在有限带宽内，单频体频率越高，对地质体识别能力越强，与理论分析一致。

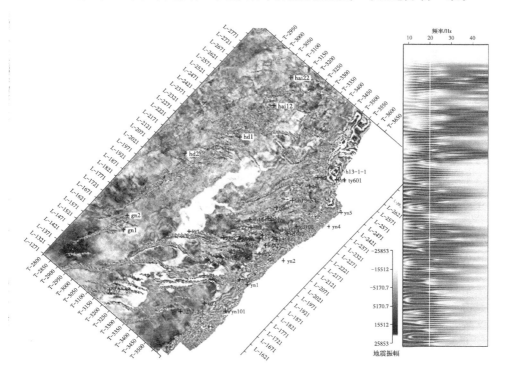

图5-3-2　20Hz单频体东二段顶界向下10ms属性切片图

时频分析技术在储层预测中的用途十分广泛，它还可以用于确定地震剖面的子波主频；突出剖面的优势频率，提高剖面的信噪比；利用时频特征可以反演储层厚度；利用时频能量可作为指示有利相带的标志。在时频分析应用过程中，应加大正演分析力度，分析不同沉积环境下各种地质及储层特征在地震时频谱上的响应，从而减少多解性。

## （二）地震多属性分析技术

面对纷繁复杂的地震属性，地震多属性分析的关键是优化问题，即选取与研究区储层参数相关的属性。地震属性选择通常是通过已有经验或数学方法来进行属性优选。它可以分为专家优化、自动优化和混合优化法。

（1）专家优化法：一般来说，油田专家对某个地区储层信息与地震属性之间的关系比较熟悉，可凭经验进行地震属性选择。有时专家能提几组较优的地震属性或地震属性组合，但哪一组最优难下结论，这可以通过计算误差率（模式识别）或预测误差并进行比较，选取误差率或预测误差最小者为最优的地震属性或地震属性组合。

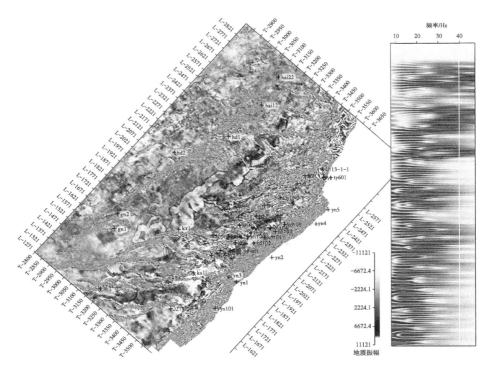

图 5-3-3　40Hz 单频体东二段顶界向下 10ms 属性切片图

（2）自动优化法：由于所解决问题与地震属性之间关系复杂，难以凭经验选取，为了取得储层预测的最优效果，需要优选地震属性组合，衡量最优的标准就是使误差识别率或预测误差最小。常用的自动优选方法有属性比较法、顺序前进法、顺序后退法等，遗传算法与 RS 理论决策分析方法是优选地震属性的新方法。

（3）混合优化法：为了克服专家知识与经验的局限性，减少自动优化的计算量，可将专家优化与自动优化结合起来进行地震属性优化。面对复杂的勘探目标，混合优化法是进行地震多属性选取时常采用的选取方法。

在勘探实践过程中，随着地震多属性分析技术的深入应用，针对不同探区储层的发育特点，逐步形成了具有地区特色的地震多属性分析方法。例如在清水洼陷岩性油气藏勘探过程中，研究人员将研究单元细分至砂层组，为地震多属性分析提供精细格架。在精细层序地层格架约束下，通过井标定确定单一属性的有效性，对比分析不同属性间差异，再利用交会分析进行岩相分区，确定岩相边界，降低单一属性的预测多解性，提高预测结果的可靠性。在海月披覆构造带滩坝砂预测过程中，研究人员通过井震精细标定，发现井旁地震振幅类属性与层段内砂岩含量具有较好的统计规律，均方根振幅强度与砂岩含量具有负相关性（图 5-3-4）。基于这个特征，对多个振幅类属性进行优化处理，最终实现利用振幅属性对砂岩含量的预测，这也是利用地震多属性分析进行地质参数定量预测的典型实例。

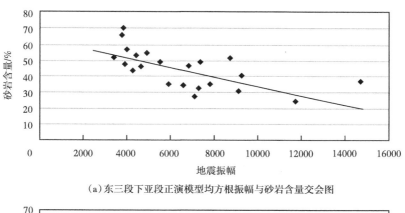

（a）东三段下亚段正演模型均方根振幅与砂岩含量交会图

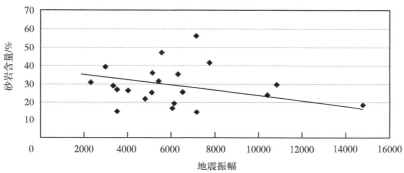

（b）东三段上亚段正演模型均方根振幅与砂岩含量交会图

图 5-3-4　砂岩含量与井旁地震道正演模型均方根振幅交会图

## （三）约束稀疏脉冲反演技术

约束稀疏脉冲反演技术是地震波阻抗反演中相对成熟的技术。尽管辽河探区勘探程度越来越高，勘探目标越来越复杂，储层预测方法越来越丰富，但是约束稀疏脉冲反演技术一直是常规波阻抗反演的重要手段。特别是在辽河滩海、辽河外围这些勘探程度相对较低的地区，约束稀疏脉冲反演是储层定量预测与评价、岩性圈闭识别与描述的主要技术方法。约束稀疏脉冲反演技术适用于勘探开发的各个阶段，具有较宽的应用领域。

约束稀疏脉冲反演是基于脉冲反褶积基础上的波阻抗递推算法，它是假设地震反射系数是由一系列大的反射系数叠加在符合高斯分布的小反射系数背景上构成的，大的反射系数代表不整合面或主要的岩性界面。目的是寻找一个使目标函数最小的脉冲个数，然后得到波阻抗数据[7]。其优点是：（1）反演结果较忠实于地震资料，同时又补充了部分低频成分，因而纵向分辨率较常规地震资料有所提高；（2）少井或多井的测井约束的反演结果能反映岩相、岩性的空间变化。

总的来说，因为约束稀疏脉冲反演是以地震道为主的反演方法，反演结果的分辨率、信噪比及可靠程度主要依赖于地震资料本身的品质，地震噪声对反演结果敏感，因此用于约束稀疏脉冲反演的地震资料应具有较宽的频带、较低的噪声、相对振幅保持和成像准确等特征。测井资料，尤其是声波测井和密度测井资料，是地震横向预测的对比标准和解释依据，在反演处理之前应进行仔细地编辑和校正，使其能够正确反映岩层的物理特征。

### （四）储层特征曲线重构反演技术

随着勘探开发程度的提高，油气勘探所面临的地质情况是非常复杂的，在许多情况下研究区的储层与围岩波阻抗差异非常小，甚至没有差异，仅根据波阻抗很难将储层与围岩区分开，很难将有利的储集体识别出来。研究发现，某些电测曲线如自然伽马、自然电位、电阻率等有时对岩性区分更加敏感。储层特征曲线重构反演技术应运而生，它利用储层特征曲线重构造技术将地震信息和其他岩性曲线联系起来，从而实现岩性地震的直接反演。储层特征曲线重构反演技术已经成为解决非均质型储层中有效储层预测的重要手段。经多年实践，该技术方法日趋成熟，在辽河探区得到广泛应用。例如，在大民屯非均质砾岩体中寻找有效储层，在清水地区沙一段阻抗差异不明显的砂、泥岩互层中识别有利砂体，均取得较好效果，为勘探部署提供了依据。

储层特征曲线重构是以地质、测井、地震综合研究为基础，针对具体地质问题和反演目标，通过岩石物理分析，从多种测井曲线中优选，并重构出能反映储层特征的曲线。理论上，常规测井系列中的自然电位、自然伽马、补偿中子、密度、电阻率等测井曲线都可用于识别储层，与声波时差建立较好的相关性，通过数理统计方法转换成拟声波时差曲线，实现储层特征曲线重构。

储层特征曲线重构原理的关键是参考曲线和目标曲线必须对同一物理现象具有相似（相关）的测井响应特征，区别只在于参考曲线比目标曲线具有更好的响应，同时，两者曲线之间必须具有很好的相关性，且相关性越大，重构曲线越可靠。不同地区储层特点不同，参考曲线的选取也不同。例如，在大民屯砾岩体有效储层预测过程中，曲线重构选用的参考曲线是自然电位差；而在清水地区沙一段有利砂体识别中，曲线重构选用的参考曲线是自然伽马和电阻率曲线。

在进行储层特征曲线重构时，须遵循两条原则：（1）加强多学科综合研究，针对研究区储层地质特点，在进行深入地质分析基础上，以岩石物理学为指导，充分利用岩性、电性、放射性等测井信息与声学性质的关系，进行储层特征曲线重构，并使得这条曲线有明显的储层特征，便于识别；（2）保证重构储层特征曲线与合成记录、井旁道匹配，这样，才能够保证反演后得到的数据体在纵向上具有较高的分辨率，提高储层预测的精度。

### （五）叠前弹性多参数反演技术

叠前反演较叠后反演具有明显优势。因为叠后反演是在叠加资料的基础上进行的，隐藏了振幅随炮检距变化的重要信息，所以由叠后资料反演得到的声波阻抗提供的信息是有限的。面对复杂的勘探目标，利用单一的声波阻抗作为储层的指示手段经常会产生多解性，难以满足复杂储层预测的需要（图5-3-5）。叠前反演可产生多参数反演结果，通过交会分析对储层判别更有利（图5-3-6）。

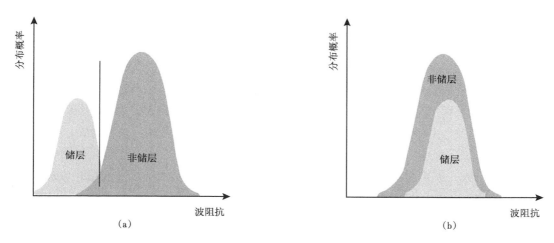

图 5-3-5　叠后波阻抗反演对储层与非储层的区分示意图

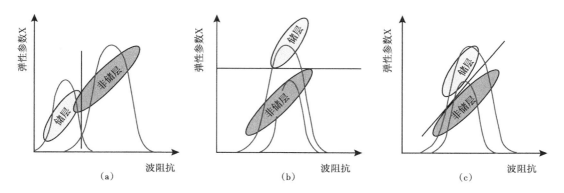

图 5-3-6　叠前弹性多参数反演对储层与非储层的区分示意图

　　叠前弹性多参数反演利用了 CRP 道集中振幅随着偏移距 / 入射角变化而变化的信息，可反演生成纵波速度、横波速度、纵波阻抗、横波阻抗和密度体等弹性参数数据体，并可换算出 $V_p/V_s$、杨氏模量、泊松比、Lame 系数、$\lambda_\rho$ 和 $\mu_\rho$ 等弹性参数体，用于储层岩性、物性、含油气性的预测。

　　叠前弹性多参数反演技术的关键环节是地震岩石物理分析。地震岩石物理是联系地震响应与地质参数的桥梁，是进行定量地震解释的基本工具。简单说，是建立地质参数（如矿物组分，黏土含量、孔隙度等）与地震响应（速度、阻抗、振幅等）的关系。地震岩石物理分析的实质是利用岩石物理参数描述地下岩石特征，寻找不同岩性及流体的弹性参数差异。常见的岩石物理理论模型有 Gassmann 方程、Kuster-Toksöz 方程、Xu-White 模型等。根据研究区测井解释成果（孔隙度、泥质含量、饱和度）、流体参数、温度、压力等，选择合适的岩石物理模型，计算弹性参数，可得到不同岩性、流体的响应特征，指导弹性反演和地质解释。

## （六）油气检测技术

　　AVO 技术是含油气性检测的主要技术。利用地震资料进行油气检测能否成功，主要取决于两个方面的因素：一是地震资料要保真、保幅；二是解释人员要采用恰当的油气检测方法（亮点或平点、频谱、地震波速、纵横波速比值、AVO 等方法）。选择恰当的油气检测方法，需要以岩石物理分析为基础，通过交会分析等手段进行敏感对数优选。例如，在清水地区沙一段油气检测过程中，通过弹性多参数的交会分析选取敏感参数。研究发现储层含油气后，纵 / 横波速度比、$\lambda_p$ 相对变小，横波阻抗相对变大，为敏感参数。利用纵波阻抗与速度比、$\mu_p$ 与 $\lambda_p$ 交会能较为有效地区分流体，进行含油气性预测。

AVO 油气检测是一项综合性的技术方法，必须结合研究区地质特点，利用钻井和地震资料建立 AVO 识别标志，分析对比各种 AVO 特征剖面，才能进行含气性综合解释。以含气砂岩为例，不同波阻抗的含气砂岩具有不同的 AVO 特征，Castagna 将含气砂岩定性地分为四类，四类含气砂岩的反射系数随入射角变化特征各不相同（图 5-3-7）。第一类含气砂岩为具有比上覆介质高的波阻抗，相当于受过中等到高度压实作用的成熟砂岩，其 AVO 特征为：零炮检距振幅强且为正极性，AVO 呈减少趋势，当入射角足够大时可观察到极性翻转。第二类含气砂岩与上覆泥岩具有近零阻抗差，相当于受到中等程度的压实和固结作用，其 AVO 特征为：零炮检距振幅很小，趋于零，不易检测，由近及远，其 AVO 特征变化较大，特别是不同岩性组合时更大。第三类含气砂岩表现为具有比上覆泥岩更低的阻抗特征，相当于经受的压实和固结作用不强，其 AVO 特征为：在叠加剖面上显示"亮点"特征，振幅随炮检距的增大而增大。第四类含气砂岩表现为低阻抗，振幅随着偏移距增大而缓慢减小。在进行实际资料 AVO 特征分析时，结合研究区地质情况，进行 AVO 特征对比，来预测含油气情况。

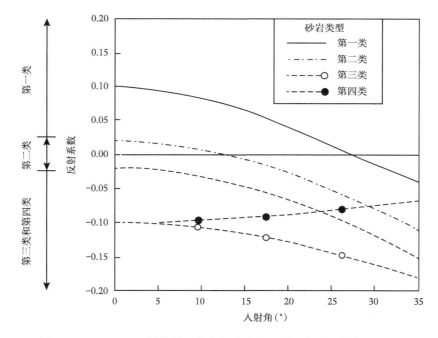

图 5-3-7　Castagna 划分的四类含气砂岩的反射系数随入射角变化曲线

由 Zoeppritz 方程简化而来的 Shuey 公式是目前工业界 AVO 分析软件普遍采用的基础理论公式。其物理意义是：振幅与入射角 $\sin^2 i$ 呈线性关系，通过拟合 CRP 道集同相轴振幅与入射角 $\sin^2 i$ 关系求取截距 $R_p$ 和梯度 $G$。其中，截距 $R_p$ 反映垂直入射时的反射振幅；梯度 $G$ 反映振幅随入射角的变化率，与泊松比的变化也有直接关系，反映岩性及流体变化。AVO 属性分析以生成的截距和梯度属性为基础，进行多种变换可产生更多的有价值属性体，并可估算 $V_p$、$V_s$ 和 $r$ 等弹性参数，进行岩性及含油气性预测。

流体因子是砂岩 AVO 研究中一个重要的油气指示参数，它是 1987 年由 Smith 和 Gidlow 根据泥岩基线引入的一个 AVO 属性参数。泥岩基线是描述水饱和砂岩纵波和横波速度关系的一个方程，当砂岩被水饱和时，在纵 / 横波速度的交会图上其数据点就会落到泥岩基线附近；当砂岩被油或气饱和时，在纵 / 横波速度的交会图上其数据点就会偏离泥岩基线，饱和油气的程度越高，与泥岩基线的偏离程度就越大。因此对于砂岩储层，在纵 / 横波速度交会图上，利用与泥岩基线的偏离程度可以进行定性的流体识别。流体因子的概念就是基于此提出的，其基本思想就是对于每一个数据点，通过计算它与泥岩基线的某种距离，产生一种新的属性，使该属性满足如下条件：落在泥岩基线附近的数据点其该属性值接近于零，而远离泥岩基线的数据点其该属性值为绝对值较大的非零值。根据流体因子属性数值大小，可进行含油气性判别。在应用过程中需要注意，由于不同的地区泥岩基线的斜率和纵 / 横波速度比不同，因此流体因子的计算公式也不同，要根据地区特点，求取相应的计算公式。

在双台子地区，基于流体因子进行流体检测，取得明显效果。根据研究区完钻井资料开展岩石物理分析，总结出本地区的泥岩基线，求取流体因子属性。如图 5-3-8 所示，

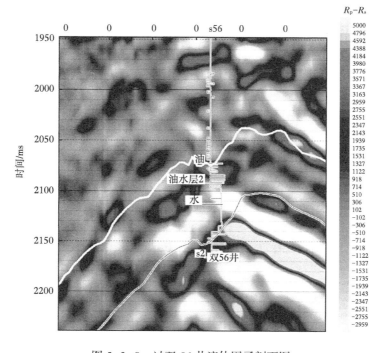

图 5-3-8　过双 56 井流体因子剖面图

过双 56 井的流体因子属性剖面，从井标定分析，对应含油层段，流体因子数值增大，具有正异常的特征；对应含水层段，流体因子数值变化不大，未见异常响应。因此，目的层段的异常高值区可能是油层发育区。

## 四、岩性圈闭识别技术

岩性圈闭是储层岩性或物性在横向上发生变化，被非渗透性岩层所包围或侧向遮挡所形成的，其形成条件及配置关系具有多样性。岩性圈闭的识别是一项多学科范畴的应用技术，涉及层序、构造、沉积、储层及油藏各个方面综合评价研究。地震解释及预测方法是岩性圈闭识别与描述的重要研究内容，涉及井震综合标定分析，岩性圈闭发育区预测及岩性圈闭的识别与刻画三个重要环节。

### （一）井震综合标定分析

井震综合标定是将井资料与地震资料有机结合的桥梁，是地层对比、构造解释、沉积体系及沉积相研究、储层地震预测等研究工作的基础。在岩性圈闭识别过程中，通过井震综合标定明确岩性组合特征与地震反射特征的对应关系，可以锁定目的层，建立砂体的地震识别模式，为砂体的追踪与刻画提供依据。

井震综合标定过程中，重点加强目标砂层与上覆、下伏地层之间组合关系的研究，包括岩性组合、厚度组合、波阻抗差异等。岩性组合是指目标岩层与上下围岩的组合关系。常见的目标砂层与围岩的岩性组合类型有四种：泥包砂（泥岩—砂岩—泥岩）、泥盖砂（泥岩—厚层砂岩）、砂包泥（砂岩—泥岩—砂岩）和砂、泥岩互层。厚度组合是指目标砂层在纵向与其上下围岩的厚度组合关系，用于分析目标砂层的可识别性。常见的厚度组合关系有以下几种：理想可分辨厚度组合（砂层及上、下围岩厚度均大于调谐厚度）、基本可分辨厚度组合（砂层厚度大于调谐厚度，上、下围岩厚度小于调谐厚度）、理想可识别厚度组合（砂层厚度小于调谐厚度，但围岩厚度大于调谐厚度且分布稳定，同时具有较强的波阻抗差）。波阻抗差异指目标砂层与围岩的阻抗差。目标砂层上、下波阻抗差异大小决定着砂层顶底反射的强弱，决定着地震资料是否可以分辨与识别目标砂层。阻抗差异大小与岩性组合密切相关。通过井震综合标定分析，明确目标砂层岩性组合、厚度组合及阻抗差异特征，对成熟探区寻找岩性圈闭，降低勘探风险具有重要意义。

井震综合标定分析是地震相分析、储层地震预测研究的基础。对于陆相沉积盆地，沉积相带变化快，砂、泥组合类型多样，与之对应的地震反射特征具有多解性。在辽河滩海东部地区东三段储层预测过程中，通过井震综合标定发现同一地区不同层段、同一层段不同地区其岩性组合特征具有较大差异，存在不同的岩性组合及厚度组合类型。盖南地区的盖南 1 井标定表明（图 5-3-9），东三段上亚段砂、泥岩阻抗差异大，砂岩具有高阻抗的特征；岩性组合具有泥包砂的特点；厚度组合属于理想可识别厚度组合，砂层厚度小于调谐厚度，围岩厚度大于调谐厚度。葵花岛地区的葵花 4 井标定表明（图 5-3-10），东三段砂岩也具有高阻抗的特征，其东三段上亚段岩性组合为砂、泥岩互层组合，厚度组合为理想可分辨厚度组合；东三段下亚段岩性组合具有砂包泥的特点，厚度组合为基本可分辨厚度组合。通过这两口井的井震综合标定分析，反映了滩海东部地区不同区带、不同层段岩性组合特征差异大。因此，在进行砂体刻画时，需要从井震综合标定出发，针对目标砂体分区带、分层段进行分析，来提高储层预测可靠性，降低勘探风险。

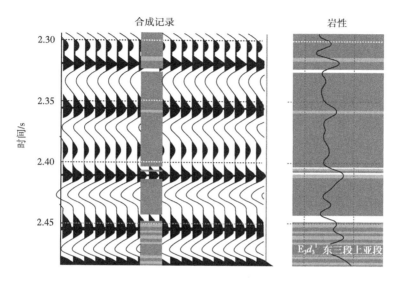

图 5-3-9　盖南 1 井东三段上亚段井震综合标定图

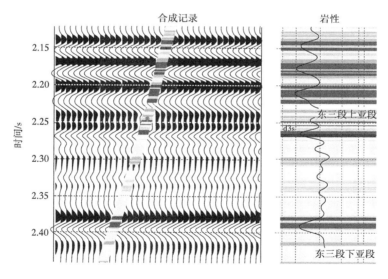

图 5-3-10　葵花 4 井东三段井震综合标定图

## （二）岩性圈闭发育区预测

岩性地层圈闭不像构造圈闭那样具有明显的几何外形特征，发现、识别难度大，但通过细致的地质分析和采取有效的物探技术手段，识别和确定岩性地层圈闭的位置、规模和性质是可行的，也是有效的。储层（或地层）受到沉积时古地形、古气候、古水流、物源远近等因素及后期构造运动改造等影响，在外形特征、内部结构、组成成分、物性等方面会产生差异。这些差异反映在地球物理特征上，表现出速度、阻抗等方面的不同，反映在地震波上，则表现在波的几何形态、运动学特征、动力学特征和统计学特征的差异。这些差异正是应用各种物探技术手段寻找、识别、刻画和分析储层、确定岩性地层圈闭的基础。

岩性圈闭的形成具有一定的沉积背景，例如在三角洲前缘相和滨浅湖相沉积区，以河口坝、远沙坝为主要沉积微相，分布着大量的透镜状、席状砂体，这些砂体是形成岩性油气藏的有利场所，通常是岩性圈闭分布带。通过细致的地质分析，井、震结合，预测有利沉积相带。在层序界面约束下，开展地震属性和地震反演综合分析，在有利沉积相带内搜索振幅、频率、波阻抗异常区及地层、岩性尖灭带，识别沉积体，圈定岩性圈闭发育区。

## （三）岩性圈闭识别

在岩性圈闭勘探有利目标区内，根据已钻井的含油气特征进行砂体标定，再利用三维地震数据体或反演结果进行岩性圈闭的识别与追踪，刻画砂体顶、底面深度，计算砂体厚度，精细描述岩性圈闭顶、底深度、边界、组合关系。利用聚类分析、油气检测技术分析检测圈闭的含油气性，综合分析岩性圈闭顶、底、侧面封堵性，分析油气源、断裂与油气通道，落实评价圈闭，依据圈闭评价结果，提出井位部署建议。

参 考 文 献

[1] 郭平，刘其成，赵庆辉，等.辽河地震资料处理与地质开发实验 [M].北京：石油工业出版社，2017.

[2] 贾承造，赵文智，邹才能，等.岩性地层油气藏地质理论与勘探技术 [M].北京：石油工业出版社，2008.

[3] 张巨星，蔡国刚，郭彦民，等.辽河油田岩性地层油气藏勘探理论与实践 [M].北京：石油工业出版社，2007.

[4] 赵正璋，赵贤正，王英民，等.储层地震预测理论与实践 [M].北京：科学出版社，2005.

[5] 魏艳，尹成，丁峰，等.地震多属性综合分析的应用研究 [J].石油物探，2007，46（1）：43-47.

[6] 朱广生.地震资料储层预测方法 [M].北京：石油工业出版社，1995.

[7] 刘喜武，年静波，吴海波，等.几种地震波阻抗反演方法的比较分析与综合应用 [J].世界地质，2005，24（3）：271-275.

# 第六章 岩性地层油气藏勘探实践

辽河油田 50 年勘探开发，经历了以构造油气藏勘探为主到构造、岩性地层油气藏勘探并重的勘探思路转变。针对岩性地层油气藏勘探，通过不断的攻关研究和钻探实践，在不同凹陷形成了有针对性的勘探思路和方法，取得了一系列的勘探成果，配套勘探技术得到不断完善。

## 第一节 缓坡带岩性地层油气藏勘探实践——以东部凹陷铁匠炉斜坡带油气藏勘探为例

### 一、勘探概况

铁匠炉斜坡带位于辽河坳陷东部凹陷，西以超覆线为界与中央凸起相连，东至铁匠炉断层，南起欧 39 井，北至湾 15 井，面积为 250km²。该区勘探工作始于 20 世纪 80 年代，1980 年首次在该区部署并实施了铁 1 井，录井显示较差，未见油气层，之后又先后部署并实施了铁 2 井、铁 5 井、铁 8 井、铁 16 井，但是录井显示较差，均为无油气层或只有很薄的含油水层，勘探工作一度停滞。

从 2000 年开始，通过深入研究，对铁匠炉地区的地层发育条件有了较为明确的认识，即该地区为斜坡背景下的多次水平面升降发育的地层充填，形成了进积、退积及削截等多种地层接触关系，具备岩性地层油气藏形成的地质条件。在此思路的指导下，开展了层序地层学、沉积相、储层预测等多方面的综合研究，勘探思路转向斜坡背景下的岩性地层油气藏勘探，先后部署实施了铁 17 井、铁 22 井、铁 25 等井，其中铁 17 井于 2003 年 1 月第一次试油，射开沙三段上亚段为 2424.9~2464.9m，3 层厚为 10.6m，平均液面为 1065m，获日产 19.9t 工业油流，取得了该区岩性地层油气藏勘探开发的进展。

截至 2020 年 12 月 31 日，区内共完钻各类探井 18 口，开发井 30 口，累计上报探明石油地质储量为 $361 \times 10^4$t。

### 二、铁匠炉斜坡带的地质特点及油气藏分布模式

铁匠炉斜坡带为铁匠炉断层—茨西断层控制的箕状洼陷的西部斜坡构造单元，钻井揭露地层主要为古近系，其构造相对简单，整体为南东倾的斜坡背景。

## （一）地层特征

根据钻井及区域研究结果，本区地层自下而上发育古近系房身泡组、沙河街组沙三段、沙一段、东营组，新近系馆陶组、明化镇组，第四系平原组。本区含油目的层段为沙三段上亚段和沙一段。

沙三段：根据岩性、电性特征又分为上、中、下三套岩性组合；沙三段下亚段为一套紫红色泥岩夹中厚层杂色玄武质砂岩，地层厚度约为100m。沙三段中亚段为一套灰黑、紫红色厚层玄武岩，泥化玄武岩与灰色、紫红色泥岩不等厚互层，局部夹厚层灰色砂岩组合，地层厚度约为400m。沙三段上亚段以灰绿色块状砂砾岩、含砾粗砂岩夹薄层灰绿色砂质泥岩组合为主，上部为灰绿色砂质泥岩、含砾不等粒砂岩，局部夹碳质泥岩。该套地层含油丰富，是本区主要勘探目的层，地层厚度为170~320m。本段地层区域上向中央凸起超覆尖灭，向东部凹陷带逐渐加厚。

沙一段：岩性以灰色泥岩为主，夹浅灰色、灰白色砂岩、粉砂岩，底部普遍沉积一套浅灰色、灰白色砂岩、含砾砂岩，地层厚度为150~500m。沙一段向中央凸起超覆，与下伏沙三段呈角度不整合接触。

## （二）构造特征

本区整体为一向东倾的单斜构造。该区构造主要受北东向断层控制，其中铁17西断层为区内的主干断层，走向北北东，倾向南东，区内延伸长度约为10km，断距为100~200m，断开层位为东营组—沙三段，该断层将西部斜坡带切割成两个断阶，对地层的沉积及油气运移和聚集起控制作用。铁17北断层为次一级断层，走向为北东东向，倾向南东，延伸长度为2km，断距为25~50m，对南北两块油气藏的形成起控制作用。其他断层在区内延伸都比较短，规模较小，走向多为北北东向，发育时期与铁17西断层属同一时期，是该断层的伴生断层，这些断层对该区构造的形成和控制作用较小。

沙一段底界是一个明显的不整合界面，沙一段向上超覆，地层倾角约为30°，含油砂体超覆在沙三段之上。

沙三段由于受基底和铁17西断裂的影响，具有明显的地层剥蚀现象，在西部斜坡带，地层倾角变大。

## （三）储层特征

该区处于东部凹陷西斜坡带，沙三段上亚段沉积时期伴随着断陷强烈活动，来自中央凸起的短轴物源冲积入湖，沉积了一套岩性较粗的砂砾岩。该套砂砾岩为水下扇沉积砂体，岩性以泥质含量高的灰绿色砂砾岩、含砾粗砂岩及含泥砂砾岩为主，砂层具块状、递变、交错层理；砂岩粒度较粗、分选较差。该砂组沉积结束之后，湖盆水进，使该区变为滨—浅湖环境，沙三段沉积晚期盆地抬升，地层遭受剥蚀。沙一段沉积时期，湖盆接受了一套扇三角洲沉积砂体，岩性以灰色、灰白色砂岩、砂砾岩夹灰色泥岩，浅灰色、灰白色细砂岩、粉砂岩与灰色泥岩互层为主，总体表现为下粗上细的正旋回特征；砂层见有板状、槽状交错层理；为扇三角洲前缘亚相水下分支河道沉积。钻探和储层预测研究表明，砂体由多个扇体叠加连片，披覆在超覆带上。平面上为一向西南方向延伸的扇形，剖面上砂体由南东向北西逐渐减薄。

沙三段上亚段储层岩性以砂砾岩为主，岩石成岩性较好，岩石颗粒分选较差，分选系数主要在1.7~2.3之间，平均为2.06，粒度中值平均为0.58mm，颗粒磨圆较差，以次棱状为主，接触类型以线接触为主，点接触次之，胶结类型以孔隙型胶结为主，接触型次之。岩石成分中石英占24%~33%，长石占32%~36%，岩屑占31%~40%，岩屑成分以变质岩为主，泥质含量为3.4%，以云母蚀变的黏土矿物为主。岩性为长石岩屑粗砂岩、岩屑砾状不等粒砂岩和长石岩屑含砾粗砂岩，成分成熟度较低，反映了沉积区离物源较近。

沙三段上亚段岩性较致密，孔隙不发育，孔隙类型以粒间孔和残余粒间孔为主，微孔隙次之，石英加大现象较普遍。根据岩心物性分析统计，孔隙度在7%~17%之间，平均为11.6%，渗透率为1~512mD，平均为59.6mD，据测井资料解释，有效储层平均孔隙度为16.1%，为中孔、中渗储层。

沙一段储层岩性以中砂岩为主，砂砾岩、细砂岩次之，岩石成岩性较好，岩石颗粒分选中等，分选系数为1.54，粒度中值平均为0.40mm，颗粒磨圆较好，为次圆状—次棱角状，接触类型以点接触为主，线接触次之。岩石成分中石英占35%~40%，长石占30%~35%，岩屑占30%~35%，岩屑成分以变质岩为主，泥质含量为6.3%。岩性以中砾岩屑长石砂岩、砾质不等粒长石岩屑砂岩为主。

沙一段孔隙以粒间孔为主，物性较好，岩心分析孔隙度为24.4%，渗透率为330~1429mD，平均为655 mD，为中孔、高渗储层。

## （四）油气分布模式

铁匠炉斜坡带为铁匠炉断层—茨西断层控制的箕状洼陷的西部斜坡构造单元，古近纪构造相对简单，整体为南东倾的斜坡背景。自2000年转换勘探思路以来，相继在该斜坡带古近系的不同层系（沙三段、沙一段）、不同构造部位发现了不同类型的岩性地层油气藏。受构造和沉积因素的影响，斜坡带目前已发现了地层不整合遮挡油气藏、地层超覆油气藏、砂岩上倾尖灭油气藏、砂岩透镜体油气藏及构造—岩性油气藏（图6-1-1）。

### 1. 地层不整合遮挡油气藏

地层沉积时期，由于晚期构造抬升而遭受剥蚀，且被后来沉积的不渗透地层所覆盖，就形成地层不整合遮挡圈闭，油气在其中聚集形成地层不整合遮挡油气藏。在沙三段地层沉积末期，区域构造整体隆升，斜坡西侧高位域的沙三段上亚段和部分水进体系域的沙三段中亚段遭受剥蚀后被沙一段水进期的泥岩所覆盖形成地层超覆圈闭，沙三段中亚段水进体系域凝缩段的泥岩生成的油气沿沙三段上亚段底部的砂岩输导层运移至岩性地层不整合地层圈闭聚集成藏。该类油气藏发育在斜坡带沙三段上亚段与沙一段角度不整合层序界面以下，沙三段上亚段初始剥蚀线至沙三段上亚段尖灭部位，沙三段上亚段下部沉积旋回砂岩层中，如铁22井沙三段上亚段油气藏，铁17井沙三段上亚段油气藏。

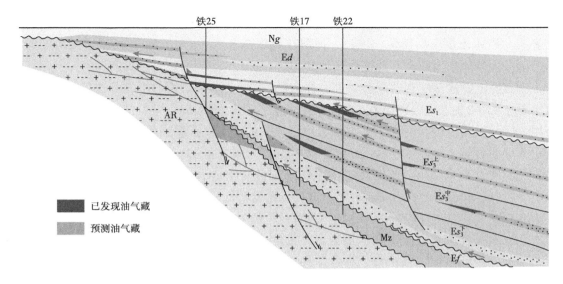

图 6-1-1　铁匠炉地区油气成藏模式图

## 2. 地层超覆油气藏

在水进时期，由于水体范围的不断扩大，沉积的新地层沿斜坡上倾方向超覆于老地层之上，如果砂岩之上沉积有不渗透的泥岩，则会形成地层超覆圈闭，油气运移至圈闭中形成地层超覆油气藏。在铁匠炉斜坡带的沙一段、沙三段中亚段水进体系域地层中发育一系列的地层超覆圈闭，但沙三段中亚段处于冲积扇扇根不利的储集相带上，因此不易形成地层不整合超覆油气藏。而沙一段水进体系域地层中发育的地层超覆砂体，储集物性较好，油气沿不整合面和断层运移至圈闭成藏。该类油气藏发育在斜坡带沙三段上亚段坡折部位，及在沙三段上亚段沉积地层遭受剥蚀区以上的沙一段超覆部位，如铁 17-9-13 井区的地层超覆油气藏。

## 3. 砂岩上倾尖灭油气藏

这类油气藏的圈闭条件是砂体沿斜坡向上倾方向尖灭，砂岩尖灭线与构造等深线相交形成圈闭。油气藏的上覆、下伏地层均为非渗透性岩层。这种油气藏主要发育在岩性、岩相变化较大的砂泥岩剖面中，形成许多薄互层砂岩楔状尖灭于泥岩中，从而形成砂岩尖灭圈闭。

这种砂体尖灭圈闭主要形成于滨浅湖区，由于滨线进退频繁，造成水进型和水退型滩坝砂体，向湖盆边缘或中央隆起带的边缘斜坡上倾尖灭，后来被泥岩覆盖，因而具有良好的封堵条件，是形成岩性尖灭油气藏十分有利的地区，如铁 25 井沙一段中亚段油藏即此类型。

## 4. 砂岩透镜体油气藏

透镜体岩性圈闭没有溢出点。此类油气藏是指由透镜状的砂体四周被泥岩或非渗透层包围所组成的圈闭，易形成的油气聚集。这种砂体类型有河道砂体、扇三角洲前缘砂体及浊积砂体。主要特点是规模不大，砂体中下部物性变好，上部泥质增多，物性变差；透镜体的中心部位厚度大，粒度粗，物性好；向两侧厚度变薄，泥质增多，物性变差。这类油藏发育在铁匠炉斜坡带构造相对较低部位的沙三段中下层系。

### 5. 构造—岩性油气藏

该类型油气藏在铁匠炉斜坡带较低部位发育，岩性的上倾尖灭或相带变化不仅受控于区域的构造背景，同时受控于同沉积断裂或晚期断裂对沉积时期沉积相带所处构造部位的改变而形成的圈闭，油气运移至此而形成构造—岩性油气藏，发育在铁匠炉斜坡构造较低部位。

## 三、铁匠炉斜坡带岩性地层油气藏勘探实践

研究表明，该区具较好油气源条件，且沟梁纵横，具多物源、多类型沉积，沉积相带变化快，储层横向变化大，不同构造部位储盖组合类型不同，相应也发育了多种类型的岩性圈闭。在斜坡超覆带附近以地层超覆的岩性尖灭圈闭为主，斜坡中部发育断层—岩性圈闭。北段构造相对简单主要发育地层—岩性圈闭，南段构造复杂，多发育断层—岩性圈闭，为油气聚集提供了良好的场所。针对该区地质特点，采用层序地层学、古地貌分析、"三相"联合解释、地震属性预测、分频解释、多参数反演6大主导技术组合进行岩性油气藏勘探，取得明显效果。

### （一）层序地层学分析技术建立层序地层格架

根据层序边界的识别标志，结合盆地构造演化的阶段性、沉积序列的旋回性、古水深及古气候变化的周期性，将东部凹陷铁匠炉地区主要目的层古近系沙河街组划分成两个百万年级的沉积层序[1]。在此基础上，依据最大湖泛面和初次湖泛面的综合识别标志在各层序内识别出低位体系域、湖侵（水进）体系域、高位体系域共3种类型（表6-1-1）。

表6-1-1 铁匠炉地区沙河街组层序地层划分

| 地层系统 | | | 层序 | 亚层序 | 地震层序界面 | 体系域 | 沉积类型 | 沉积环境 |
|---|---|---|---|---|---|---|---|---|
| 沙河街组 | 一段 | | SII | | T₄ | LST | 进积 | 河道、河漫滩 |
| | 三段 | 上亚段 | SI | SI-3 | 岩性突变面 | HST | 进积 | 河道、河漫滩 |
| | | | | | 岩性突变面 | TST | 退积 | 冲积平原 |
| | | | | | 岩性突变面 | LST | 进积 | 冲积扇—冲积平原 |
| | | 中亚段 | | SI-2 | 最大湖泛面 | HST | | 扇三角州—半深湖 |
| | | | | | 岩性突变面 | TST | 退积 | 滨浅湖 |
| | | 下亚段 | | SI-1 | 岩性突变面 | LST | 进积 | 扇三角洲 |
| | | | | | T₅ | HST | | 半深湖—深湖 |

沙三段层序底界为沙河街组和房身泡组之间的不整合面，为侵蚀削截形成，其沉积间断时间大约为2Ma。该层序由低位体系域、水进体系域和高位体系域构成（图6-1-2）。

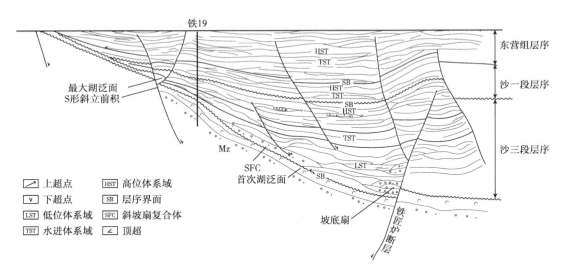

图6-1-2　东部凹陷铁匠炉斜坡带层序地层模式

低位体系域（LST）底界为沙河街组层序底界，表现为侵蚀削截不整合面，顶界为首次水进面，表现为上部整合接触关系。地震相特征为变频变振幅不连续杂乱相，反映出沉积物为砾岩、砂砾岩混杂堆积，内部缺少层理的粗碎屑堆积的沉积特征。低位体系域形成于裂谷发育初期，在沉积物补给速率大于可容纳空间增长速率的情况下，一般以发育冲积扇、辫状河沉积体系为特征。随着裂谷盆地的发育，可容纳空间迅速增大，沉积物的补给也趋于稳定，很快形成比较稳定的湖泊，层序的演化也由低位期到水进体系域发育期。因此，总体上看在陆相裂谷盆地中，低位体系域分布范围较局限，在盆地边缘呈孤立扇体存在。

水进体系域（TST）底界是首次水进面（FFS），顶界为最大水进面（MFS）。地震相特征表现为近盆地中心为亚平行中频强振幅中等连续相，近盆地边缘为楔状中频中振幅连续相。在水进体系域发育期，可容纳空间增加速率大于沉积物的供给速率，导致湖盆水体不断加深，直到最大水进期。该时期形成了巨厚的暗色泥岩，构成了东部凹陷的主要烃源岩。

高位体系域（HST）顶界面为一侵蚀削截不整合面，其成因是沙三段沉积晚期，东部凹陷回返上升，导致研究区内沙三段上部遭受剥蚀，而且缺失沙二段大套地层，沉积间断明显，由此形成了沙三段与沙一段之间的不整合接触关系。

通过铁匠炉地区的层序演化分析认为，岩性圈闭多发育在特定的体系域内部。如地层不整合圈闭主要发育在高位体系域的顶部，上倾尖灭砂体可出现在湖侵或高位体系域的内部，地层超覆圈闭主要发育在湖侵体系域内部。该区的目标层系主要为沙三段上亚段高位体系域和沙三段中亚段的水进体系域。盆地边缘存在楔状前积砂砾岩体，在湖岸线附近发育地层上超砂岩体（图6-1-3），是深化勘探的主要目标。

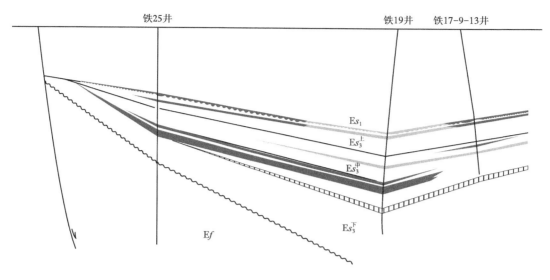

图 6-1-3　东部凹陷铁 25 井—铁 17-9-13 井油气藏剖面图

### （二）利用古地貌恢复技术确定坡折带

由剥蚀作用和沉积作用控制形成的古地貌对烃源岩层、储层和盖层发育有重大影响。坡折带控制了岩性油气藏的发育和分布模式。由于其坡度发生突然变化，使得可容空间在坡折带上、下的形态和演化复杂多变，导致了非常活跃的剥蚀沉积响应，为形成岩性圈闭创造了优越的条件 [2]。针对该区地貌特征，从地层厚度、地层倾角、地震反射结构特征、层拉平等多方面进行坡折带识别。

地层厚度分析发现，本区坡折带部位地层厚度等值线较密，坡折带之上或之下的部位等值线较缓（图 6-1-4）。沙三段沉积早期的坡折带围绕着洼陷呈弧形展布；沙三段沉积中期坡折带向盆地边缘迁移，坡折带表现出南北分段的特征；沙三段沉积晚期坡折带向洼陷方向略有迁移的特征。将沙三段上亚段时间层位转换成深度层位，然后对拉平的深度层进行古构造面沿层倾角扫描，定性求出构造层面倾角的变化，可明显看出地层倾角较大的条带。欧 39井—董 2 井—大湾斜坡低部位，地层倾角较大，围绕洼陷呈弧形展布；低部位两端倾角变化最大，是受断裂控制的陡坡折带；中间部位为古地貌控制的缓坡折带。通过斜坡构造的深入研究发现，在相对简单的斜坡上，受古地形控制，自上而下存在 3 个地形变化相对剧烈的坡折带，控制了层序的发育，进而控制沉积体系的分布，形成了十分有利的构造岩相坡折带。

### （三）"三相"联合解释技术确定沉积相带

"三相"是指从岩相上识别沉积构造特征，从测井相上识别对应沉积相的测井曲线特征，在地震剖面上识别地震相类型，通过测井和地震层位标定建立岩相、测井相与地震相的关系，对三维数据体进行标定、解释和识别，结合地震属性分析落实地震相的平面分布，综合三相解释结果，确定沉积相类型和平面展布（图 6-1-5）。

该研究区钻探程度较低，利用地震反射参数预测有利的沉积相带是一种有效的方法。

地震相分析就是在层序框架内通过对地震反射参数平面变化，与区域背景类似的箕状盆地标准沉积相—地震相模式和区域地质沉积规律进行对比。结合单井相分析结果，实现本区主要目的层段地震相带向沉积相带的转换（图6-1-6）。

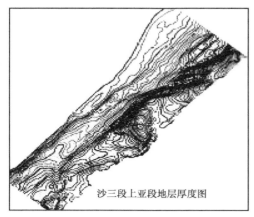

沙三段上亚段地层厚度图

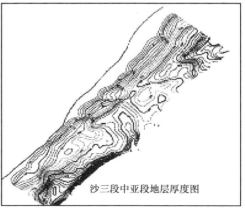

沙三段中亚段地层厚度图

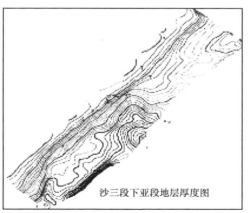

沙三段下亚段地层厚度图

图 6-1-4　铁匠炉地区沙三段地层厚度分析图

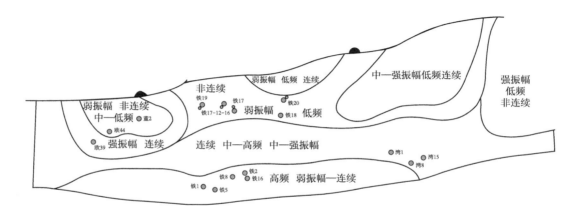

图 6-1-5　铁匠炉地区地震反射参数的平面分布图

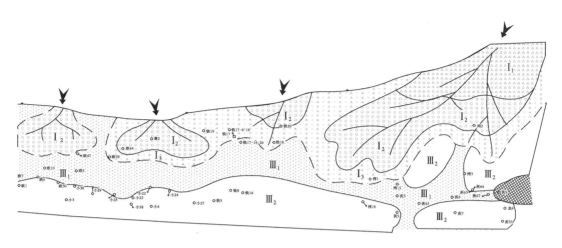

图 6-1-6　铁匠炉地区沙三段高位体系域沉积相平面图

通过研究可以确定沙河街组不同段的西侧近物源区的地层超覆线、断层线，从沙三段至沙一段边界超覆线由东向西迁移，反映湖盆从老到新由窄变宽，沉积储层由沙三段低位域的盆底扇砂体、水进体系域的扇三角洲砂体、高位体系域的冲积扇砂体至沙一段水进系统域河流相砂体从东向西迁移的过程。在物源供给程度相似的情况下，层段之间超覆线的水平距离与沉积地层的年代比值不但反映了迁移速度的快慢，同时反映了古地貌的差异。比值大，反映了沉积中心向西迁移速度快、坡度缓；比值小，反映了沉积速度向西迁移速度慢、坡度陡。这在本区各个层系的各个区段，均有差异。沙三段，在欧 39 井—董 2 井一带西迁移速度慢、坡度陡，使得各个沉积时期的近源沉积砂体叠加厚度大；在铁 17 井—铁 21 井一带西迁移速度相对较快、坡度缓。到沙一段沉积早期水体迅速向西侧推进形成了本区极为有利的一套区域泥岩盖层。

综合上述分析，确定本区沉积相类型主要有冲积扇、河流、扇三角洲、湖泊、浊积扇等，各相类型在区内的发育程度和出现的频率、分布范围是不同的，根据岩相、电相及测井相组合关系可确定沉积环境（图 6-1-7、图 6-1-8）。

### （四）目标储层预测技术确定有利砂体

斜坡带的砂砾岩体的预测因受两方面因素控制而具有一定的难度。一方面沉积演化的复杂性决定了本带沉积微相分布的不稳定，物性的不均一性。另一方面由于斜坡带目的层埋藏浅、近物源的特性决定了砂泥成岩作用差异的减弱，表现在岩性界面的阻抗值较弱，给地震预测带来很大的难度。针对以上两个方面难点，可以运用地震属性技术、波阻抗反演技术、分频解释技术从宏观到微观对目标砂体进一步预测和刻画。

#### 1. 地震属性预测砂砾岩体的平面分布趋势

地震属性分析技术是从地震数据体中提取隐含的属性信息，根据提取地震属性垂向厚度尺度的大小，可用来反映沉积微相变化、描述储层、帮助探测地下岩性异常体，或作为直接检测烃类的标志。

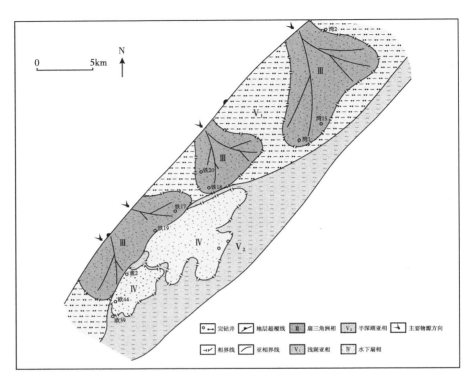

图 6-1-7　铁匠炉地区沙三段湖侵体系域沉积相平面图

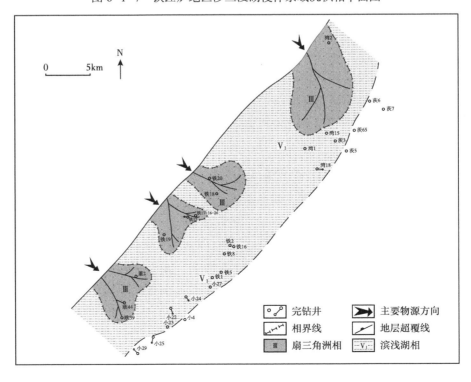

图 6-1-8　铁匠炉地区沙三段低位体系域沉积相平面图

　　沿主要目的层沙三段上亚段底界，向下 10ms、向上 150ms 的时窗范围内，提取多种地震属性，分析后发现均方根振幅、能量半衰时间、弧长等三种属性的异常区具有很强的相关性。均方根振幅不包括相位信息，反射强度的横向变化通常和岩性的变化以及烃类的聚集有关；能量半衰时间指在指定时窗中达到总能量一半时的时间，半能量时间的横向变化可以反映地层的变化，或者反映与流体性质、不整合或岩性变化有关的异常；弧长用于计算时窗内波形的弧线长度。弧线长度可用于区别同是高振幅特征，但有高频和低频之分的地层情况；可显示由地层、岩性或频协引起频率的细微变化。以上三种地震属性表明，由于岩性的横向变化、砂体含流体后，导致与此相关的地震属性异常分布具有很强的一致性，即宏观上地震属性异常区呈北东向分布于铁匠炉—大湾斜坡鼻状构造带的围斜部位。结合沉积相分析，认为此异常区反映了沙三段上亚段高位体系域砂体的展布特征，该砂体呈北东向条带状分布（图 6-1-9、图 6-1-10）。

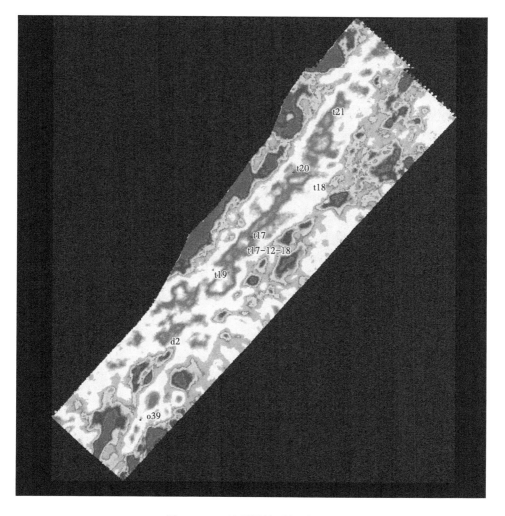

图 6-1-9　地震属性弧长平面图

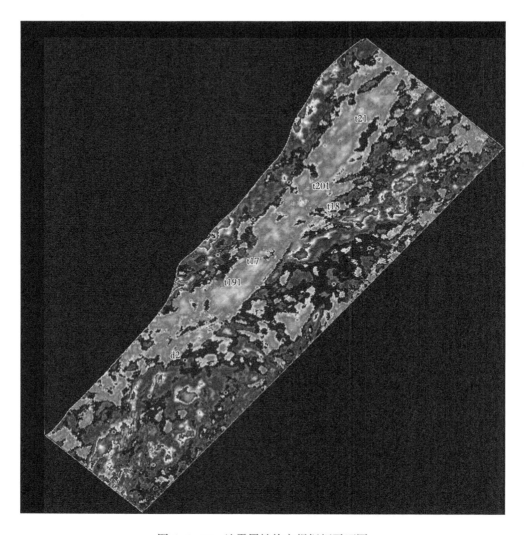

图 6-1-10　地震属性均方根振幅平面图

## 2. 波阻抗反演预测砂层组空间展布

波阻抗反演可以识别含油砂层组。从过铁 17 井的近东西向的纵剖面上（图 6-1-11），可看到阻抗值具有层次性：最上面是沙一段底的低阻抗的泥岩段，沙一段具东厚西薄的特点，为本区的区域盖层，预测低部位最厚超过 250m。中间层存在分异较好的多套叠置砂体，是本区主力的含油砂体。南部砂泥阻抗层次清晰，砂岩占地层的比例较大；北部则表现为砂泥混杂的特点，层次不清，砂体的连续性较差，砂层组占地层的比例较小，在断层转换部位砂层组的对接关系较差（图 6-1-12、图 6-1-13）。沙三段上亚段高位体系域可划分两套准层序组，在围斜部位呈北东向展布，面积为 30.5km²。砂层组从东至西厚度逐渐减薄，呈现多个厚度中心，南部砂层组的厚度较大，北部单砂层组厚度较薄（图 6-1-14）。

波阻抗反演预测砂体分布与地震属性分析结果具有一致性（图 6-1-15）。

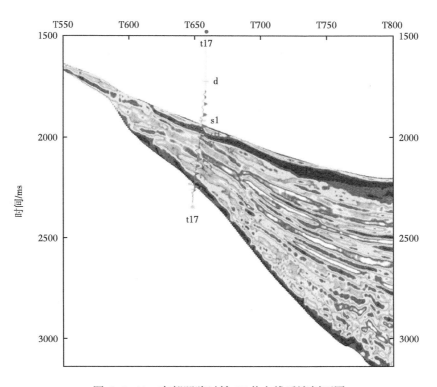

图 6-1-11 东部凹陷过铁 17 井主线反演剖面图

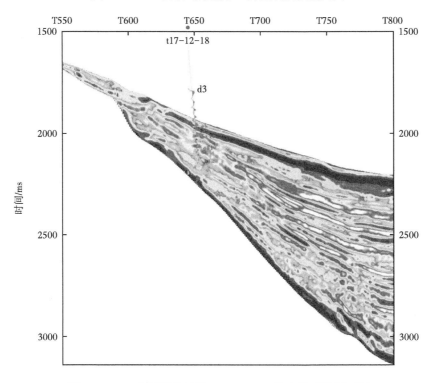

图 6-1-12 东部凹陷过铁 17—12—18 井主线反演剖面图

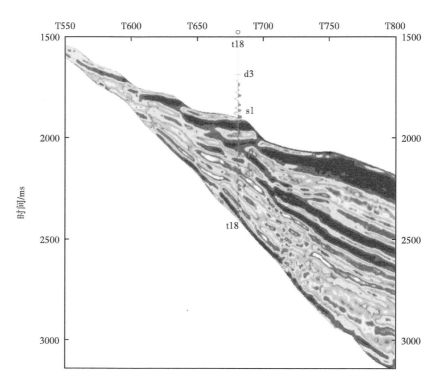

图 6-1-13　东部凹陷过铁 18 井主线反演剖面图

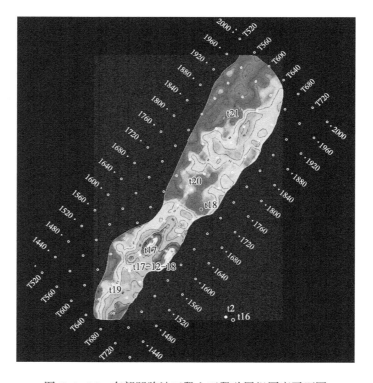

图 6-1-14　东部凹陷沙三段上亚段砂层组厚度平面图

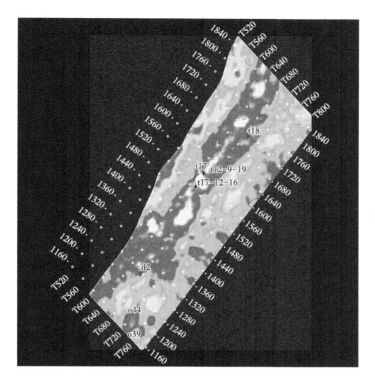

图 6-1-15 东部凹陷沙三段上亚段砂层组波阻抗平面图分布图

### 3. 分频解释技术预测含油砂体的分布

本区地震资料分辨率不高，连续性较差，难以追踪对比有利含油气砂体和岩性油气藏的分布范围，而分频解释技术可以较好地解决这一问题。

分频解释技术是一种全新的储层研究方法，是以傅里叶变换、最大熵方法为核心的频谱分解技术[3]，该方法在对三维地震资料时间厚度、地质不连续成像和解释时，可在频率域内对每一个频率所对应的振幅谱进行分析，这种分析方法排除了时间域内不同频率成分的相互干扰，从而可得到高于传统分辨率的解释结果，经过分频解释处理后呈现出来的全新的储层成像。该方法可从整体上描绘储层展布形态，检测储层厚度，揭示地层纵向变化和沉积相带演变。

分频技术对地震数据的分析过程，与传统的频谱分析方法主要差别之一是数据分析时窗的长短。假设地震波（$s$）可看作是子波与反射系数序列（$Rt$）的褶积再加上噪声（$n$），即 $s = w \cdot Rt + n$，长时窗与短时窗产生的振幅谱响应的差别是相当大的。传统方法由于傅里叶变换要求信号在（$-\infty \sim +\infty$）上取值，因此对长时窗数据分析而言（一般大于 100 个样点），采用傅里叶变换带来的误差很小，可以获得较为理想的效果。但用长时窗作频谱分析时，$Rt$ 和 $n$ 都是随机的，因此它们的谱是白噪的，两者都为常数，即地震反射波与子波的频谱形态一致，两者都为梯形，从频谱分析中无法得到薄层的反射信息。若用短时窗（小于60ms）对数据进行分析，由于时窗短，可供分析的数据量小，分析结果会产生较大的误差，从而使频谱分析失真，出现吉布斯现象。分频解释技术较好地解决了短时窗吉布斯现象的影响。当用短时窗分析时，由于时窗内只包括几个薄层反射界面，这时的反射系数序列 $Rt$ 不再是随机的、白噪的，振幅谱中由于薄层顶底反射界面的干涉结果出现了频陷，这揭示了地质体局部的变化特点。在这种薄层频谱的干涉模式中，两个频陷之间的距离正好对应薄层的时间厚度。

沿大湾董家岗大湾斜坡带沙三段上亚段120ms的短时窗生成振幅谱的数据体，这种新的数据体在垂向上为连续变化的频率。通过切片和可视化的手段对不同频率的振幅和相位数据动态研究储层在空间的变化规律。通过分频扫描发现：沙三段上亚段顶从西向东、由南北两侧向中部，其频率从由低频向高频变化。相当于铁17井的主力含油层段主频砂体为19Hz（图6-1-16、图6-1-17、图6-1-18），砂体的分布形态呈河道，展布方向为北北东向，在铁18的高部位该套砂体与北部的砂体有平面上的位移，通过动态频率扫描分析认为，尽管砂体的平面展布为近北北东向的河道（图6-1-19），但铁17井的顶部含油层位的砂体来自董2井方向冲积扇。而在沙三段上亚段沉积早期主要受大湾方向物源的影响，在铁17井的低部位，分频扫描发现频率较高，最高频率近40~45Hz，结合时间剖面，可看到这是一套底超的高频反射。经综合分析认为，这是来自大湾方向的冲积扇，分布轴线为北北东向，分布面积为12.5km²，是物性发育较好的相带。

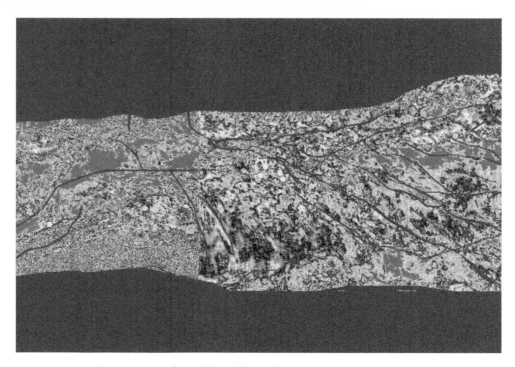

图6-1-16　东部凹陷铁匠炉斜坡带沙三段上亚段5Hz频率切片

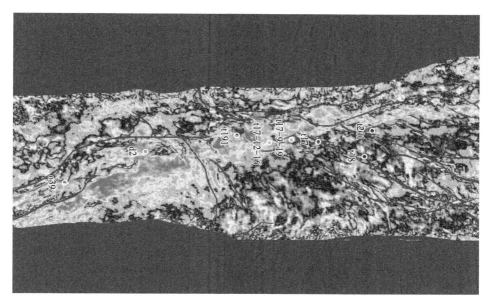

图 6-1-17　东部凹陷铁匠炉斜坡带沙三段上亚段 19Hz 频率切片

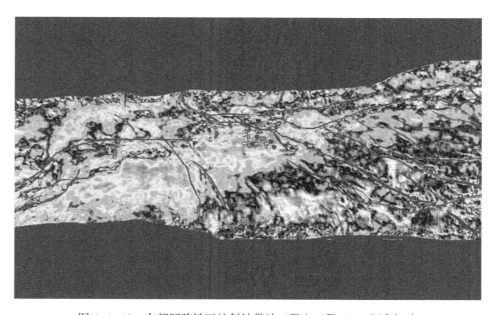

图 6-1-18　东部凹陷铁匠炉斜坡带沙三段上亚段 22Hz 频率切片

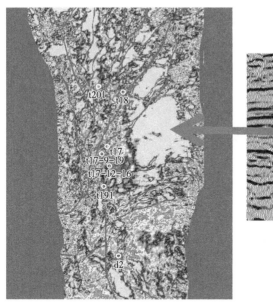
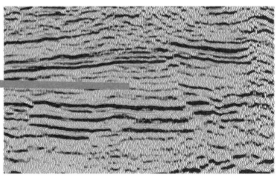

图 6-1-19　东部凹陷铁匠炉斜坡带沙三段上亚段 40Hz 频率切片

## 四、岩性地层油气藏勘探成效

斜坡带发育多种圈闭类型，超覆带附近以地层超覆形成的岩性尖灭圈闭为主，如沙一段、沙三段上亚段为超覆或断超；中部斜坡部位，由于地层向西逐层超覆而形成了西薄东厚的形态，且断裂基本呈北东及近东西向发育，可形成系列断层—岩性圈闭，低部位洼陷带可形成岩性透镜体等圈闭。

自 2000 年以来，针对铁匠炉斜坡带不同部位开展了多轮勘探实践。2003 年在铁西斜坡发现落实圈闭 8 个，沙三段上亚段落实面积为 39.2km²，首次部署的铁 17 井勘探获成功，之后又部署了铁 18、19、20 及 21 等系列井。2008 年部署的铁 25 井获高产工业油流，实现了中坡折带向高坡折带的油气勘探延伸。

第一轮勘探实践以部署铁 17 井为主。该区构造简单，斜坡形成时间早，是油气运移的长期指向，利于岩性油气藏形成。欧北地区成藏动力学研究认为，于家房子生油气洼陷油气运移的主要指向为斜坡带及铁匠炉构造，由于铁匠炉主体构造幅度低，沙三段缺乏储层，因此，油气大规模聚集于铁匠炉构造的可能性较小，铁匠炉西侧的斜坡带无大的断层阻隔，应是最佳的油气运移场所。并且该区勘探程度低，资源潜力大，是勘探的重点地区。尤其是欧 39 井钻探成功后，改变了以往该区缺乏油源的认识，南段开 46 井钻探成功后，证实了斜坡带存在构造背景下的岩性油气藏，为此在铁西斜坡展开工作，重点落实该区的有利储层。

综合层序地层学分析、地震剖面上构造形态较好，多套砂体兼顾的地方（图 6-1-20），重新落实构造，在非构造最高点的部位（图 6-1-21），砂体厚度适中的部位部署了铁

17井，该井在岩性油气藏勘探中获突破，开辟了新的含油气领域，证实了在斜坡带开展岩性油气藏勘探的正确性。

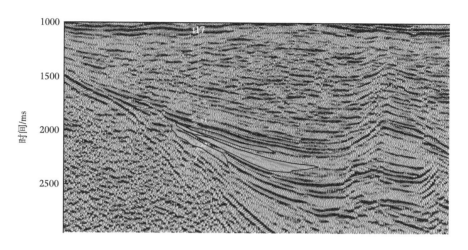

图 6-1-20 东部凹陷铁匠炉斜坡带过铁 17 井地震测线

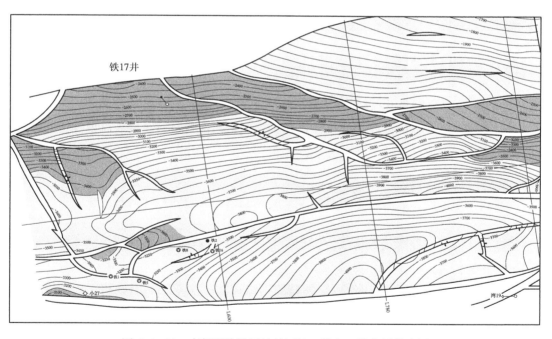

图 6-1-21 东部凹陷铁匠炉地区沙三段上亚段底界构造图

综合构造、有利储层发育区、储层反演有利地区、有利物性分布区等多种因素分析，开展二轮勘探实践，在斜坡高台阶部署铁 18、19、20、21、25 等井。

截至 2020 年底，区内共完钻各类探井为 18 口，开发井为 30 口，累计上报探明原油地质储量为 $361 \times 10^4$t，累计产原油为 $33.074 \times 10^4$t。

## 第二节　坡洼过渡带岩性地层油气藏勘探实践
## ——以西部凹陷齐家—鸳鸯沟地区勘探为例

### 一、勘探概况

西部凹陷西斜坡带是国内外著名的复式油气聚集带，勘探面积约为 1390km²。自 20 世纪 70 年代勘探至今，该区已完钻各类探井 1000 余口，开发井 10000 口以上，相继发现了太古宇、元古宇、中生界、新生界古近系及新近系馆陶组等十多套含油气层系，探明石油地质储量达到近 $11 \times 10^8$t，建成了欢喜岭、曙光和高升三个大型油气田，取得了很好的勘探开发效果。

近年来，随着油气勘探开发的深入及勘探形势的需要，地质认识和勘探思路历经了由构造油气藏向岩性地层油气藏的转变，取得了较大勘探成果。"十五"以来，研究区岩性地层油气藏的勘探取得重大的突破，形成了以锦 307 井—锦 310 井区、齐 231 井—齐 232 井区和欢 177 井区为代表的欢齐下台阶油气富集区，展示了西斜坡具有较大的勘探潜力，初步形成一套适合工区地质特点的岩性地层油气藏勘探思路与应用技术。

### 二、坡洼过渡带岩性地层油气藏成藏条件及分布模式

#### （一）坡洼过渡带岩性地层油气藏成藏条件

西部凹陷西斜坡特殊的构造背景，具备了地层岩性油气藏形成的地质条件，而在不同构造部位及不同层位其成藏条件具有其特殊性[4]。

1. 构造条件

西斜坡在东倾的斜坡背景下，具有复杂的基底结构和隆凹相间的古地貌，古近系地层总体具下超上剥的特征。西部凹陷西斜坡由西到东可分为缓坡带、坡洼过渡带及洼陷带，各带特殊的构造位置和沉积条件决定了其特定的油气成藏模式，为地层岩性油气藏的形成提供了良好的构造条件（图 6-2-1）。

另外，从图 6-2-1 中可以看出，频繁的构造运动、多期次的构造演化，使得工区发育多期地层不整合，并在斜坡带西侧边缘及基底古隆起高部位形成大面积的剥蚀区，如前古近系与古近系、古近系与新近系之间的两个一级区域不整合面；沙河街组内部沙三段顶部与沙二段底部之间、沙一段与东营组之间在斜坡部位都存在局部不整合面，为地层岩性油气藏形成创造了极为有利的条件。

2. 储层条件

西部凹陷西部斜坡带的发育受以断裂活动为主的构造运动控制，不同时期、不同强度的断裂活动造就了斜坡内部的沉积环境千差万别，为形成多样的沉积类型创造了条

件。从始新世早期—渐新世末期，西部凹陷先后经历了初陷—深陷—衰减—再陷四个发育期。因此，在垂向上从下到上构成了从水进序列开始到水退序列结束的三个构造—沉积旋回。本区古近系沙河街组发育两大沉积旋回：沙四段至沙三段旋回、沙二段至沙一段旋回。每个旋回均为水进开始、水退结束。各旋回顶底间存在着程度不一的沉积间断。

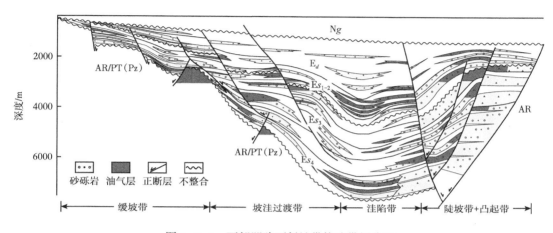

图 6-2-1　西部凹陷西斜坡带构造带划分图

沉积物源来自西部凸起，物源具有继承性发育的特点，且垂直于构造轴向。受构造、沉积演化的影响，盆地内沉积物具有多物源、多旋回的特点，形成了中深层大型断陷湖盆缓坡带扇三角洲、湖底扇、湖泊沉积体系（图 6-2-2）。

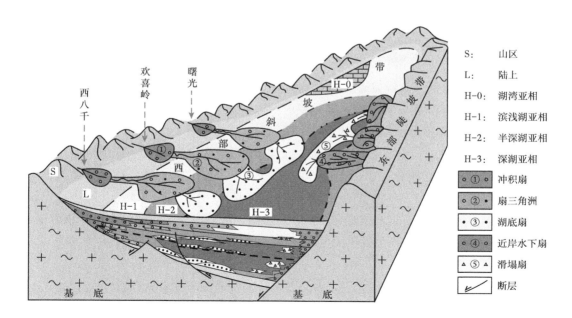

图 6-2-2　西部凹陷中南段沉积体系模式图

沙四段沉积时期，西部斜坡带由北至南依次发育了曙光、齐家、欢喜岭和西八千等四个扇三角洲，由于受古地貌的控制，低处为河道，高地为浅滩，横向连为一体成带状，此时的地层沉积具有填平补齐的性质。杜家台油层沉积时期（沙四段沉积晚期），由于持续的水进致使沉积物覆盖面积不断扩大，并逐渐覆盖在单面山上，山头面积不断缩小甚至消亡，直至在其上形成披覆构造（图6-2-3）。

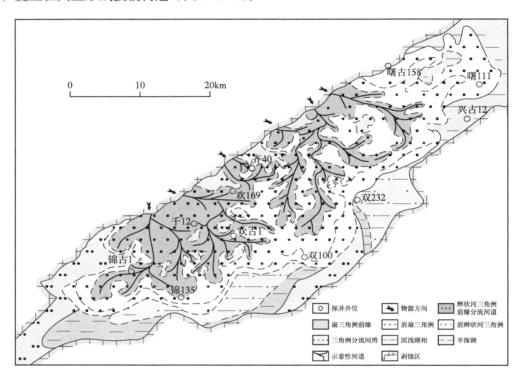

图6-2-3　西部凹陷中南段沙四段沉积相平面分布图

　　沙三段沉积时期，盆地发育处于鼎盛时期，为辽河坳陷最大的一次水进过程，在曙光、齐家、欢喜岭和西八千地区发育冲积扇—扇三角洲—湖底扇沉积体系，形成莲花油层、大凌河油层和热河台油层等储集体（图6-2-4）。

　　沙二段沉积时期，裂谷扩张速度变慢，以浅湖相为主，形成了辽河断陷有代表性的缓坡型扇三角洲沉积体系，由北至南发育曙光、齐家、欢喜岭、西八千等扇三角洲（图6-2-5）。

　　沙一段沉积时期，由于水体进一步扩张，湖盆水域范围明显超过沙二段沉积时期。受水进的影响，湖相泥岩沉积范围扩大，而在西斜坡上台阶则发育扇三角洲沉积体系。

　　3. 油源条件

　　研究区具有良好的油源条件：

　　（1）紧邻鸳鸯沟和清水两大生烃洼陷，发育沙三段、沙四段两套优质烃源岩，有效烃源岩厚度大，分布面积广。

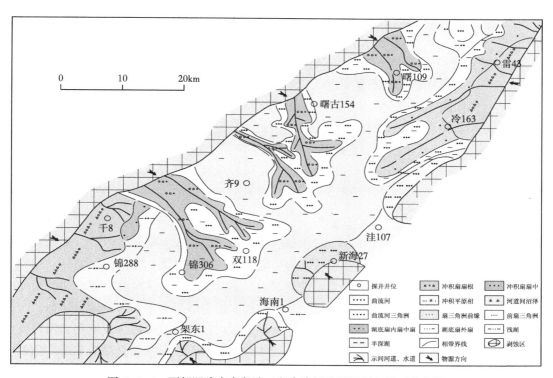

图 6-2-4 西部凹陷中南段沙三段大凌河油层沉积相平面分布图

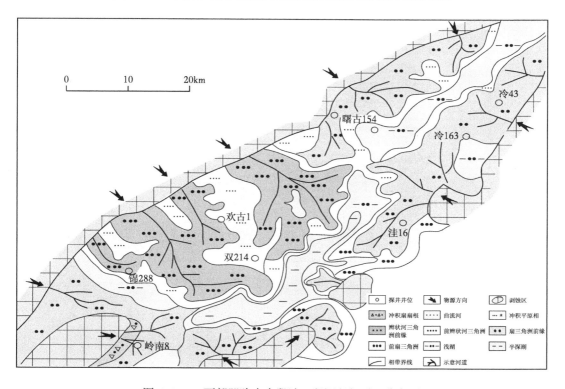

图 6-2-5 西部凹陷中南段沙二段沉积相平面分布图

（2）有机质丰度高，类型多样，生油指数大。两大洼陷内沉积的沙三段和沙四段地层为辽河坳陷主要水进时期深水沉积物，在微咸—半咸水还原环境下，形成的泥岩分布广泛，富含有机质，为优质烃源岩。沙四段烃源岩厚度为200~400m，有机质丰度高（TOC=2%~5%），类型优（Ⅰ型为主），分布较广。沙三段烃源岩厚度为400~900m，品质优良（有机质类型以Ⅱ$_1$型为主）。沙四段和沙三段烃源岩$R_o$为0.4%~1.2%，大部分处于成熟阶段。据资料显示，清水洼陷最大生油强度为$8400 \times 10^4 t/km^2$；最大生气强度为$52000 \times 10^6 m^3/km^2$，是西部凹陷最好的生烃洼陷。

（3）具有完整的热演化系列，古近系烃源岩从未成熟至过成熟阶段的油气产物都在西部凹陷内都有所发现。

4.输导条件

西斜坡复杂的构造及沉积演化过程中发育了多种多样的油气输导类型。大体可分为受构造作用控制形成的断裂输导体系、不整合面输导体系和受沉积作用控制的砂岩输导体系，三种输导体系共存，相互补充为岩性地层油气藏的运聚提供了可靠通道。斜坡带地层岩性油气藏多分布在斜坡外侧，离油源区相对较远，但斜坡带多种多样的输层体系，配合油气运移的多期性，使油气能够在斜坡外侧聚集成藏。坡洼过渡带砂体发育湖底扇扇体及扇三角洲前缘砂体，砂体厚度较大，渗透性较体与断裂相配，形成砂岩格架和断层两种输导方式，为岩性油藏的形成提供了良好的运移条件（图6-2-6）。

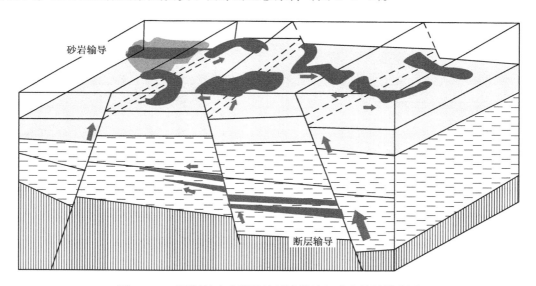

图6-2-6　西斜坡中南段坡洼过渡带油气成藏输导模式图

5.盖层条件

封盖体系是形成地层岩性油藏的有利保证。工区发育的封盖体系主要为泥岩类，泥岩只有达到了一定的厚度和连续性分布才能实现有效的封盖。

工区暗色泥岩集中分布在沙四段、沙三段、沙一段和东营组。对本区沉积体系演化研究表明，沙四段泥岩主要为杜家台泥岩，累计厚度可达 350m。但由于其分布范围及厚度有限，只能够形成局部盖层。沙三段是断陷盆地强烈沉降水进期形成的半深湖—深湖相。发育了有机质丰富的油页岩、暗色泥岩。泥岩质纯，含砂量小于 10%，累计厚度达 500~1000m。沙三段上亚段多为砂泥岩薄互层，泥岩厚度为 10~30m，连片性差，只能形成局部盖层，其余分布广且稳定，是区内最优区域盖层。沙一段泥岩盖层属于水进期沉积，泥岩都较发育，是仅次沙三段的另一个区域性分布的盖层，该套盖层累计厚度为 300~500m。东营组泥岩盖层是河流相薄层泥岩，虽然分布较广，但泥岩层横向分布的稳定性差，因此，一般只起直接盖层的作用（表 6-2-1）。

表 6-2-1　多种泥岩封盖体系分析对比表

| 泥岩<br>封盖体系 | | 沉积相 | 分布 | 成分 | 厚度 | 压力 | 盖层类型 |
|---|---|---|---|---|---|---|---|
| 沙<br>河<br>街<br>组 | 沙四段 | 扇三角洲相 | 局限 | 较纯 | 350m | | 局部盖层 |
| | 沙三段 | 半深湖—深湖相 | 广且稳定 | 最纯 | 500~1000m | 1~11MPa | 最优区域盖层 |
| | 沙一段 | 扇三角洲相 | 较发育 | 较纯 | 300~500m | 利于形成超压封盖 | 区域盖层 |
| 东营组 | | 河流相 | 广但横向稳定性差 | 较纯 | 薄 | | 直接盖层 |

因此，沙三段泥岩盖层最发育，泥岩最厚，分布最广；东营组泥岩盖层发育最差，多为薄层，连片范围小；沙四段泥岩盖层发育中等，厚度不大但分布较稳定；沙一段的泥岩盖层较厚，分布较广，最大优点是埋藏深度合适，有利于形成超压封盖层。

6. 生、储、盖时空配置关系

西部凹陷西斜坡地层岩性圈闭形成期与油气大规模运移期适时配置，油源供给充足，存在旋回式、侧变式和串通式等多种成油组合，为地层岩性油气藏发育的有利地区。

## （二）坡洼过渡带岩性地层油气藏分布模式

西斜坡中南段地层岩性油气藏在纵向和平面上分布具有一定的规律性，在平面上缓坡带发育地层油气藏、断块、断块—岩性复合型及潜山油气藏，坡洼过渡带发育岩性、构造—岩性复合型及地层超覆油气藏；纵向上沙四段齐家和欢喜岭潜山的侧翼主要发育砂岩上倾尖灭、地层超覆油气藏，沙三段围绕断裂坡折带主要分布浊积砂体岩性油气藏及构造—岩性复合油气藏，沙一段、沙二段发育构造油气藏、地层油气藏、岩性油气藏[6, 7]（图 6-2-7）。

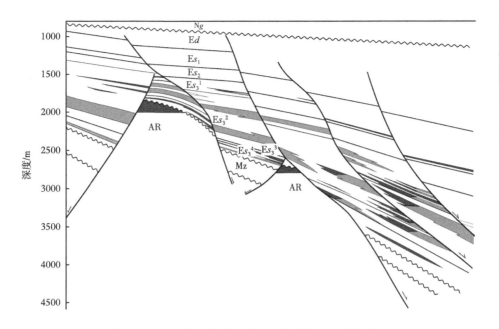

图 6-2-7　齐家—鸳鸯沟坡洼过渡带油气成藏模式图

## 三、齐家—鸳鸯沟坡洼过渡带岩性油气藏勘探实践

针对研究区具有独特的构造特点、沉积背景及其对地层岩性油气藏分布的控制作用，从地层岩性油气藏的形成条件入手，综合运用层序地层学理论、多种地震属性分析及多种储层预测技术，利用地震属性三维可视化分析技术，对沙一段、沙二段、沙三段、沙四段等岩性圈闭进行追踪，重点识别"三线"即地层剥蚀线、地层超覆线、砂体尖灭线，综合分析识别砂体空间展布，精细刻画砂体的几何形态；结合沉积学理论，加强多学科的有机配合，建立了适用于本区地质特点的一系列配套勘探技术，并取得了以下几方面的勘探突破[7, 8]。

### （一）精细沙一段、沙二段扇三角洲前缘砂体分布预测，发现优质富集油气藏

鸳鸯沟地区位于西部斜坡与鸳鸯沟洼陷的转折部位，主要勘探目的层为沙一段、沙二段。沙一段、沙二段沉积时期，辽河坳陷西部凹陷再次进入裂陷阶段，但构造运动强度较前期明显减弱，构造样式也比较简单，多条近东西走向的南倾主干断裂将本区由北向南分为多个节节南掉的断阶，形成本区北高南低的构造格局。在此构造背景下，沙一段、沙二段扇三角洲前缘砂体由西北方向向洼陷中不断推进，扇三角洲前缘水下分支流河道展布受沉积坡折带的影响，在地层产状突变带砂体呈扇状分布，上倾方向受东西向同生断层控制导致砂体侧向尖灭。河道频繁迁移也形成多个相对孤立的砂岩透镜体。这些都为该区岩性油气藏的形成奠定了基础（图 6-2-8）。在水道主体部位储层物性相对较好，是勘探的有利区带。因此，准确地识别河道岩性砂体圈闭是该地区岩性油藏勘探的关键。

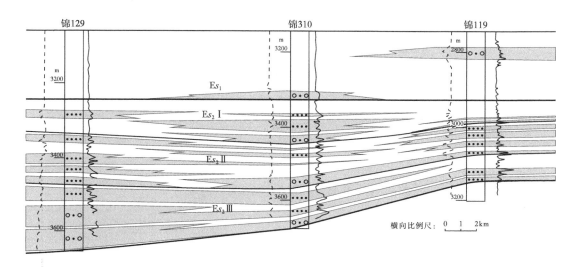

图 6-2-8　鸳鸯沟地区锦 129 井—锦 119 井沙一段、沙二段砂体对比图

　　勘探开发实践证实，该区油藏油水关系极其复杂，在构造高部位井试油出水，而在构造低部位井试油出油，而两井之间并没有断层控制，这充分说明构造高部位与低部位的砂体应该互不连通，砂体的这种不连通性也为岩性圈闭的形成奠定了基础。地震储层反演及油藏剖面分析结果均证实，该区沙一段、沙二段为岩性圈闭（图 6-2-9），该区紧邻清水洼陷油源向西部斜坡运移的路径上，油源充足。西八千扇三角洲前缘水下分支流主河道砂岩发育，累计厚度为 120~200m，砂地比为 50%~80%。通过对该区含油砂体小层沉积微相研究认为，沙一段、沙二段Ⅰ砂层组砂体沿北西方向由锦 15 井至锦 307 井呈朵叶状展布，砂体向北、南及东逐渐减薄，该砂组砂体沿北西方向分两支向东延伸，北支延伸较远，由锦 30 井至锦 307 井呈指状展布，砂体向北、南及东方向逐渐减薄；南支延伸距离较短，由锦 28 井向锦 263 井呈朵叶状展布。沙一段、沙二段Ⅱ砂层组砂体沿北西方向由锦 3 井至锦

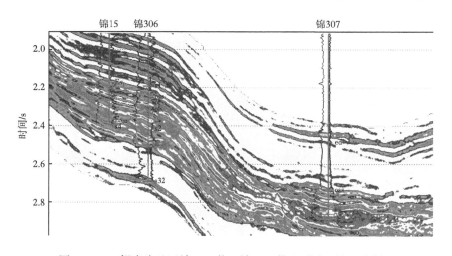

图 6-2-9　鸳鸯沟地区锦 306 井—锦 307 井地震波阻抗反演剖面

129 井呈条带状展布，砂体向北、南及东逐渐减薄。沙一段、沙二段Ⅲ砂层组砂体沿北西方向由锦 3 井至锦 129 井呈条带状展布，砂体向北、南及东逐渐减薄。根据物性分析资料（表 6-2-2、表 6-2-3），该区沙一段、沙二段储层孔隙度最大可达 33.3%，平均为 17.7%；渗透率最大可达 18144.0mD，平均为 306.8mD，属于中孔中渗型储层。本区储层微观孔隙研究表明，沙一段、沙二段储层孔隙类型主要为粒间孔、晶间孔、溶蚀孔和粒间溶孔，储层储集性能主要受原始沉积条件和成岩后生变化双重因素的控制。上覆沙一段暗色泥岩分布稳定，累计厚度为 150~250m，为区域性盖层，有利于油气保存，具备了良好的油气成藏条件。

表 6-2-2　鸳鸯沟地区沙一段储层物性统计表

| 井号 | 孔隙度 /% | | | | 渗透率 /mD | | | |
|---|---|---|---|---|---|---|---|---|
| | 样品数 | 最大值 | 最小值 | 平均值 | 样品数 | 最大值 | 最小值 | 平均值 |
| 锦 1 | 8 | 26.6 | 11.3 | 19.8 | 3 | 243.0 | 7.0 | 92.4 |
| 锦 2 | 3 | 24.2 | 7.9 | 17.5 | 3 | 12.1 | 1.0 | 4.4 |
| 锦 3 | 6 | 26.2 | 15.2 | 22.5 | 6 | 1841.0 | 1.0 | 656.0 |
| 锦 117 | 8 | 14.7 | 4.8 | 10.7 | 8 | 414.2 | 1.0 | 64.0 |
| 锦 124 | 44 | 28.5 | 5.3 | 17.0 | 40 | 2642.0 | 1.0 | 108.5 |
| 锦 127 | 2 | 17.0 | 14.2 | 15.6 | 2 | 1.4 | 1.0 | 1.2 |
| 锦 128 | 16 | 21.4 | 8.9 | 15.4 | 14 | 264.0 | 1.0 | 85.0 |
| 锦 130 | 67 | 16.1 | 6.7 | 11.3 | 60 | 3.1 | 1.0 | 1.0 |
| 锦 131 | 11 | 20.2 | 11.5 | 17.6 | 8 | 24.0 | 1.0 | 7.9 |
| 锦 132 | 31 | 20.9 | 7.4 | 12.2 | 23 | 22.2 | 1.0 | 3.5 |
| 锦 146 | 33 | 32.7 | 17.7 | 25.8 | 28 | 18144.0 | 1.0 | 3647.0 |
| 锦 272 | 53 | 22.8 | 9.4 | 20.0 | 31 | 406.0 | 1.0 | 32.0 |
| 锦 307 | 2 | 11.3 | 5.9 | 8.6 | 2 | 1.4 | 1.0 | 1.2 |
| 平均 | | | | 16.5 | | | | 361.9 |

本区油气主要集中在沙一段和沙二段部，在锦 307 井 3400~3700m 井段发现三套油层，三套油层砂层组在地震反演剖面上均为高阻抗。对这三套砂层组在阻抗剖面追踪寻找砂体边界，并在与这三套砂层组相当的同一层序界面内进行砂体追踪，寻找相似的独立单砂体或砂层组，各套砂层组在平面上形成多个独立砂岩块体[9]（图 6-2-10）。

### 1. 沙一段油层 I 砂层组

位于沙一段的下部，在锦 307 井 3400~3465m 井段，I 砂层组整段厚为 65m，其中砂岩累计厚约 40m，顶部为含砾不等粒砂岩，中下部为细砂岩，试油为油层。通过在阻抗体上追踪解释在平面上确定了其边界，并在与该段油层砂层组相当的层段进行全区追踪解释，解释为多个独立砂。该套砂体在平面上由 11 个独立砂体组成，砂体总面积为 50.1km²，圈闭资源量为 3380×10⁴t。其中锦 307 井位置的砂体已被钻探，证实为向四周尖灭或一侧受断层控制、向其他方向砂体尖灭的独立砂岩体。

表 6-2-3　鸳鸯沟地区沙二段储层物性统计表

| 井号 | 孔隙度 /% | | | | 渗透率 /mD | | | |
|---|---|---|---|---|---|---|---|---|
| | 样品数 | 最大值 | 最小值 | 平均值 | 样品数 | 最大值 | 最小值 | 平均值 |
| 锦 1 | 6 | 19.1 | 7.1 | 13.3 | | | | |
| 锦 2 | 5 | 29.9 | 16.7 | 21.4 | 5 | 1110.0 | 1.0 | 225.5 |
| 锦 3 | 5 | 27.7 | 12.1 | 20.2 | 5 | 160.0 | 2.0 | 58.6 |
| 锦 11 | 8 | 33.3 | 19.2 | 21.2 | 1 | 36.0 | 36.0 | 36.1 |
| 锦 29 | 104 | 28.0 | 5.5 | 21.1 | 90 | 13204.0 | 1.0 | 825.1 |
| 锦 101 | 10 | 11.3 | 6.6 | 9.2 | 10 | 57.0 | 1.0 | 7.8 |
| 锦 124 | 10 | 17.4 | 8.4 | 12.3 | 9 | 26.0 | 1.0 | 7.0 |
| 锦 130 | 88 | 19.6 | 6.6 | 15.1 | 70 | 51.0 | 1.0 | 8.5 |
| 锦 131 | 96 | 22.4 | 5.6 | 16.0 | 94 | 383.0 | 1.0 | 51.4 |
| 锦 132 | 73 | 21.1 | 5.8 | 14.4 | 50 | 3503.0 | 1.0 | 146.1 |
| 锦 146 | 13 | 26.2 | 13.1 | 22.0 | 11 | 7258.0 | 2.0 | 1611.2 |
| 锦 265 | 110 | 19.0 | 5.0 | 47.1 | 205 | 32.7 | 1.0 | 22.5 |
| 锦 272 | 104 | 22.4 | 7.2 | 15.5 | 80 | 1066.0 | 1.0 | 143.4 |
| 锦 306 | 5 | 22.7 | 9.5 | 22.0 | 5 | 668.0 | 140.0 | 349.6 |
| 锦 307 | 4 | 14.5 | 9.6 | 12.2 | 4 | 53.4 | 1.0 | 29.8 |
| 平均 | | | | 18.9 | | | | 251.6 |

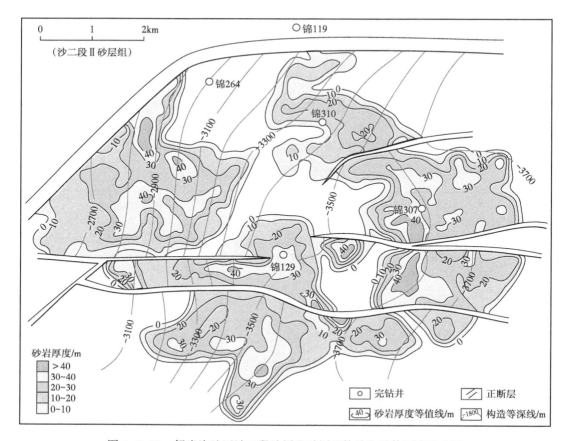

图 6-2-10　鸳鸯沟地区沙二段油层 II 砂层组构造和砂体厚度叠合图

### 2. 沙二段油层 I 砂层组

位于沙二段的顶部，该砂层组在锦 307 井 3500~3565m 井段为一套砂岩夹薄层泥岩，砂岩累计厚度约为 50m，以细砂岩为主，试油为油层，其上为 35m 厚的泥岩和粉砂质泥岩，下部有厚层泥岩与沙二段 II 层砂层组相隔，为对比划分的标志。该套砂层组在地震反演阻抗剖面上显示为高阻抗（图 6-2-11）。该套砂层组在平面上由 10 个独立砂体组成，总面积为 60.2km²，圈闭资源量为 7730×10⁴t。其中锦 307 井位置的砂体已被钻探，为向东南倾伏的独立砂岩体。

### 3. 沙二段油层 II 砂层组

位于沙二段的中段，该砂层组在锦 307 井 3600~3670m 井段，上部为一套砂岩夹薄层泥岩，砂岩累计厚度约为 50m，以细砂岩为主，试油为油层。该套砂组在平面上由 6 个独立砂体组成，砂体总面积为 25.1km²，圈闭资源量为 2640×10⁴t。

通过上述综合研究，在齐家—鸳鸯沟地区坡洼过渡带的沙一段下亚段、沙二段相继精细刻画了岩性圈闭或断层—岩性圈闭共 15 个，总叠合面积为 182km²，预测圈闭资源量为 1.3×10⁸t，先后提出 9 口探井部署建议，多口探井获得高产油气流，其中锦 310 井在沙二段 3369.7~3380.0m 井段试油，获日产油为 85t 的高产油流，锦 325 井在沙一段 3498.3~3526.0m 井段试油，获日产油为 145.9t、日产气为 7036m³ 的自喷高产油气层。锦 307 井、锦 310 井区块共上报探明石油地质储量为 764×10⁴t。该区沙一段、沙二段岩性油气藏勘探获得突破。

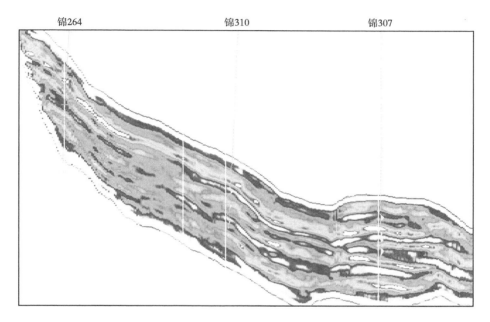

图 6-2-11　锦 264 井—锦 307 井地震波阻抗反演剖面

## （二）精细"沟扇（沟道和扇体）"体系刻画，探索沙三段砂岩透镜体油气藏

沙三段沉积时期，盆地发育处于鼎盛时期，为辽河坳陷最大的一次水进过程，在齐家、欢喜岭和西八千地区发育冲积扇—扇三角洲—湖底扇沉积体系，形成莲花、大凌河、热河台油层三套优质储集体[5]。在 1982 年完钻的齐 62 井，3398.0~3702.0m 井段，105.6m/4 层试油，采用 8mm 油嘴获日产油为 52.45m³、日产气为 104320m³ 的高产油气流，取得良好勘探效果。

针对齐 62 井区沙三段中下亚段进行综合研究和井位部署，主要进行了以下主要工作：第一步，通过井间层序地层学对比，根据井震结合结果将地震层序与井上的中期旋回相对应，建立起该区三维层序地层格架，将沙三段划分为五个三级层序；第二步，在层序地层格架内应用属性体识别技术进行沟道和扇体的精细刻画，用平均能量属性勾画出主砂带的平面展布轮廓，预测沙三段莲花油层和大凌河油层砂体分布范围；第三步，用多井约束反演及解释技术进行三维地震体反演和岩性体反演，对目标砂层组进行精细地砂体分布预测；第四步，利用沉积微相解释技术对砂体展布规律进行平面预测，结合三维地震构造精细解释成果，经过圈闭评价和优选，针对沙三段大凌河油层和莲花油层部署了齐 231 井、齐 232 井两口预探井（图 6-2-12）

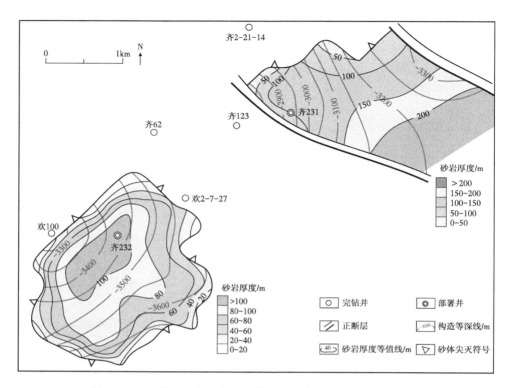

图 6-2-12　齐 231 井、齐 232 井沙三段大凌河油层井位部署图

经过钻探，齐 231 井在 2724.4~2755.9m 井段试油，用 5mm 油嘴获日产油为 2.1m³，日产气为 11536m³，结论为气层；齐 232 井在 2720.4~2723.8m 井段试油，平均液面为 1959.7m，折日产油为 5.04m³，累计产油为 2.22m³，结论为油层。该区沙三段油气勘探取得较好效果。

### （三）精细超覆型砂体刻画，发现沙四段岩性油气藏

沙四段沉积时期，西斜坡齐家—鸳鸯沟地区由北到南发育了齐家、欢喜岭和西八千等三个扇三角洲体，由于受古地貌的控制，低处为河道，高地为浅滩，横向连为一体成带状，此时的地层沉积具有填平补齐的性质。杜家台油层沉积时期（沙四段沉积晚期），由于持续的水进致使沉积物覆盖面积不断扩大，并逐渐覆盖在单面山上，山顶面积不断缩小甚至消亡，直至在其上形成披覆构造。

研究过程中，在对构造精细解释的基础上，为较好地判别研究区沙四段的物源方向，对各种地震属性进行提取、实验，最终发现均方根振幅属性对本区较适用。因此，采用均方根振幅属性对坡洼过渡带的沙四段进行了地震属性分析，认为沙四期清水洼陷西侧主要发育欢喜岭和西八千两个短轴物源区。南侧主要接受西八千物源沉积，砂体分部范围较广，向东延伸到锦 136 井至锦 264 井一线；北侧主要接受欢喜岭物源沉积，由西北向东南方向延伸至欢 36 井—锦 4 井区。属性平面图与井对比吻和度较好，为坡洼过渡带沙四期西侧物源的确定提供了较有力的证据。

波阻抗数据体对地下介质性质的反映要比地震资料直观，所以这种反演是进行储层预测的最常用的一种技术手段。波阻抗反演主要有两种方法，一种是递推反演，另一种是测井约束模型反演。前者的特点是忠于地震资料，反演精度较差；后者加入测井资料信息，反演精度较高，但易受模型影响。此次研究中应用 Jason 软件开展约束稀疏脉冲反演，得到绝对阻抗数据体，继而得到了沙四段平均阻抗平面图[10]。研究认为，受西侧物源控制，砂体发育，平均阻抗显示为高值的黄—红—粉色系；与沙四段沉积相平面分布图及地震属性平面图对比，吻合程度较高，反映了砂体在西高东低的构造背景下，向洼陷延伸、尖灭的分布规律，是寻找构造—岩性圈闭的有利目标区。在确定了沙四段砂泥岩阻抗门槛后，结合该区构造背景，对坡洼过渡带沙四段超覆型砂体进行追踪和精细刻画。综合运用沙四段沉积相研究成果和构造精细解释成果，经过综合评价优选，在沙四段部署了锦 323 井和欢 177 井（图 6-2-13、图 6-2-14）。

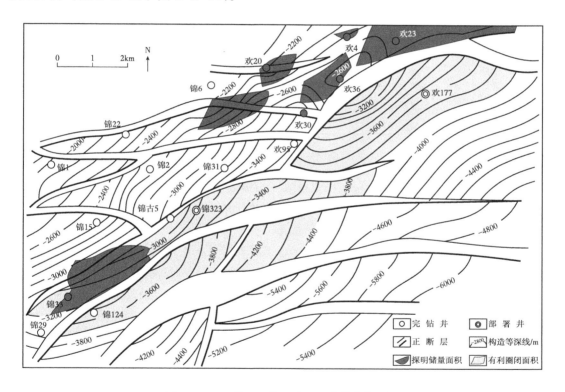

图 6-2-13　锦 323 井、欢 177 井井位部署图

经过钻探，锦 323 井在沙四段 3149.9~3184.8m 井段试油，获日产油为 15.7m³，日产气为 3680m³；欢 177 井在沙四段 3843.6~3890.6m 井段试油，获日产油为 15m³，日产气为 3680m³。其中欢 177 井上报控制石油地质储量为 743×10⁴t，取得较好勘探效果。

"十五"以来，辽河油田突破传统认识，引入"满凹含油"理论，依据该区的地质特征，在"负向构造找油理论"的指导下，运用层序地层学、地震多属性综合识别砂体技术等理论和方法，在岩性油气藏勘探中取得重大突破。

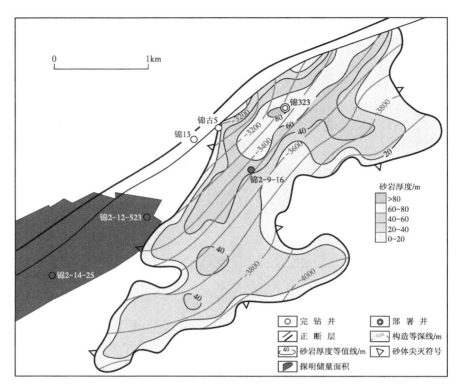

图 6-2-14　锦 323 井沙四段 II 砂体井位部署图

从岩性油气藏的形成条件入手，针对坡洼过渡带独特的构造、沉积背景、岩性油气藏分布的控制作用，运用层序地层学理论，建立该区的地层格架。运用地震属性综合技术识别砂体空间展布，精细描述砂体的几何形态。并结合沉积学和成岩作用理论等技术和方法，加强多学科的密切配合，建立适用于本地区地质特征的配套勘探技术。

围绕齐家—鸳鸯沟地区岩性圈闭识别问题总结形成了"分段解析、逐级预测、综合落实、井位部署"整套工作方法。第一，通过层序地层划分细化研究单元：体系域→准层序组→砂组，明确了湖侵域及高位域的湖泛泥岩是区域性稳定的盖层，而低位域及湖侵域早期的储层发育段是主要含油气层段。第二，逐级分析及预测：确定沉积体系→定性预测沉积体（扇体）→定量刻画有利砂体分布。第三，综合落实及评价岩性圈闭：预测有效储层分布→烃类检测。第四，提出井位部署建议。通过上述四个步骤，构成了在层序地层格架内以层序地层对比技术、三维构造精细解释技术、储层地震反演预测技术、地震属性提取储层预测技术、地震属性三维可视化分析技术、油气成藏条件综合评价和岩性圈闭综合评价技术等为主体的岩性油气藏预测与评价技术体系。

通过上述综合研究，在齐家—鸳鸯沟地区坡洼过渡带的沙一段、沙二段、沙三段和沙四段等层位相继刻画了岩性圈闭或断层—岩性圈闭共 15 个，总叠合面积为 182km$^2$，预测圈闭资源量为 $1.3 \times 10^8$t，共提出 9 口探井部署建议，锦 307、锦 310、锦 325、齐 233 等多口探井获得高产油气流。2005—2020 年，该区累计探明石油地质储量为

$2520 \times 10^4 t$，探明含油面积为 $22.0 km^2$，为辽河油田的增储稳产做出了重要贡献，取得了良好的经济效益。

## 第三节　陡坡型岩性油气藏勘探实践——以西部凹陷东陡坡及大民屯凹陷西陡坡油气藏勘探为例

### 一、西部凹陷东陡坡带砂砾岩油气藏勘探

#### （一）概况

西部凹陷东陡坡带油气资源富集，紧邻西部凹陷两大重要的生油洼陷——清水洼陷和陈家洼陷，洼陷周边从北到南已陆续发现高升、冷家、兴隆台等多个亿吨级油气田，成藏条件优越。东陡坡的砂砾岩体发育及分布受构造运动、边界断裂类型及古地貌形态控制。随着边界断裂台安—大洼断层与陈家断层的强烈构造活动，使得凹陷沉降中心由北向南迁移。在古地貌的控制下，扇体发育具有"沟扇"对应的特点。这些扇体被良好的烃源岩包裹，有利于岩性油气藏的形成。作为油气富集区，"十·五"以来针对陡坡带砂砾岩体，运用新技术、新勘探理念，展开持久攻关、持续勘探，不断取得油气勘探发现。

在"加强勘探富油气凹陷低勘探程度区"思想指导下，东部陡坡带按照"整体研究、差异化部署"的思路，根据扇体规模、埋深大小、储层条件等，加强对扇体开展综合评价，沙三段、沙四段的角砾岩体实现了勘探突破。2006 年在东陡坡南部发现坨 45 井沙四段砂砾岩油藏；2011 年雷 64 块在沙三段下亚段砂砾岩体上报探明储量面积为 $1.34 km^2$，储层有效厚度为 61.9m，探明储量为 $636.3 \times 10^4 t$。2017 年在海外河构造带海 57 块沙三段中亚段新增控制石油地质储量为 $860 \times 10^4 t$。2017—2019 年通过创新"扇根封堵、扇中富集"陡坡带角砾岩体的成藏认识，在东陡坡中段的雷家地区，沙四段角砾岩体上报探明储量为 $555 \times 10^4 t$。

#### （二）东陡坡带油气成藏地质特征

东陡坡带的油气沿台安—大洼断层带呈条带"串珠状"形式分布，断裂带控油的趋势明显，但处于断裂带的不同部位，发育不同的构造沉积类型，形成不同类型的油气藏，油气分布层位和富集程度也不一致。自 2000 年以来，本区的勘探一直处于徘徊不前的状态，主要因为本区正向背斜构造已经基本钻探完毕，并且处于台安—大洼断裂带，构造变化复杂，构造对油气控制作用明显，尤其是构造样式及油气分布规律没有得到明确认识。因此，有必要研究分析东陡坡带的构造变形特征，明确构造样式及其油气分布规律，指导下一步油气勘探。

##### 1. 分段性特征

辽河坳陷是在华北地台基础上由上地幔隆起导致地壳上拱，在拉张伸展作用下形成的裂谷型坳陷。台安—大洼断层是西部凹陷东侧的边界断层，新生代长期继承性发育，控制

了西部凹陷的沉积构造演化。台安—大洼断层从北到南贯穿整个东陡坡带，由于台安—大洼断层南北发育的顺序及差异性，在平面上可以将整个东陡坡带分为 6 个次一级构造，即牛心坨构造、高升构造、雷家—冷东构造、冷家堡—小洼逆冲断裂背斜构造、大洼断裂带、海外河构造。因此，整个东陡坡带总体呈"东西分带""南北分块"的构造格局。

牛心坨构造：牛心坨构造带是一个在长期继承性发育的古隆起上，经古近纪末期构造活动影响进一步抬升遭受剥蚀而形成的复合成因的构造带。其成因的应力机制是受区域右旋走滑应力作用，台安—大洼断裂下降盘相对北移，在牛心坨构造带受断裂延伸方向的改变和古突起存在的影响，产生了扭压作用，扭压作用的结果使该区不断抬升隆起，最后经历剥蚀和新近纪的沉积。

高升构造：其主体位于东陡坡带的西部，是西部凹陷亿吨级大油田有利构造带之一，高升构造的东翼属于东陡坡带，是一个在古突起的基础上发育起来的反转构造带。它的成因相对牛心坨构造带简单。沙一段、沙二段沉积期末的构造活动，使沙三段沉积期末时高升的构造高点由北向南发生迁移，即南侧发生了相对的抬升作用。东营组沉积末期该区的南部继续抬升，现今的构造特征基本继承了东营组沉积末期构造活动形成的构造特点。对于沙四段、沙三段的构造特征而言，高升构造在成因上属于一个反转构造，因为其高点发生了明显的迁移，原来的南部斜坡在沙一段、沙二段沉积期和东营组沉积末期后反转成了构造高点。这种前期的构造低部位接受了厚层砂砾岩沉积，后期转化为构造高部位的构造反转带是最为有利的油气聚集带，这也是高升构造富集油气形成大油田的原因。

雷家—冷东构造：雷家—冷东构造是陈家断层与台安—大洼断层所夹持的复杂断裂带。是在沙三段沉积期伸展构造所形成的多断阶基础上，沉积了一套较厚沙三段地层；在东营组沉积期，受到走滑挤压，发生构造反转，成为北东走向长轴背斜形态。

冷家堡—小洼逆冲断裂背斜构造：台安—大洼断层在渐新世东营组沉积时期发生强烈的右旋走滑运动，冷家堡地区由于西部兴隆台潜山的存在，使台安—大洼断层与兴隆台潜山之间的空间位置变窄，北东向走滑作用力产生南东—北西向的挤压作用力，冷家堡整个东部块体走滑在兴隆台潜山东侧受到挤压，形成冷家堡—小洼逆冲断裂背斜构造。

大洼断裂带：在大洼地区，由于其西部是开阔的清水洼陷，所以台安—大洼断层走滑产生的挤压作用在这里得到释放，原来"南掉"的正断层经走滑作用发生侧向旋转成为"北高南低"的反屋脊断层，这些断层呈走向为北西—南东方向平行排列并消失在清水洼陷之中。

海外河构造：在古潜山背景的基础上，经"旋转"陷落形成，上覆沉积古近系薄层。海外河潜山基岩为太古宇花岗岩，周边地区残存中生界。古近系自构造低部位向海外河潜山层层超覆或充填沉积。海外河潜山顶部沙三段及沙一段缺失沉积；由于受基底古隆起的控制，沙三段、沙一段、东营组一段、东营组二段、东营组三段直接披覆沉积其上，形成潜山周边厚、向潜山顶部逐渐减薄（或至缺失）的披覆地层特征。

由于东部陡坡带的构造发育都与基底有密切关系，所以东陡坡的构造样式都属于基底卷入式。以台安—大洼断裂带在不同构造位置断层不同的展布方式，还可具体划分为三种构造样式：正反转构造样式、伸展断裂构造样式、"潜山披覆"断块构造样式。牛心坨、高升、雷家—冷东构造、冷家堡—小洼逆冲断裂背斜构造以正反转构造样式为主，大洼断裂带以伸展断裂构造样式为主，而海外河构造以潜山披覆型构造样式为主。

正反转构造样式属叠加构造的一种类型。构造的叠加是指地史发展过程中，同一时期不同的构造作用或不同时期各种构造作用在一个构造上的联合、叠加。

伸展断裂构造是辽河坳陷西部凹陷古新世—始新世时期构造活动的主要表现形式，经历了房身泡组沉积期初始裂陷期，沙三段沉积早、中期裂谷深陷期和东营组沉积时期的持续再陷。

潜山披覆构造是内、外动力地质营力综合作用的产物。它由剥蚀面以下的核部古潜山和剥蚀面以上的披盖构造两部分组成。所有的潜山披覆构造都经历了两个发育阶段，前一阶段是地壳上升并遭受剥蚀，后一阶段是地壳下降并被埋藏。组成潜山披覆构造的地层可以多种多样，沉积岩、变质岩和岩浆岩地层都可以形成古潜山，而且都可能形成油藏。

### 2. 沉积储层多样性

古近纪东陡坡处于湖盆边缘，沉积物源主要来自中央凸起，物源丰富，运移距离短，具有明显高差，且垂直于构造轴向，沉积物具有了多物源、多旋回的特点。沙四段沉积时期，受东侧边界断层控制，在台安—大洼断层下降盘发育陡坡带物源的近岸水下扇，其岩性主要为灰色角砾岩、砂砾岩及细砂岩；在陈家洼陷北、西侧受古地形影响发育一套以白云岩为主的碳酸盐岩沉积，并发育有暗色泥岩。

沙三段沉积时期，受北西—南东向拉张应力的作用，控凹边界断层台安—大洼断层剧烈活动，受此断层的控制，基底不断向东南倾斜，盆地急剧下沉，沉积了巨厚的沙三段，形成一个完整的三级层序。沙三段下亚段低位域沉积时期，由于受盆地拉张和沉降的影响，地形坡度较大，发生广泛水进，来自东侧的粗碎屑物质向西注入湖盆，由北至南发育多个近东西向展布的扇三角洲沉积体。沙三段中亚段水进域沉积时期，由于台安—大洼断层的持续强烈活动，陈家断层下降盘不断下降和陷落，水体迅速加深，发育扇三角洲—滑塌浊积扇沉积体系；沙三段上亚段高位域沉积时期，湖盆发生大规模水退，沉积类型以进积的扇三角洲为主。这些多期次、多物源的扇三角洲和湖底扇砂砾岩扇体互相叠置，形成厚度巨大、分布空间十分广阔、几乎遍布全区的砂砾岩储层。砂砾岩的累计厚度十分可观，占地层厚度的比例平均为 50% 以上，高者甚至达 90% 以上。

沙二段到沙一段沉积时期，来自东侧中央凸起的碎屑物质，经短距离搬运入湖，在地势低洼处堆积形成碎屑岩沉积物。根据构造演化及地层特征分为低位、湖侵和高位三个体系域。整个沙二段为低位体系域，沙一段分为湖侵和高位体系域。低位体系域沉积时期，水体深度较浅，沉积受古地貌影响明显，具有填平补齐的特征，在沟谷部位充填了以砂砾岩为主的扇三角洲沉积物；湖侵体系域和高位体系域沉积时期，沉积了多期次以砂岩为主的扇三角洲沉积体。

古近系储层以砂岩，含砾砂岩及砂砾岩为主，岩石类型以岩屑质长石砂岩为主，其次为长石质岩屑砂岩及杂砂岩。储层的主要储集空间以各种孔隙为主，局部可见粒间和碎屑内的微缝，层理孔缝和其他成因的缝隙。

古近系砂体总体发育特征是相带较窄，近物源，分选差，储集物性较差，但砂体单层厚度较大，累计厚度亦较大。这些砂砾岩储集体呈透镜状或楔状斜插入泥岩发育的湖区范围形成岩性圈闭，为油气的聚集提供良好的储集场所。随着构造活动的演化，沉降中心不断地迁移。

东陡坡带的沉积具有迁移性的特点，具体迁移过程为沙四段沉积期沉降中心位于西部凹陷北部及西斜坡地区，在牛心坨地区沉积了最早的牛心坨地层；沙三段沉积期沉降中心迁移至南部的高升—冷东地区；沙一段、沙二段沉积期沉降中心迁移至大洼地区；东营组沉积期的沉降中心位于最南部的海外河区域。

### 3.油藏分布模式

东部陡坡带油藏分布广泛、储量可观，油气藏类型也比较丰富。不同的构造应力场、不同的构造力学机制控制着构造性质、构造格局及其沉积充填序列，进而控制烃源岩的分布及热演化特征、储层和盖层的发育特征及圈闭的类型，最终影响油气的富集程度。从构造样式的角度来看，不同的构造样式分别对应不同的油气藏类型。正反转构造样式主要发育构造油气藏和构造—岩性油气藏；伸展构造样式发育构造油气藏、构造—岩性油气藏和岩性油气藏；"潜山披覆"断块构造样式主要发育岩性油气藏及岩性—构造油气藏。

从东陡坡古近系油藏的平面分布来看，最北边的牛心坨构造储量基本分布在沙四段，高升构造带储量分布以沙四段和沙三段为主，雷家构造以沙三段为主要含油层系，冷家构造以沙三段和沙一至二段为主要含油气层系，大洼断裂带以沙一至二段为主要含油层系，海外河构造以东营组为主要含油气层系。油藏平面分布地层年代具有从北到南逐渐由老变新的明显特征。

## （三）砂砾岩体勘探实例

### 1.挖掘构造转换带勘探潜力，拓展发现雷家地区沙三段砂砾岩规模优质储层

1）雷家构造带与高升构造带转换部位，预测发育新的物源体系

雷家地区位于陈家洼陷北部，是油气运移的主要方向之一。陈家断层晚期强烈活动，对该区沙四段及沙三段下亚段角砾岩储层具有强烈的改造作用，角砾岩被烃源岩包裹，有利于岩性油气藏的形成。以往的勘探中，该地区钻遇的角砾岩均见到良好的油气显示，部分探井试油获得工业油气流。2001 年完钻的雷 60 井在沙四段砂岩、角砾岩储层获得勘探发现，沙四段 2858.5~2882.0m 井段，压后用 8mm 油嘴自喷，获日产油为 18.83t，累计产油为 69.0t。2002 年雷 60 块沙四段上报探明含油面积为 0.5km²，探明石油地质储量为 $44.0 \times 10^4 t$。近年来，根据扇体规模、埋深大小、储层条件等，加强对扇体开展综合评价，优选沙四段及沙三段的扇体开展部署研究工作。

陈家断裂在古近纪沙河街组沉积期和东营组沉积早中期为东掉的并对沉积具有控制作用的正断层，断距由北而南不断加大，经过高升凸起后，断距变小，走向改变，逐渐变为

北西向。高升构造带和雷家构造带之间为陈家断层的转换部位，这种转换部位是形成物源入口的有利构造位置。由于靠近陡坡带，物源进入湖盆后形成横向沿陈家断层展布，纵向逐渐尖灭到泥岩、以重力流沉积为主的扇体。扇根部位物源沉积速度快，岩性混杂，沉积物主要是封堵层，可以形成有效的侧向遮挡；扇中的辫状水道部位砂体发育，储层物性最好，泥质含量最低，是有利的储层。这些地区的扇体成藏具有"扇根封档，扇中成藏"的特征。从岩性油气成藏的角度来看，雷家地区、冷家地区、高升地区陡坡带沙三段的砂砾岩体是形成岩性油藏的有利场所。

　　2）精细刻画低位域扇体分布

　　沙三段沉积时期辽河盆地进入主成盆期，沉积厚度大，范围广，自下而上根据沉积旋回、岩性及电性特征可进一步细分为沙三段上、中、下三个亚段。本区沙三段下亚段低位域沉积期是砂砾岩扇体广泛发育的时期，沙三段中亚段的水进体系域泥岩区域上稳定分布，是良好的盖层，储盖组合好。因此重点刻画沙三段下亚段低位域的扇体。

　　在沙三段下亚段低位域沉积时期，由于受盆地拉张和沉降的影响，沉积区底形坡度较大。西部凹陷发生广泛水进，粗碎屑物质从多个物源从北东和东部方向注入湖盆，雷家地区发育了广泛的扇三角洲沉积复合体。沙三段下亚段地层厚度为200~900m，是本区域主要含油层段。该套地层由洼陷向北及向西呈减薄趋势，向西减薄速率很快，过渡到前扇三角洲部位，地层厚度减薄至200m左右，岩性以厚层泥岩沉积为主（图6-3-1）。沙三段下亚段在南北向厚度有变化，但变化相对较小。从其岩性发育特点分析，受物源方向及大小影响，平面展布变化较大，直接影响着油气富集部位。而向陈家洼陷方向，砂岩发育程度及储层物性变差，岩性变细，油气富集程度也在变低。

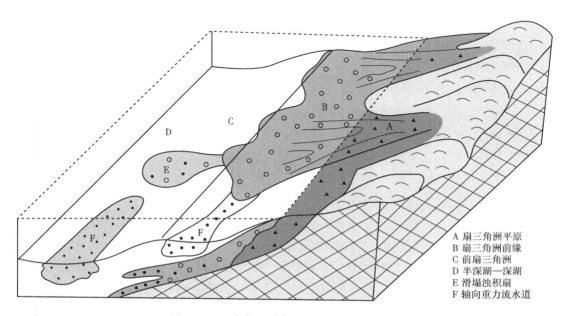

A　扇三角洲平原
B　扇三角洲前缘
C　前扇三角洲
D　半深湖—深湖
E　滑塌浊积扇
F　轴向重力流水道

图6-3-1　冷东—雷家地区 $Es_3^3$ 沉积模式图

3）油气分布规律研究，探索陡坡带内与洼陷带低位域砂砾岩油藏取得新发现

冷东—雷家地区砂砾岩体油气藏主要由多种成因的砂砾岩扇体从凸起向洼陷呈有规律的组合、叠置和展布，形成一个上接凸起、下邻深洼的扇体群。这些扇体群往往被多期的断层所分割，形成复杂断块油气藏、断层—岩性油气藏、构造—岩性油气藏、地层超覆油气藏和岩性油气藏。生油洼陷生成的油气沿断层和砂体向上倾方向多期运移和聚集形成油气藏。从油藏的含油幅度来看，洼陷带油藏的含油幅度不受构造高点控制，构造最高的部位不一定含油，最厚的油藏分布在主水道的位置。因此，对于单纯岩性油藏来讲，主控因素就是古地貌控制扇体的分布，主水道控制油藏的富集。在雷家构造带与高升构造带转换部位发育的扇三角洲扇中辫状河道最发育的部位部署雷 64 井（图 6-3-2）。2011 年在雷 64 井砂砾岩体上报探明储量面积为 1.34km²，储层有效厚度为 61.9m，探明储量为 636.3×10⁴t。

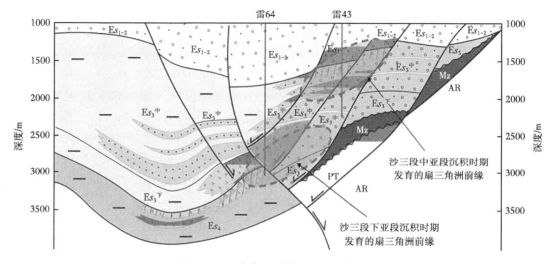

图 6-3-2　冷东—雷家地区沉积剖面图

## 2. 拓展牛心坨南部砂砾岩扇体预测研究，发现沙四段新油藏

牛心坨构造位于东陡坡带的最北部，该构造勘探始于 1984 年，相对于西部凹陷其他主要构造的勘探工作展开时间，针对该构造的勘探工作起步要晚。1987 年 9 月，张 1 井在牛心坨油层试油，产油达 40t/d，获高产工业油流，从而发现了该油田。之后陆续开展钻探工作，在古近系相继发现了沙三段、沙四段含油层系。沙四段探明含油面积为 7.01km²，探明石油地质储量为 1512×10⁴t；沙三段探明含油面积为 0.3km²，探明石油地质储量为 20×10⁴t。

牛心坨地区沉积时期，台安—大洼断层在北部牛心坨地区先期活动，在前古近纪基底上发育了近北东向小型断陷湖盆。湖盆形成初期，断裂活动频繁，气候干旱，湖泊水体较浅，主要为滨浅湖水体，水体面积也比较有限，南部高升地区出露地表遭受剥蚀，仅牛心坨地区及其周缘被水体覆盖。牛心坨地区沉积期由于台安—大洼断层在牛心坨地区活动强烈，造成了中央凸起与湖盆之间的较大高差，来自中央凸起的物源在牛心坨南部地区形成了大型重力流砂砾岩扇体。粗碎屑沉积以冲积扇相最为发育，岩性以紫红色、浅灰色、杂

色砂砾岩和长石砂岩为主。该砂砾岩体具有累计厚度大，平面分布不稳定的特点。砂砾岩累计厚度一般为100~200m，最大值在坨25井，超过了680m（未穿），沉积和沉降中心均靠近台安凹陷。该扇体发育在一近南北向展布的鼻状构造上，内部被一系列北东、南北向的断层分割为多个断块。在该鼻状构造高部位断块部署的张1井、坨25井都获得工业油流。2006年，运用岩性油藏的观点，对坨25扇体的成藏条件进行重新剖析，形成如下几点认识：一是坨25扇体紧邻牛心坨洼陷，该洼陷沙四段暗色泥岩是良好的烃源岩；二是坨25沙四段砂砾岩体侧向尖灭到暗色泥岩中，可形成砂岩侧向尖灭型岩性油藏；三是生储配置关系好，坨25扇体储层条件好的部位是形成油藏的关键。因此运用地震属性分析技术、波阻抗反演技术对坨25扇体进行刻画，在该扇体有利砂体发育的部位部署坨45井，2006年坨45井在古近系沙四段2066.0~2034.3m井段，获得工业油气流，试油日产油为46.2$m^3$，无游离水，累计产油为122.0$m^3$，2007年上报控制含油面积为8.1$km^2$，控制石油地质储量为1370×$10^4$t。

### 3. 建立"岛缘扇"发育新模式，拓展中央凸起南部勘探领域，发现海外河地区砂砾岩油藏

海外河构造处于东陡坡带最南部，向北经台安—大洼断层与清水洼陷相连，是中央隆起带南部倾没端上的一个次级隆起。从构造格局上看，海外河地区受台安—大洼断层控制，在台安—大洼断层的上升盘和下降盘都形成了多个断裂背斜构造。上升盘的油气主要聚集在东营组，下降盘的油气主要在沙三段聚集。

沙河街组沉积时期，海外河潜山暴露于水体之上，未接收沉积，可为海外河提供充足的物源。沙三段沉积期，台安—大洼断层、海外河断层活动强烈，在陡坡的背景控制下，来自东部海外河潜山的碎屑物质快速入湖，堆积形成环海外河潜山的多分支、多期次的近岸水下扇沉积砂砾岩体，即"岛缘扇"。扇体自东向西分别发育扇根—扇中—扇端亚相，岩性由粗变细（图6-3-3）。在地震反射方面扇根岩性厚且致密，表现为偏弱的平行振幅；扇中砂体逐渐减薄，表现为中强—强的平行振幅；扇端以泥岩、粉砂岩为主，表现为杂乱弱振幅。砂岩厚度受相带控制，分布最厚的地区在本区东侧，向北、西、南逐渐减薄。

本区临近清水洼陷、海南洼陷，具有充足油源，受沉积相带影响，形成物性封堵的岩性圈闭。平面上油藏受相带控制作用明显，总体表现为"扇根封堵，扇中富集"的特征。扇根物性差，形成侧向封堵；扇中物性较好，富集含油，储层"非油即干"。储层自东向西、自扇根向扇端逐渐减薄，形成受物性控制的岩性油藏。2002年在该扇体的海26块沙三段上亚段探明石油地质储量为33×$10^4$t。为扩大勘探成果，加强了对海外河构造的地质综合研究，在构造精细解释和沉积相研究的基础上，运用地震波阻抗反演、地震多属性分析储层预测等技术，对该区储层展布和油气有利分布区进行了预测和刻画，在此基础上，在2016年部署实施了海57井，海57井在沙三段中亚段3252.9~3282.7m试油，压后用5mm油嘴放喷，获日产油为49.41$m^3$，累计产油为207.41$m^3$，日产气为5845$m^3$，累计产气为22691$m^3$。2017年海57区块在沙三段中亚段上报控制石油地质储量为860×$10^4$t，含油面积为6.5$km^2$。

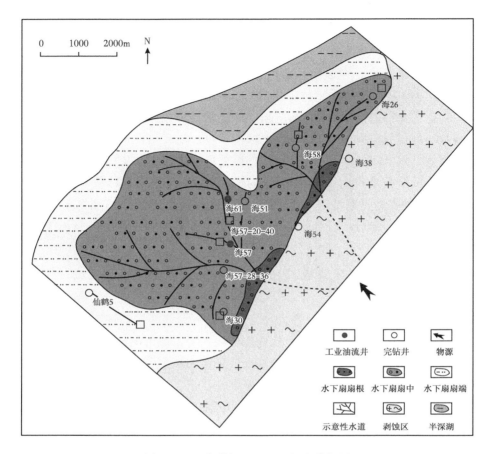

图 6-3-3　海外河地区 E$s_3^2$ 沉积微相图

**4. 精细储层评价与砂体刻画研究，拓展陈家断裂带下降盘砂砾岩油藏勘探新进展**

陈家断层下降盘在雷家地区，发育一组近东西走向的派生断层，受其切割形成多个断块；沙四段沉积时期发育扇三角洲亚相水下分流河道，沉积的砂砾岩向西北部尖灭形成岩性圈闭。2001 年完钻的雷 60 井在沙四段 2858.5~2882.0m 砂岩、角砾岩井段试油，压后用 8mm 油嘴自喷，获日产油为 18.83t，累计产油为 69t；2011 年完钻雷 79 井在沙四段 3738.0~3758.0m 角砾岩井段试油，压后水力泵排液，获日产油为 6.72m³，累计产油为 13m³，预示雷家地区沙四段砂砾岩具有较大的勘探潜力。陡坡带砂砾岩存在以下几点制约勘探的问题：一是地质背景复杂，断裂发育。多期次的断裂活动，多种性质的应力作用，形成复杂的断裂系统和构造格局。二是坡度大，砂体近岸、快速堆积，发育多种类型的沉积体系且扇体横向变化快，扇体识别及期次划分难度大。三是岩性复杂多变，地震反射特征复杂、无序，储层"甜点"预测难度大。针对上述存在的关键技术问题，运用相关配套勘探技术并取得了很好的勘探成效。

1）开展角砾岩体期次划分，建立油层组级别的等时地层格架

针对该区砂砾岩体厚度大，延伸距离短，横向变化快的特点，根据岩性和电性特征，按照沉积旋回，对角砾岩体进行了细分。根据油层组合关系将沙四段从下到上划分为Ⅲ、Ⅱ、Ⅰ三个油层组。Ⅲ油层组发育灰色玄武质角砾岩、花岗质角砾岩、灰绿色玄武岩、蚀变玄武岩；Ⅱ油层组以灰色玄武质角砾岩、花岗质角砾岩为主，局部地区夹薄层蚀变玄武岩；Ⅰ油层组以灰色玄武质角砾岩、玄武质细砂岩为主，夹薄层深灰色泥岩。沙三段下亚段划分2个油层组：Ⅱ油层组以花岗质角砾岩和玄武质角砾岩为主，夹灰色泥岩；Ⅰ油层组为大套灰色泥岩夹薄层砂岩。沙三段中亚段Ⅲ油层组为一套灰色厚层砾岩、砂岩夹泥岩岩性组合；沙三段中亚段Ⅱ油层组为中厚层砂岩、含砾砂岩、砾岩夹深灰色泥岩；沙三段中亚段Ⅰ油层组：上部为一套灰色泥岩，下部为块状砾岩、砂岩夹灰色泥岩。

2）属性反演结合，刻画不同期次砂砾岩体分布

方法1：优选地震振幅属性对扇体的展布特征进行刻画。地震属性分析就是将地震数据分解成各种属性。地震属性技术就是提取、存储、检验、分析、确认、评估地震属性及将地震属性转换为地质特征的一套方法。目前，从地震数据体中能够提取近10类地震特征参数，如振幅类、频率类、波形类、衰减类、能量类、相位极性、阻抗等，每一类又包含许多种参数[11]。通过多种属性的对比，优选对本区相带变化敏感的均方根振幅属性刻画扇体的边界（图6-3-4）。例如对雷家地区沙三段下亚段Ⅱ砂层组提取的均方根振幅属

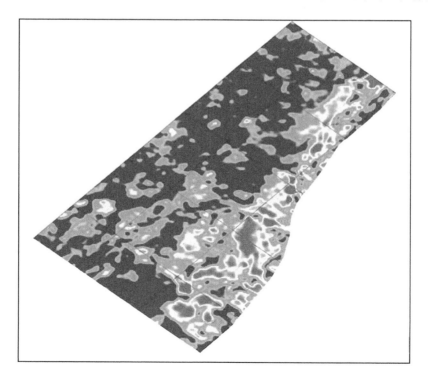

图6-3-4　雷家地区沙三段下亚段Ⅱ砂层组均方根振幅属性

性可看出，红黄反射的振幅异常沿陈家断层呈北东向稳定延展，南部反射异常强于北部，异常整体向西快速变薄尖灭。将振幅属性与完钻井结合确定了Ⅱ砂层组沉积微相的分布范围（图6-3-5）。

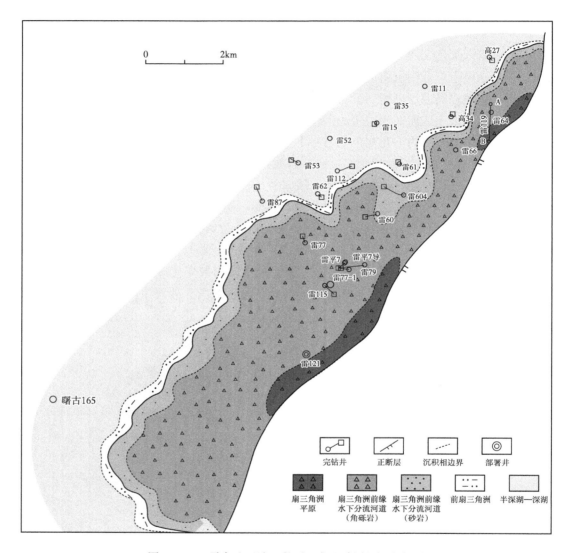

图6-3-5　雷家地区沙三段下亚段Ⅱ砂层组沉积相图

　　方法2：优选单频属性定量预测角砾岩厚度发育区。地震属性的高频部分更多反映了等时沉积界面信息，该层面主要是细颗粒，薄层厚度调谐。低频部分则更多地反映岩性界面，主要为粗颗粒和岩性调谐，即共振。通过和完钻井对比分析，本区优选10Hz和40Hz两个频率，其中10Hz低频属性反应厚层发育，40Hz高频属性反应薄层发育。从预测结果来看，雷家地区厚层砂砾岩体仅发育在雷63井区的南侧（图6-3-6），范围局限，薄层砂体分布范围比厚层砂砾岩体广，沿陈家断层呈北东向延展，向西快速减薄尖灭（图6-3-7）。

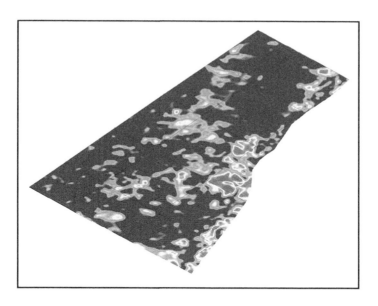

图 6-3-6　雷家地区 10Hz 低频属性图

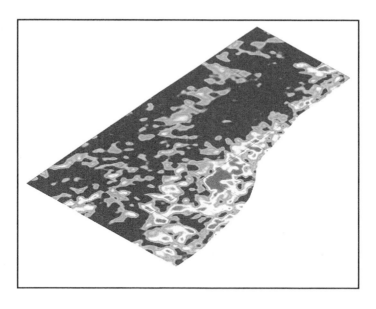

图 6-3-7　雷家地区 410Hz 高频属性图

　　方法 3：测井曲线重构反演方法预测有效储层分布范围。在储层特征反演研究中，当波阻抗资料不能有效分辨砂岩时，可以利用对储层有良好分辨能力的测井曲线重构声波曲线，以达到利用反演技术有效识别砂体并进一步明确砂体在空间展布规律的目的。不同电测曲线从不同侧面反映同一岩石的物理性质，因此，存在相关性和差异性。相关性意味着可以重构，差异性反映物理性质不同。重构的实质就是对原有声波测井进行数值校正，把其他测井信息转换为拟声波曲线。

本区储层以角砾岩为主，利用单一速度资料或波阻抗资料难以将角砾岩、砂岩、火山岩及泥岩严格区分开，因此，选用重构特征曲线反演进行储层的空间分布研究。从测井解释工作成果来看，自然伽马、密度、中子曲线不但能够很好地区分本区沙四段的五种岩性，而且可以很好地反映储层特征，并与声波曲线有良好的相关性，因此本次曲线重构选用声波时差、自然伽马和中子曲线进行电性特征曲线重构，再利用这一重构的特征曲线进行反演。

从反演结果来看（图6-3-8），雷64井和雷66井沙四段只有Ⅱ砂层组发育储层，雷66井储层比雷64井发育；雷60井—雷115井三个砂层组的储层都发育，储层成层性较好。反演的结果与单井较吻合。从雷家地区Ⅱ砂层组储层厚度预测结果来看（图6-3-9），雷60井—雷115井一线储层较发育，呈北东向展布。

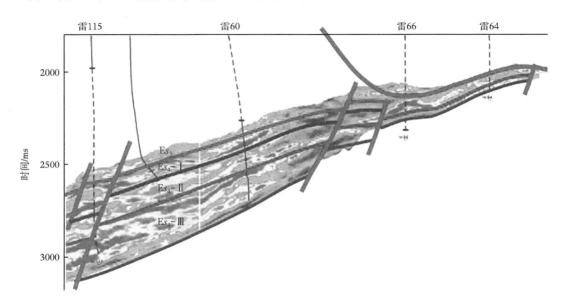

图6-3-8 雷115井—雷60井—雷66井—雷64井波阻抗反演剖面

运用上述技术方法，在储层反演的基础上，结合单井、沉积相以及属性预测结果，在东陡坡沙四段刻画角砾岩扇体三期，总面积75.4km²；沙三段下亚段刻画角砾岩扇体二期，总面积15.0km²。

3）勘探部署及效果

根据东部陡坡带不同构造带的勘探程度、勘探难度及油气成藏条件，首选雷家地区沙四段角砾岩作为突破口。2017年对雷77井 $Es_4$-Ⅰ油层组砂岩实施老井试油，3398.5~3465.0m井段，45.5m/4层，压裂后用5mm油嘴，获日产油为11.2m³，累计产油为69.84m³。2018年针对角砾岩自然产能低的状况，通过水平井体积压裂，提高产能。在雷家地区沙四段角砾岩部署了雷平7井，在 $Es_4$-Ⅱ油层组角砾岩实现突破，上报新增控制储量为 $173.8 \times 10^4 t$。

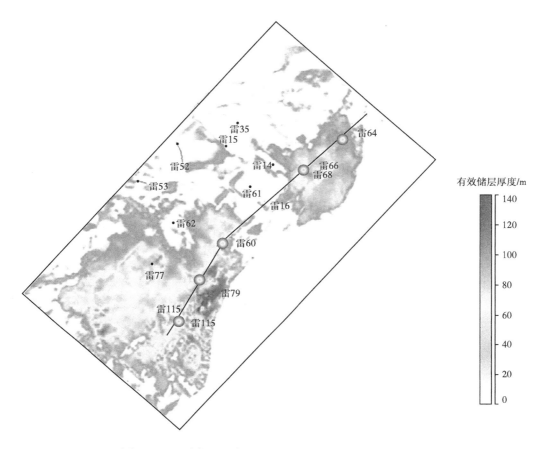

有效储层厚度/m

图 6-3-9　雷家地区沙四段 II 砂层组有效储层厚度预测图

## 二、大民屯凹陷西部陡坡带砂砾岩油气藏勘探

### （一）勘探概况

大民屯西陡坡沙四段扇三角洲砂砾岩分布在凹陷西部断槽带，由南向北发育前进、平安堡、安福屯、兴隆堡和三台子五个扇体。

20 世纪 70—80 年代，前进扇体沙四段钻遇了砂岩类储层，多口井见油气显示或解释油气层，沈 179 井试油获工业油流，探明石油地质储量为 $18 \times 10^4$t。随着大民屯基岩勘探高峰期的到来，沙四段一直作为主力生油层进行评价认识。

2001 年后，有意识地开展以沙四段为主要目的层的钻探及兼探工作。在安福屯扇体沈225 井沙四段下亚段钻遇大套砂砾岩，厚度达 258m，在 3451.9~3476.9m 和 3267.9~3265.9m 井段试油压裂获工业油流，大民屯凹陷西部沙四段勘探初见成效。2003 年，平安堡扇体获油气发现，钻探平安堡潜山的沈 257 井沙四段砂砾岩体，试油获得了工业油流。平安堡、安福屯扇体共探明石油地质储量为 $235 \times 10^4$t，控制石油地质储量为 $2014 \times 10^4$t。之后，平安堡扇体沈 281 井区和三台子扇体沈 267 块沙四段上亚段也有勘探发现，沈 267 区块探明石油地质储量为 $331.46 \times 10^4$t，证实了西部沙四段砂砾岩体的巨大勘探潜力。

但西部扇三角洲砂砾岩体厚度大、岩性复杂，储层大多低孔低渗、非均质性强；扇体内岩性及含油性变化大，自然产能低，已发现的油气藏或出油点孤立存在，加之该区地震资料品质较差，构造复杂，断裂破碎，对该区油气分布规律缺乏整体认识。

2014年，辽河油田公司牵头成立了大民屯西侧砂砾岩体整体研究项目组，对西部砂砾岩体开展整体评价、精细研究，提出"物性控藏"成藏理论，利用相应配套技术解决地质难点，沈268块储量区外部署的沈354、358井取得可喜勘探成果。2015年，安福屯扇体上报探明石油地质储量为$1123.82 \times 10^4$t，实现了平安堡及安福屯扇体含油面积连片[12]。

针对砂砾岩体低渗透储层直井自然产能低的问题，选取砂体稳定、储集条件有利、含油性较好的层段为目的层，在安福屯、平安堡扇体开展水平井部署，2020年底，沈273块探明石油地质储量为$807.43 \times 10^4$t，实现储量效益动用。

## （二）西部陡坡带砂砾岩地质条件及成藏特征

### 1. 沉积储层条件

大民屯凹陷初始裂陷阶段，断块作用下基岩断块体翘倾，北东向西倾主干断裂持续活动，使得凹陷东西向分带为西部、中央和东部三个构造带。西部构造带主要由西边界断层和安福屯断层夹持而成，并分别向南北延伸呈现出条带状展布的断槽带，其间被沈278高垒块分割，由南向北呈成洼隆相间的构造格局，形成了沙四段沉积期低位域扇体沉积的古地貌背景（图6-3-10）。

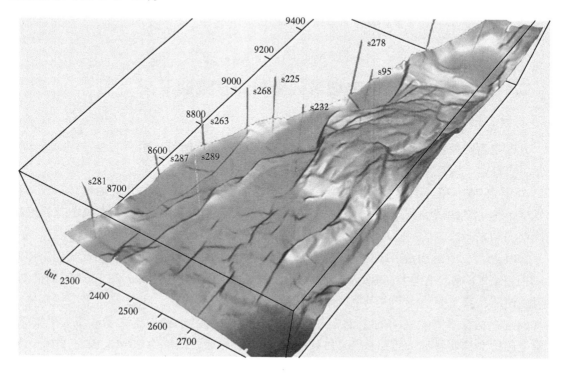

图6-3-10　西陡坡沙四段沉积期古地貌背景图

沙四段沉积早期，西边界断裂活动强烈，凸起区物源供给充足，随着湖盆边缘与沉降区高差不断增大，碎屑物质近岸快速搬运入湖盆。在阵发机制的作用下，陡岸粗碎屑物质充填于洼地区，形成低位体系域扇三角洲—浅湖相沉积体系，来自西陡坡多物源的多期扇体相互叠置沉积，沿西部断槽带呈扇群状分布，向洼陷中心方向尖灭，其中平安堡、安福屯扇体分布在安福屯洼陷，兴隆堡、三台子扇体分布在安福屯北洼陷中。

沙四段沉积晚期凹陷整体沉降，湖盆扩张、水域变大、水体加深，西部扇三角洲砂体继承性发育，形成水进体系域扇三角洲—深湖、半深湖相沉积体系，扇体规模较小，前端滑塌形成浊积扇砂体。对比沙四段的两期扇体，低位域扇三角洲扇体规模较大，分布范围广，几乎覆盖整个西部断槽区，最大延伸长度为 4.5km，砂体厚度达 250~500 m（图 6-3-11）。

通过沉积相研究认为，扇三角洲相主要由扇三角洲平原、扇三角洲前缘和前扇三角洲三个亚相组成，相带间及其不同沉积微相在沉积物粒度、砾石定向排列特征、颗粒支撑物类型和层理构造上有明显差异 [13]。横向上，扇三角洲平原亚相以砂砾岩、角砾岩等砾岩类沉积为主，重力流沉积导致储集岩填隙物含量高，分选磨圆较差，储层物性条件差，多为极差储层。扇三角洲前缘亚相包含水下分支河道、河道间和河口坝、席状砂，发育具有递变层理、块状层理的中粗砂岩和细砂岩等砂岩类储层，其次为砂砾岩、不等粒砂岩储层，储层成分成熟度和结构成熟度相对较高，为有效储层发育的有利相带。前扇三角洲亚相多为泥质岩类沉积，为较好生油层。

储层包括砂砾岩、角砾岩等砾岩类和中粗砂岩、细砂岩等砂岩类两种储集岩，从铸体薄片可以看出，砾岩类储层的储集空间类型为粒间孔、溶蚀孔以及微裂缝、溶蚀缝；砂岩类储层的储集空间类型主要以粒间孔、溶蚀孔为主，见少量粒内溶孔，存在个别长石完全溶蚀形成的铸模孔。

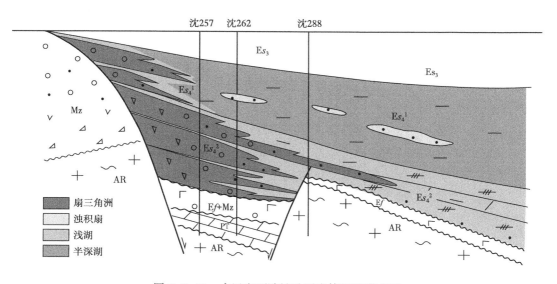

图 6-3-11　大民屯西陡坡砂砾岩体沉积模式图

砾岩类及砂岩类两种类型储层的物性特征有较大的差异。据常规物性分析，砾岩类储层的孔隙度主要为 2.0%~18.0%，平均为 7.2%（59 个样品），渗透率主要为 0.06~28mD，平均为 1.7mD（59 个样品）；砂岩类储层的孔隙度主要为 2.5%~21.7%，平均为 10.4%（128 个样品），渗透率主要为 0.06~7.5mD，平均为 0.80mD（128 个样品）。

储层孔隙结构特征以低渗、中孔、细—微细喉不均匀型为主。砾岩类储层最大孔喉半径分布于 0.73~212.5μm 之间，排驱压力分布于 0.03~5.093MPa 之间；砂岩类储层最大孔喉半径分布于 0.061~4.8μm 之间，排驱压力分布于 0.153~2.08MPa 之间。这说明本区的孔隙喉道差异较大，储层的非均质性较强。从具体数值分析，砂岩类储层最大平均孔径分布范围较小，比砾岩类储层非均质性弱。

砂砾岩体储集性能差、非均质性强的原因一方面为近缘快速沉积，储层碎屑颗粒混杂、分选和磨圆较差、填隙物含量高、风化程度深，储集岩成分成熟度和结构成熟度普遍较低；另一方面，砂砾岩体普遍埋藏较深，原生孔隙受压实作用影响显著，次生溶孔受酸性介质（烃源岩分布）影响呈不均衡分布。因此，多期砂砾岩扇体纵向上相互叠置的同时，砂砾岩体内部既呈现为宏观上岩性差异形成的封堵层分布，也表现出微观上储集空间及物性条件明显差异形成的非均质特征。

### 2. 砂砾岩体成藏特征

沙四段下亚段低位域扇三角洲砂砾岩体具有"相带控储、物性控藏"的成藏特征，即沉积相带控制岩性分布、岩性控制物性、物性控制含油气性。陡岸扇三角洲平原亚相沉积物多为近源重力流沉积的角砾岩、砂砾岩，碎屑颗粒分选差，填隙物含量高，物性普遍较差；从构造位置来看，扇三角洲平原亚相整体处于单斜构造的上倾高部位，对油气聚集起到有效的封堵作用。扇三角洲前缘亚相沉积物砂体粒度适中，中粗砂岩、细砂岩分选相对好，物性条件也较好，是首选的有利区带。前扇三角洲亚相泥质岩类是本区较有利的烃源岩。前缘储集砂体与烃源岩呈指状紧密接触，或其顶、底部被暗色泥岩包围，伴随生油层大规模排烃形成次生孔隙发育带，其含油性普遍较好；同时受断裂活动改造，砂砾岩体储层裂缝发育、与油源形成有效沟通，具有良好源储配置关系。砂砾岩体油藏含油丰度普遍不高，经常是单套或多套油层叠置分布，油层非均质性较强[14-15]。

沙四段上亚段水进体系域扇三角洲相尽管分布规模较小，但与低位域储集体的成藏特征基本一致。扇三角洲前端滑塌形成的浊积扇储集岩包裹于烃源岩中，在剖面上呈现典型透镜状展布，如沈 262 井、沈 232 井、胜 25 井—安 12 井区沙四段上亚段浊积体。这类砂砾岩体油藏的特征是砂体分布范围小，砂岩厚度较薄，一般为 10~30m，油藏规模不大，但是储层物性好，单井产量很高，同样具有很好的勘探开发潜力。

因此，大民屯西陡坡扇三角洲砂砾岩体油藏平原亚相封堵、前缘亚相储油、前扇供油，油藏类型为受物性控制的岩性油气藏（图 6-3-12）。在勘探部署研究中，如何寻找有利沉积相带、有利岩性成为储层评价研究的重点。

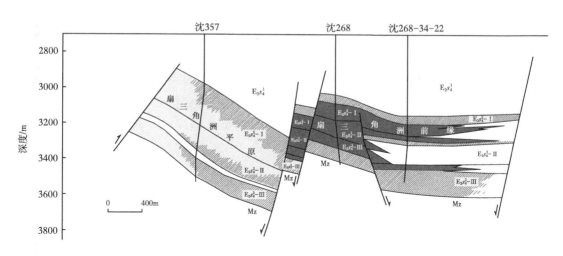

图 6-3-12　西陡坡砂砾岩体油藏剖面

## （三）砂砾岩体精细勘探实践

2011—2014 年针对西陡坡地震资料品质差、构造复杂等难题，在大民屯西部斜坡开展两次地震资料的采集、处理攻关，为精细研究提供地震资料基础。在层序地层格架内，细分砂层组进行地层对比、沉积相研究和储层评价，明确优势相带；精细解释小层构造形态，通过多种储层预测方法刻画有效砂体，落实有利区带分布，提出勘探部署建议。以落实有利岩相带、寻找有效储层为勘探研究的重点，通过多学科联合攻关，提出"物性控藏"理论，明确前缘亚相砂岩储层是主要储油层，总结出"层序地层学研究定格架、沉积相研究定相带、储层评价定参数、地震多属性及叠前反演定有效储层、综合研究定部署"的技术流程，工作核心为加强油藏分析，落实有利相带，预测有效储层分布，为井位部署提供建议。同时考虑到直井自然产能低，实施水平井部署方案，实现储量有效动用。

### 1.精细研究内容

针对沙四段大套砂砾岩体厚度大、相变快、岩性复杂、物性差、非均质性较强等关键地质难点，开展了钻井、测井、地震及地质联合研究、精细勘探，形成了有针对性的研究方法及技术手段。

1）单井地质资料重建

归位整理大民屯西部地区沙四段 22 口井岩心（心长 138.45m）资料和 17 口井岩屑资料，取样 323 块，分析测试 4100 块次。岩矿分析—测井资料相结合，对研究区 65 口井岩性进行二次解释，完成了岩心描述、岩性恢复等基础资料重建工作，为开展沉积、储层分析等精细地质研究奠定了基础，也为后续油藏评价、储量上报提供了参数。

2）精细划分砂砾岩体期次及内部小层

以层序地层学理论为指导，建立层序地层格架，根据沉积旋回、地震反射特征，确定大民屯凹陷沙三段、沙四段为完整的三级层序，沙四段下亚段、上亚段对应于低位体系域和水进体系域，沙三段属于高位体系域[16]。低位体系域砂砾岩体沉积厚度大，多期扇体纵向上相互叠置，为了刻画单扇体的空间展布，需要细化砂层组精细研究。对二次解释后的 65 口井进行岩性组合、电测曲线的旋回特征分析，平原亚相自下而上角砾岩、砂砾岩混杂，几乎没有泥质岩类等细粒隔层分布，岩电组合特征不具有旋回特征。前缘亚相岩性分异性强，多口井岩电组合关系普遍具有正、反、正三个旋回特征（图 6-3-13），反映出低位体系域沉积时期水体进退的震荡性变化，初步将低位体系域砂砾岩体分为三个期次，水进体系域砂砾岩体划分为两个期次。

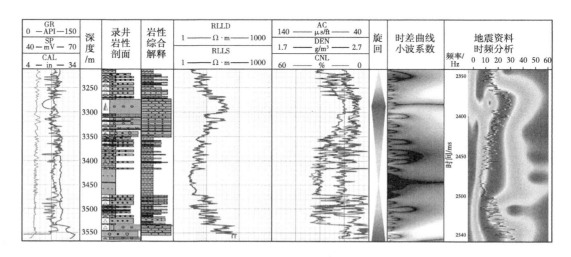

图 6-3-13　小波变换及时频分析单井旋回划分图

在精细研究中，借助小波变换、时频分析进行测井、地震等不同维度的旋回性分析，进而识别出不同级别的层序界面[17]。小波变换、时频分析最初主要是通过砂泥岩薄互层的时频响应特征研究，进行储层厚度及含油气性的预测、沉积旋回分析、三角洲沉积序列分析和构造层系解释。测井数据经过小波变换之后，经过考察多种伸缩尺度下表现出来的明显周期性振荡特征，可与各级层序界面建立一定的对应关系，可作为测井层序分析的依据，因此用于不同级别的沉积旋回分析。地震资料时频特征的变化反映出厚层砂岩内部岩性粗细、沉积构造和沉积期次的变化，是砂砾岩体期次划分的一种有效方法。在全区范围内开展测井资料小波变换与地震资料时频分析，分析结果与单井识别的结果吻合度较好，通过井间对比确定区内各井沙四段下亚段三个期次和沙四段上亚段两个期次的划分方案，制作合成地震记录、标定地震层位，开展构造精细解释和变速成图，为沉积储层、油藏评价和储层预测研究奠定基础。

3）精细储层评价

（1）储层岩性识别。

研究区的岩性复杂，从分析测试结果及钻井揭示资料来看，主要岩性分为砾岩（砂砾岩、角砾岩）、中粗砂岩、细砂岩、粉砂岩和泥岩五大类，通过测井响应特征的提取建立研究区岩性识别图版及识别标准（表6-3-1）。

结合岩性识别标准，开展了全区65口井的岩性重新解释工作，为后续的储层识别奠定基础。

表6-3-1　平安堡—安福屯扇体沙四段岩性识别标准

| 岩性 | CN-RT交会图 | | M-N交会图 | |
| --- | --- | --- | --- | --- |
| | RT/Ω·m | CN/% | M | N |
| 泥岩 | 2.5~8 | >23 | | |
| 粉砂岩 | 8~12 | 15~30 | | |
| 细砂岩 | >12 | < 23 | | |
| 中粗砂岩 | >19 | < 23 | < 0.78 | >0.57 |
| 砂砾岩 | >19 | < 23 | >0.78 | >0.55 |

（2）"四性"关系研究。

含油性下限——据岩心资料统计，含油级别主要有富含油、油浸、油斑、油迹、荧光，其中油斑以上含油级别较高，测井一般解释为油层，而油迹含油级别一般解释为差油层，荧光基本解释为干层。根据试油段的旋转井壁取心资料，沈263井在2856.8~2896.0m井段试油，射开39.2m/3层，压后放喷期间日产油为7.78t。该试油井段进行了4次井壁取心：在2859.6m为无显示，2863.4m为荧光，2879.6m为油迹，2893.0m为油迹。沈262井在2969.9~2997m井段试油，射开19.0m/5层，压后日产油为4.7m³，累计产油为32.3m³，为油层。本段进行了4次井壁取心：在2982m为油迹，2987m为油迹，2985m为油迹，2995m为油迹。两口井的试油证实了在本区含油显示为油迹的层段压后可以出油，将油迹定为研究区的含油性下限。

岩性下限——取心显示砂砾岩、中粗砂岩、细砂岩的含油性较好，含油级别以油迹、油斑、油浸为主，占60%以上，粉砂岩及泥质粉砂岩的含油性较差，以荧光含油产状为主。从取心资料含油产状分析来看，砂砾岩中油迹以上岩心占总岩心长度的47.5%，中粗砂岩中油迹以上岩心占总岩心长度的73.5%，细砂岩中油迹以上岩心占总岩心长度的67.4%，而粉砂岩与泥质粉砂岩油迹岩心的含量均低于20%（图6-3-14）。以油迹显示作为含油性下限，粉砂岩、泥质粉砂岩为非储集岩。

物性下限——在砂砾岩中，当$\phi \geqslant 6\%$时，岩石含油级别基本上以油浸、油斑、油迹为主，而$\phi < 6\%$时，含油级别以荧光为主，这种物性的岩石为干层或低产层。因此将砂砾岩物性下限定为6%。在中粗—细砂岩中，当$\phi \geqslant 8\%$时，岩石含油级别基本上以油浸、油斑、油迹为主，而$\phi < 8\%$时，含油级别以荧光为主，这种物性的岩石为干层或低产层。因此将中粗—细砂岩物性下限定为8%。

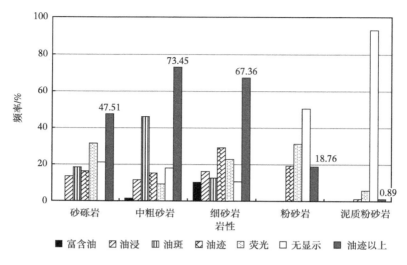

图 6-3-14  大民屯凹陷西侧砂砾岩体含油性与岩性关系图

电性下限——根据试油、投产资料分别制作了该区块的砂砾岩、砂岩储层油层识别图版（图 6-3-15），横坐标 $\phi$ 通过声波时差 $\Delta t$ 计算，纵坐标采用电阻率值。根据油层识别图版，确定了本区的有效厚度标准，砾岩储层油层在 $Rt > 21\Omega \cdot m$，$\phi > 6\%$，$\Delta t > 63.6\mu s/ft$，含油饱和度 > 55% 范围内；砂岩储层油层在 $Rt > 14.5\Omega \cdot m$，$\phi > 8\%$，$\Delta t > 68.1\mu s/ft$，含油饱和度 > 55% 范围内。

（3）老井复查重新试油。

在岩性重新解释的基础上，开展系统"四性关系"研究，建立储层"孔、渗、饱"参数的解释模型。对研究区储量区外的 22 口探井开展了系统的老井复查，通过对含油性、物性、电性资料的仔细甄别，优选出 5 口老井开展重新试油，在已实施的四口井中，两口井获得工业油流，一口井获得低产油流。其中沈 351 井试油获得初期日产油为 23.3m 的工业油流。系统测井评价方法的建立，搞清了储量外的老井含油气情况，为新井精细解释和储量参数标准的确立奠定坚实基础。

4）分层系精细沉积相分布研究

在已建立的层序格架基础上，从古地貌背景研究入手，通过精细岩心描述、单井及连井相分析，确定各小层沉积相及砂体展布规律。

研究表明，低位域沉积时期西部断槽带主要受西边界断层和安福屯断层夹持，次级断层分割形成安福屯和安福屯北两个沉积洼陷夹一隆（沈 278 隆起）的洼隆相间地貌背景。断槽带西高东低，凸起区粗碎屑物质近缘堆积到沉积洼陷中。此外，不同扇体低位域沉积物碎屑组成及颗粒大小有一定差异，也反映出物源区母岩性质、古地貌坡降及水域深浅等古环境特征的差别，南部平安堡扇体沈 281 井—沈 273 井—沈 257 井一线扇体根部碎屑物质主要为角砾岩、砂砾岩，反映出物源区及湖盆边界构造破碎、高差大、坡降陡，北部其他扇体主要为砂砾岩、含砾不等粒砂岩，推测该区湖盆边缘相对宽缓、开阔。

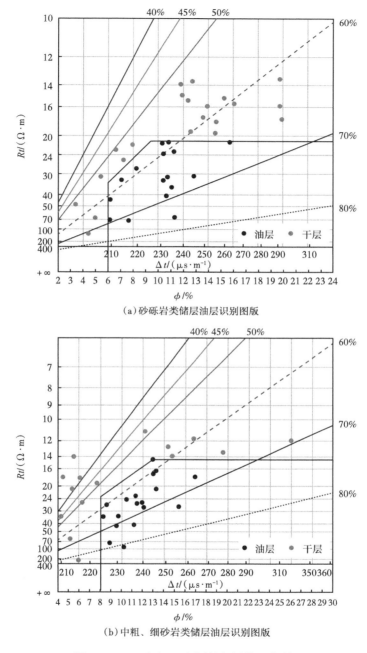

（a）砂砾岩类储层油层识别图版

（b）中粗、细砂岩类储层油层识别图版

图6-3-15　砂岩、砾岩储层油层识别图版

　　岩心观察描述可以看到，由平原亚相到扇体前缘亚相岩性逐渐变细，砾岩类碎屑颗粒排列接触方式从颗粒支撑角砾岩到杂基支撑砂砾岩，从无序排列到砾石定向或叠置排列，反映出由重力流快速沉积到经过水流牵引搬运的变化过程（图6-3-16）。同时，多旋回砂体底部冲刷现象明显，中粗砂岩、细砂岩沉积发育块状层理、交错层理，局部可见砂质碎屑流、包卷层理，反映出前缘亚相水下分支河道多期叠置和前缘滑塌现象明显。粒度概率

累计曲线多为具有跳跃和悬浮总体间过渡的两段式，表现为牵引流沉积为主的河道微相沉积特征。

| 沈281井（2342.4m）<br>颗粒支撑角砾岩 | 沈273井（2689.0m）<br>颗粒支撑角砾岩 | 沈257井（3085.0m）<br>杂基支撑角砾岩 | 沈612井（2564.28m）<br>杂基支撑砂砾岩 | 沈640井（2908.2m）<br>杂基支撑砂砾岩 |

图 6-3-16　砂砾岩体岩心沉积构造

依据岩性、电性特征，对研究区重点井进行单井相划分，结合沉积剖面相分析，得出自西向东由平原亚相沉积厚层块状棕红色、杂色角砾岩，过渡为扇三角洲前缘亚相水下分流河道、水下分流河道间及河口坝等微相的灰色砂砾岩、细砂岩沉积，沉积物沿主河道向侧缘及前端粒度变细、砂体厚度变薄，前缘水下分支流河道为优势相带。之后，编制不同期次砂层组砾岩等厚图、砂岩等厚图和砂岩百分比等值线图，结合储层反演结果，确定不同砂组沉积亚相及砂体分布规律，明确出前缘亚相优势储层的分布范围，为圈闭评价和勘探部署提供了有利目标（图 6-3-17）。

5）地震有效储层预测

大民屯砂砾岩体常规储层预测方法包括了测井约束反演及测井多属性反演，用以预测砂砾岩体空间分布和不同期次砂体叠置关系。在测井约束波阻抗反演的基础上，也开展了基于声波时差的测井属性反演，在一定程度上回避了阻抗界面存在多解性的问题。但测井约束波阻抗反演能够很好地区分砂岩储层和泥质生油层，但不能反映厚层砂砾岩体内的有效储层。如何从厚层大套砂砾岩体当中寻找相对优质的储层，进而开展部署是勘探工作直接面临的问题。为此开展有效储层的敏感性岩石物理分析，确定了自然电位幅度差作为有效储层的敏感曲线，并开展重构工作，进行地震多属性反演，有效预测了有利储层的分布[19]。

（1）岩石物理分析确定有效储层敏感曲线。

"物性控藏"特征表现在大套砂砾岩体中含油气显示较好的层段或区域发育物性较好的储层。在常规测井解释过程中，孔隙度的求取相对简单，由于岩心分析孔隙度、渗透率数据相关性较差，因此渗透率需要用别的方式来进行表征。

常规砂岩油藏中，用自然电位来表征储层中渗透性的好坏，也可以根据其幅度大小来判断油、气、水层。大民屯砂砾岩体储层含油性与自然电位也具有较好的相关性：即油气显示级别较好井段的自然电位幅度差值比较差井段的自然电位幅度差大，而在无显示层段，自然电位基本与基线重合。因此，可以用自然电位的幅度差来描述渗透率的变化。

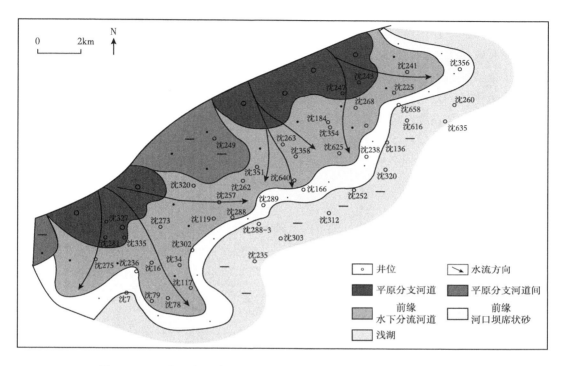

图 6-3-17　大民屯凹陷安福屯—平安堡扇体低位体系域沉积相平面图

为了利于井间进行对比，首先开展自然电位基线校正、归一化处理，然后建立研究区探井、开发井试油及投产井段的孔隙度与自然电位幅度差交会图（图 6-3-18），划分出 Ⅰ

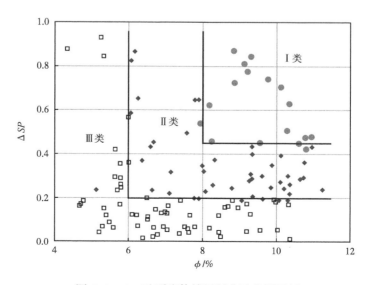

图 6-3-18　砂砾岩体储层划分及分类图版

类储层分布区，即试油有自然产能，但达不到工业油流标准，压裂后产能较好，产量可达 20t 以上；Ⅱ类储层分布区，即试油没有自然产能，压裂后具有工业产能，一般产量为5~10t；Ⅲ类储层分布区，即试油没有自然产能，压裂后效果差，难以达到工业油流标准或无产量。试油、投产资料证实自然电位幅度差与砂砾岩体含油性之间相关性较好，可以用来表征有效储层电性特征。

（2）曲线重构及反演效果分析。

曲线重构指的是在以岩石物理研究为基础，从众多类别的测井曲线中重新构建出一条储层地球物理特征曲线，使得储层在该曲线上有明显的特征响应。在井点以外，以测井约束反演技术为基础也同样重构出类似的曲线，从而大大提高了储层的可辨别性和反演结果的可靠性。通过岩石物理分析，确定了自然电位幅度差可以作为反映储层段发育的有效测井响应，通过波阻抗重构，形成了与自然电位幅度差相关性较好的阻抗体，利用该阻抗体进行有效储层的反演。

首先开展常规的波阻抗反演，预测砂砾岩体的分布范围。在此基础上，利用自然电位幅度差重构的波阻抗体进行有效储层的预测，以此确定安福屯扇体的有效储层分布及勘探目标（图 6-3-19）。利用有效储层预测结果部署的沈 358 井，预测结果与实际井的钻探结果符合性较好。

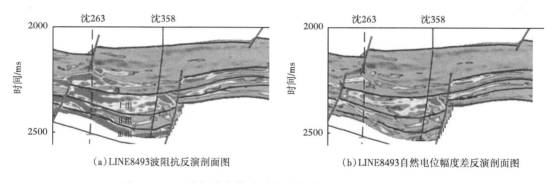

(a) LINE8493波阻抗反演剖面图　　　　(b) LINE8493自然电位幅度差反演剖面图

图 6-3-19　安福屯扇体砂砾岩有效储层分布预测剖面对比图

### 2. 勘探成效

2013—2015 年开展了西部砂砾岩体的整体研究工作，通过多学科联合攻关，总结油气分布规律及成藏因素，提出"物性控藏"理论，明确前缘亚相砂岩储层是主要储层，归纳出"层序地层学研究定格架、沉积相研究定相带、储层评价定参数、地震多属性及叠前反演定有效储层、综合研究定部署"的技术流程，工作核心为加强油藏分析，落实有利相带，预测有效储层分布，为井位部署提供建议。同时考虑到直井自然产能低，实施水平井部署方案，实现储量有效动用。

1）解剖评价安福屯扇体，实现安福屯—平安堡扇体储量连片

沈 225、沈 268 两口井的成功钻探使安福屯扇体获得勘探突破，2004 年该区上报控制石油地质储量为 $2014 \times 10^4 t$，含油面积为 $6.34 km^2$。为实现储量升级，2005 年又部署了两

口评价井即沈 268-34-22、沈 268-28-34 井，二者的沙四段均揭露了低位体系域的砂砾岩，由于当时对该区的砂砾岩储层的认识水平有限，仅将沈 268-34-22 井下套管，而沈 268-28-34 未下套管。2011 年采油单位在沈 268-34-22 井 3254.6~3334.3m 压裂投产，初期日产油为 21.7t，至 2020 年 12 月累计产油为 13876.1t。试油资料证实了沙四段低位体系域的巨大产油潜力。

2014 年重点对安福屯油藏整体解剖再认识，从沉积相带与构造配置关系来看，砂砾岩体上倾部位具有岩性、物性遮挡特征，岩性圈闭有效；前缘有利相带与安福屯生油洼陷的烃源岩呈指状对接，源储耦合关系好，成藏潜力巨大。通过开展精细勘探研究，细分砂层组，精细解释小层构造形态，细化沉积微相，刻画有效砂体、预测优势相带分布，提出勘探部署建议。安福屯扇体前缘亚相沈 268 块储量区外部署的沈 354、沈 358 井钻探部署取得可喜的成果，沈 354 井 3305.9~3346.2m 井段试油，40.3m/5 层。压前地层测试，平均液面为 3254.5m，流压为 0.7MPa，静压为 21.67MPa（未稳），折算日产液为 0.05t，无油；压后用 5mm 油嘴放喷，油压为 4.6~1.0MPa，套压为 1.6~1.0MPa，日产油为 13.44m³，累计产油为 33.685m³，结论油层。沈 358 井 3065.0~3115.0m 井段，37.5m/5 层。压前地层测试，平均液面为 1996.2m，流压为 10.73MPa，静压为 28.16MPa（未稳），压后用 5mm 油嘴放喷，油压为 7.0~3.2MPa，套压为 7.0~3.5MPa，日产油为 14.1 m³，累计产油为 69.1m³，结论油层。2015 年安福屯扇体上报探明石油地质储量为 1123.82×10⁴t，平安堡及安福屯扇体油层连片，进一步展示西部砂砾岩体具有较好的含油气规模。

在此基础上，评价兴隆堡扇体与安福屯扇体具有相似成藏条件，以落实有利岩相带、寻找有效储层为勘探研究的重点，部署实施沈 365 井，沙四段解释差油层为 17.9m/7 层，3582.0~3616.0m 井段，地层测试平均液面为 2805.1m，折算日产液为 1.42t，累计回收油为 2.422m³。常规压裂：泵压 80-76.5-73MPa，排量 5m³/min，压后用 5mm 油嘴放喷，日产压裂液为 18.45m³，日产油为 10.5m³，累计产油为 49.4m³。泵排：日产油为 14.7m³，累计产油为 56.35m³，合计产油为 105.75m³，试油获工业油流，展现出西陡坡北部砂砾岩体仍有一定的勘探空间。

2）实施水平井优化部署，储量升级助力开发建产

受储层物性及油层发育状况等因素影响，砂砾岩体钻遇井大多自然产能低，都经过压裂措施获得工业油流，且无法保持连续稳定生产（图 6-3-20）。针对井控程度及直井产能低，2016 年对安福屯扇体实施水平井及压裂改造，极大地提高了低孔低渗井区的油气产能，并实现了砂砾岩体控制储量升级。沈 268—H307 井为第一批实施水平井，水平段钻遇油层为 44.7m/3 层，差油层为 255.1m/11 层，钻遇率为 67.2%。压裂后投产（放喷），3475~3871.5m 井段初期日产液 65.2m³，日产油为 6.52t；截至 2020 年底日产油为 4.5t，累计产油达 15174.6t。对比沈 268 探明区块直井和水平井投产情况，水平井的产能优势十分显著。

2020 年对平安堡扇体储量区外开展水平井部署，采取了导眼控制油层，水平井提高产能做法。为此，开展砂层精细对比、层位准确标定工作，确定有效砂体的分布范围，结合沉积砂体古水流判定，确定有利水平井段和水平轨迹。水平井段选取相带有利、砂体稳

定、油层集中层段中部为目的层。同时为配合后期压裂改造、确保缝网改造体积，综合考虑压裂缝参数与构造特征、油层发育等因素的关系，水平井方向选取上考虑与最大主应力方向成一定角度。如沈273-H2井微地震监测资料显示，压裂缝为北偏东方向。沈273-H1、沈273-H2、沈273-H3三口井水平段长为600~1100m。

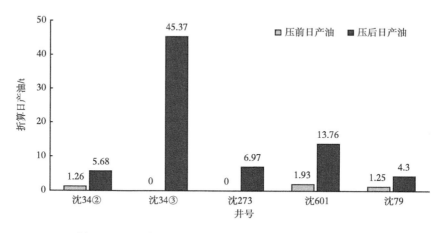

图6-3-20　沈273区块试油压裂前后日产油对比柱状图

平安堡扇体部署9口水平井均取得良好试油、试采效果，基本控制了平安堡沈257块储量区外的油层分布，如沈273-H2井钻遇油层集中段中部，初期日产油可达11.7t，截至2020年日产油一直稳定在13.5t左右。压裂改造提高了低渗透层产能，沈273-H1井压裂裂缝监测缝高为30~40m，平均缝长为278m，平均缝宽为130m，该井压裂后日产油为13.2t，实现了储量有效动用。2018年后投产，初期自喷时间长，平均单井自喷期长达153天，水平井平均初期日产油为14.9t，是直井的4.7倍，截至2020年12月累计产油为1298.8t，油井生产平稳，尚未见明显递减，生产效果明显优于直井。2020年平安堡砂砾岩体控制储量升级，上报探明石油地质储量为807.43×10⁴t。

# 第四节　洼陷型岩性地层油气藏勘探实践
## ——以西部凹陷清东地区油气藏勘探为例

## 一、勘探概况

西部凹陷清东地区构造上属于清水洼陷的东侧，南起清水洼陷，北至马南斜坡带，西临双台子背斜构造带，东至台安—大洼断裂，面积约为300km²。清水洼陷是辽河坳陷最大的生油洼陷，自古近纪沙三段沉积时期以来，一直是西部凹陷中南段沉积、沉降中心，是烃源岩厚度最大，生烃条件最好的地区。清水洼陷生成的油气沿输导体系向西侧的西斜坡，东部的陡坡带，南部的兴隆台构造带运移聚集并成藏，在西斜坡形成了探明储量近10×10⁸t规模的大型复式油气聚集带，东部在冷东—海外河陡坡带形成了2.8×10⁸t的探明储量规模，北部在兴隆台构造带形成了 $2.2×10^8t$ 的探明储量规模，形成了环清水洼陷的油气富集区带。而长期以构造勘探的思路认为，洼陷区的斜坡带构造简单，为平缓的单斜构造，正向构造不发育，断裂不发育，缺乏形成构造圈闭的条件。这种构造控藏的观点严重桎梏了对洼陷带的勘探，导致清水洼陷的勘探一直处于停滞状态，导致其成为西部凹陷勘探程度最低的地区。截至 2010 年清东地区完钻探井 7 口，获工业油流井 2 口，油气层井 3 口，含油水层 1 口，水层 1 口。

2010 年西部凹陷各二级正向构造带构造油气藏已基本勘探完毕，随着油气勘探的深入及勘探形势的紧张，需要加强对清东这种低勘探程度区的勘探。以断块油气藏为目标，于 2011 年成功部署了洼 111 井，该井是东陡坡勘探停滞近 30 年后首次获得重大突破，表明清东地区具有巨大勘探潜力。但洼陷带断块圈闭有限，难以形成规模场面。为此，开展岩性油气藏成藏条件与分布规律研究。在构造精细解释和沉积相研究的基础上，运用地震波阻抗反演、地震多属性分析储层技术，对该区储层的展布进行了预测和刻画，按照岩性油气藏的勘探思路，后续在清东地区相继成功部署了双 229、双 246、洼 115、洼 128 等井。截至 2019 年，洼 111 块沙一段和沙二段累计上报探明石油地质储量为 $2293.96×10^4t$。2020 年在沙二段 4000m 深层获百吨井 2 口，预计增储 $700×10^4t$。地质认识和勘探思路历经了由构造油气藏向岩性油气藏的转变，使得清东地区岩性油气藏勘探获得重大突破。

## 二、清东地区岩性油气藏形成条件及分布模式

### （一）有利的区域地质背景

西部凹陷的清水洼陷是一个长期继承性沉积洼陷，具有东陡西缓、北高南低的特点，总体构造形态为北东走向的向斜构造。清水洼陷的东侧长期发育北东走向的台安—大洼断裂，该断层是西部凹陷东侧的控凹断层，新生代长期继承性发育，对西部凹陷的构造与沉积演化起控制作用，同时对西部凹陷东侧的油气运聚起重要的控制作用[9]。

清水洼陷及周边地区在沙二段到沙一段沉积时期，来自东侧中央凸起的碎屑物质，经短距离搬运入湖，在地势低洼处堆积形成碎屑岩沉积物。根据水体深度及范围分为低位、湖侵和高位三个体系域。整个沙二段为低位体系域，沙一段分为湖侵和高位体系域。低位体系域时水体深度较浅，沉积受古地貌影响明显，具有"填平补齐"的特征，在沟谷部位充填了以砂砾岩为主的扇三角洲沉积体；湖侵和高位体系域时水体加深，沉积了以砂岩为主的扇三角洲。这些扇体向西尖灭到湖相泥岩中，具备形成岩性油气藏的良好背景。

### （二）充足的油源条件

清水生油洼陷主要发育沙三段和沙四段两套烃源岩，厚度大，其中沙四段最大累计厚度可达 200m，沙三段最大累计厚度达 1600m 以上，分布面积广，有机质丰度高，总有机碳含量基本在 1.0% 以上，大部分地区达 2.0%。母质类型以 I—II$_1$ 型为主，为成熟—高成熟烃源

岩，最大生油强度为 $8400 \times 10^4 t/km^2$，最大生气强度为 $520 \times 10^8 m^3/km^2$，为优质烃源岩。

### （三）良好的储集条件

沉积物源主要来自中央凸起，具有继承性发育的特点，且垂直于构造轴向。受辽河裂谷发育的阶段性、沉积演化影响，盆地内沉积物具有多物源、多旋回的特点。研究区沙一段和沙二段主要发育扇三角洲，砂砾岩储集体呈透镜状或楔状斜插入泥岩发育的湖区范围形成岩性圈闭，为油气的聚集提供良好的储集场所，是研究区岩性油气藏形成的重要条件。

扇三角洲前缘水下分支流河道砂岩岩石类型以长石砂岩和岩屑长石砂岩为主，长石岩屑砂岩次之，储层矿物成分以石英、长石为主，其次为岩屑；颗粒以点—线接触为主；分选为中等—较好；磨圆为次棱—次圆；岩石成分成熟度和结构成熟度中等，反映了扇三角洲水下分流河道近源、快速沉积的特点。

储层储集空间类型以原生粒间孔为主，少量粒内溶孔，孔隙连通性较好。岩心实测结果，孔隙度最大为18.6%，最小为6%，主要分布在11%~18%之间，平均为14.1%；渗透率最大为104mD，一般为3~64mD，平均为6.2mD，属于中低孔、低渗储层。

### （四）良好的盖层和保存条件

封盖体系是形成岩性地层油藏的有利保证。工区发育的封盖体系主要为泥岩类，泥岩只有达到了一定的厚度和连续性分布才能实现有效的封盖。

目的层沙一段湖侵体系域之上覆盖了高位体系域的湖相泥岩，该套泥岩单层厚度最大可达50m，累计厚度大约为200m，具有稳定和广泛分布的特点，可作为区域盖层。湖侵体系域各砂层组间发育的湖相泥岩厚度可达数十米，可作为直接盖层。

综合分析认为，本区沙一段、沙二段具有良好的生储盖组合条件，有利于油气成藏。

### （五）优越的生储盖时空配置关系

生储盖组合一般有以下三种方式。

1. 旋回式成油组合

生、储、盖层自下而上紧密配合按序分布，属原生组合。

2. 侧变式成油组合

生油层与储层同属一套层系，受岩性变化的控制，生油层与储层横向侧变相接，油气侧向运移至储层中成藏。

3. 串通式成油组合

生油层、储层在纵向上不直接接触，油气主要通过断层垂向运移到上部储层中成藏。

清水洼陷沙一段圈闭的形成期早于油气大规模运移期，通过断层和储集砂体运移，形成串通式成油组合。同时，沙一段暗色泥岩也具有一定的生烃能力，在研究区形成侧变式成油组合。

## （六）分布模式

深陷带处于深凹部位，沉积厚度最大，是凹陷的主要生油区。深陷带靠近陡坡一侧，是砂岩透镜体及浊积岩油气藏发育的有利部位。当洼陷内部的结构比较复杂，存在次一级块断山或各种成因的隆起山时，其上覆构造层的油藏类型与缓坡带十分相似，主要发育地层超覆、砂岩上倾尖灭、砂岩透镜体等岩性地层油气藏。在中浅层，由于东营组沉积末期的走滑运动，凹陷内常形成雁列式排列的背斜构造带。这些构造带为洼中之隆，可以接受东西两侧的油源，在构造的围翼形成断块—岩性尖灭等复合型油气藏。

# 三、持续勘探、不断攻关，清东地区岩性油气藏勘探实现规模储量发现

## （一）负向构造带勘探突破与徘徊阶段

清水洼陷总体构造形态为北东走向的向斜构造，具有东陡西缓，北高南低的特点。清水洼陷的东侧长期发育北东走向的台安—大洼断裂，该断层是西部凹陷东侧的控凹断层，新生代长期继承性发育，对西部凹陷的构造与沉积演化起控制作用，同时对西部凹陷东侧的油气运聚起重要的控制作用，其东侧的台安—大洼断层为北东向长期活动的同沉积控凹断层，其下降盘接受了巨厚的古近系沉积，在沙一段至东营组沉积时期，受区域构造应力场的影响，西部凹陷发生右旋走滑运动，派生出的近东西、北西向的正断层对构造带起着分块作用。台安—大洼断层和这些近东西向、北西向的断层共同控制下，形成了一系列断块、断鼻等构造圈闭。在这些构造圈闭中已有洼21、洼73井获得工业油流。

洼111圈闭是受北东向展布的台安—大洼断层控制，南北两侧各被一条近东西向正断层所分割，形成的断鼻构造。该断鼻东高西低，沙一段、沙二段扇三角洲水下分支流河道砂体为该区有利储层，形成构造—岩性圈闭，沙一段、沙二段为主要目的层。由洼111井井位部署图可知（图6-4-1），洼111井位于圈闭的较高部位。

洼111井在沙二段3705.0~3660.6 m井段试油，日产油为11.8m³，累计产油为304.63m³，2012年上报控制储量为886×10⁴t。洼111井的成功证实了清东洼陷区具有油气成藏条件。但是从构造油藏的角度出发，清东洼陷已发现的构造圈闭已经全部部署钻探，没有勘探空间。

## （二）以岩性油气藏勘探理念为指导，开辟油气藏勘探新局面

洼111井的钻探充分证实了清东地区具有沿台安—大洼断层从中央凸起进入洼陷区的扇体。从岩性油藏勘探的角度分析，清东陡坡带具有形成岩性油藏的优越条件：中央凸起是西部凹陷的物源供给区，碎屑物质沿台安—大洼断层以扇体的形式进入清水洼陷，这些扇体快速进入湖盆，侧向穿插尖灭到湖相泥岩中，形成岩性圈闭。这些扇体又被烃源岩直接包裹之中，具有充足的油气供给，成藏条件优越。按照以上岩性油气藏的思路开展勘

探部署工作，加强了对该区的地质综合研究，以股份公司物探攻关项目为依托，成立联合组，开展岩性油气藏地质评价与地震储层预测技术攻关，包括地震资料高分辨处理，及叠前、叠后地震储层预测与烃类检测，加大了对该区的勘探力度。

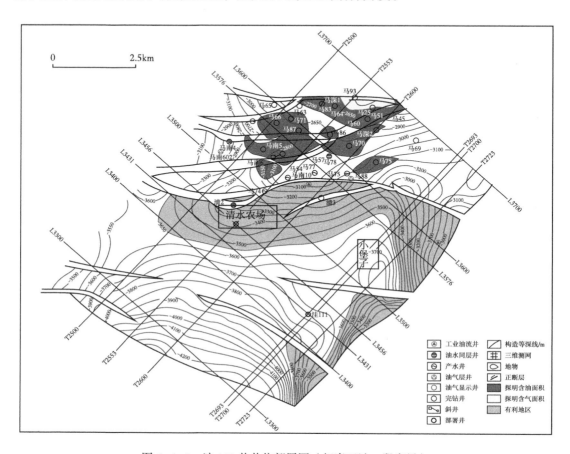

图 6-4-1　洼 111 井井位部署图（相当于沙一段底界）

## 1. 层序地层学分析技术建立层序地层格架

按照西部凹陷古近系层序地层整体划分方案，清水洼陷沙一至二段划分为一个三级层序，层序底界面为沙二段与沙三段分界面，是一个区域不整合面及与之对应的整合面，在研究区表现为整合接触。层序顶界面为东营组底界面，同样是一个区域不整合面及与之对应的整合面，在研究区表现为整合接触。最大湖泛面位于沙一段中亚段，对应于低平阻值的深灰色泥岩和褐灰色油页岩。与传统地层分层相对应，低位体系域相当于沙二段，水进域体系相当于沙一段下亚段，高位域体系相当于沙一段上段。

早期的低位体系域和中期的湖侵体系域沉积主要为扇三角洲砂砾岩（图 6-4-2），在湖侵体系域后期见有较深水泥岩沉积，高位体系域主要为较深水泥岩，在后期有浅水钙质泥岩沉积。低位体系域和湖侵体系域体系砂体是储盖组合良好的砂体类型，为寻找岩性油藏的有利部位。

在体系域划分的基础上，为满足精细勘探的需要，根据岩性旋回及测井曲线特征，将主要目的层沙一段下亚段（水进体系域）进一步划分为三个准层序，为本区的主要含油层系。

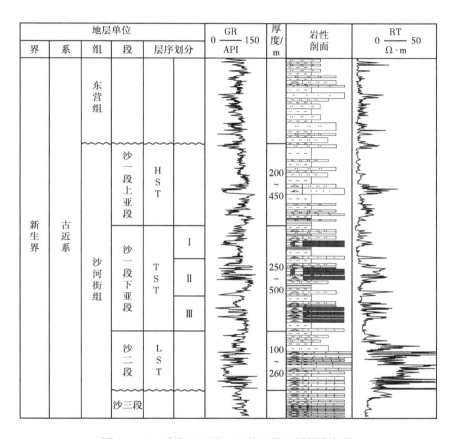

图 6-4-2　清东地区沙一至沙二段地层层序划分

## 2. 岩屑成分研究确定物源体系

岩屑是母岩岩石的碎块，是保持着母岩结构的矿物集合体。因此，岩屑是提供沉积物来源区的岩石类型的直接标志。本次研究结合岩石薄片鉴定资料对清东陡坡带的岩屑成分含量进行研究，以便对该区的物源进行深入的认识。

通过对清东地区沙一至沙二段岩石薄片数据统计（表 6-4-1），其岩屑成分以变质岩和岩浆岩为主，变质岩含量达到 48.8%，岩浆岩含量达到 47.7%，沉积岩含量达到 3.5%。马南地区沙一至沙二段岩石薄片数据表明，其岩屑成分以变质岩为主，含量达到 75.6%，岩浆岩含量为 20.4%，沉积岩含量为 4%。从岩屑成分含量对比来看，可以看出清东地区和马南地区沙一至沙二段母岩类型不同，清东地区母岩以变质岩和岩浆岩为主，马南地区则以变质岩为主，说明这两个地区的物源不同。

辽河油田岩性地层油气藏精细勘探

表 6-4-1　研究区薄片数据统计表

| 地区 | 井号 | 井深/m | 岩石定名 | 碎屑含量 /% | | | | | |
|---|---|---|---|---|---|---|---|---|---|
| | | | | 石英 | 长石 | 岩屑 | | | |
| | | | | | | 沉积岩 | 变质岩 | 酸性岩浆岩 | 中性岩浆岩 |
| 清东地区 | 洼 25 | 3010.13 | 含钙泥中砂细粒长石砂岩 | 44 | 37 | | | 9 | |
| | 洼 50 | 3159.97 | 含砾不等粒岩屑质长石砂岩 | 40 | 33 | | | 12 | |
| | | 3160.23 | 不等粒混合砂岩 | 34 | 37 | | | 10 | |
| | | 3161.82 | 含砾不等粒混合砂岩 | 38 | 26 | | | 9 | |
| | | 3163.64 | 不等粒岩屑质长石砂岩 | 41 | 32 | | | 1 | 3 |
| | | 3167.93 | 含钙泥细粒岩屑质长石砂岩 | 32 | 37 | | | | |
| | | 3169.93 | 不等粒混合砂岩 | 34 | 30 | | | | |
| | | 3172.15 | 不等粒岩屑质长石砂岩 | 39 | 36 | | | | |
| | | 3204.08 | 粉—细粒岩屑质长石砂岩 | 41 | 30 | | | | |
| | | 3205.69 | 含泥不等粒混合粉砂岩 | 32 | 22 | | | 11 | |
| | | 3214 | 含泥粉—细粒岩屑质长石砂岩 | 37 | 27 | | | 13 | |
| | | 3214.23 | 含泥粉—细粒岩屑质长石砂岩 | 41 | 35 | | | 9 | |
| | | 3159.6 | 中粒岩屑质长石砂岩 | 38 | 33 | | | 17 | |
| | | 3216.04 | 含泥不等粒岩屑质长石砂岩 | 41 | 33 | | | 4 | |
| | | 3216.47 | 含泥粉—细粒岩屑质长石砂岩 | 40 | 34 | | | 6 | |
| | 洼 111 | 3667.53 | 细—中粒岩屑长石砂岩 | 34 | 36 | 2 | 14 | | |
| | | 3667.88 | 含泥细—极细粒岩屑长石砂岩 | 39 | 45 | 3 | 6 | | |
| | | 3668.08 | 细—中粒岩屑长石砂岩 | 35 | 35 | 2 | 14 | | |
| | 平均 | | | 37.8 | 33.2 | | | 10.4 | |
| 马南地区 | 马南 12 | 3644.3 | 砾质粗—巨粒岩屑砂岩 | 10 | 23 | 2 | 45 | 21 | 10 |
| | | 3644.55 | 含砾粗—巨粒岩屑砂岩 | 8 | 33 | 5 | 40 | 9 | 5 |
| | | 3644.9 | 含砾不等粒岩屑长石砂岩 | 9 | 49 | 5 | 33 | 2 | 2 |
| | | 3645.4 | 巨—粗粒岩屑长石砂岩 | 15 | 43 | 4 | 27 | 9 | 2 |
| | 田 601 | 2572.15 | 长石岩屑中砂岩 | 33 | 29 | 少 | 32 | | 1 |
| | | 2572.5 | 长石岩屑中—粗砂岩 | 34 | 31 | 1 | 27 | 3 | 1 |
| | | 2573.35 | 长石细—中砂岩 | 40 | 39 | | 14 | 3 | 1 |
| | | 2573.7 | 长石中—细砂岩 | 42 | 38 | 少 | 13 | 3 | 1 |
| | 冷 168 | 2630 | 粗粒长石岩屑砂岩 | 24 | 37 | | 32 | 4 | 3 |
| | 平均 | | | 23.9 | 35.8 | | 29.2 | 6.2 | 2.9 |

### 3. 目标储层预测技术确定有利砂体

东部陡坡带的砂砾岩体的预测因受两方面因素控制而具有一定的难度。一方面沉积演化的复杂性决定了本区沉积微相分布的不稳定、物性的不均一性；另一方面由于陡坡带目的层埋藏较深、近物源的特征，给地震预测带来很大的难度。针对以上两个方面难点，运用地震属性技术、波阻抗反演技术、分频解释技术从宏观到微观对目标砂体进一步预测和刻画。

1）地震属性预测砂砾岩体的平面分布趋势

反射波振幅特征是地震资料岩性解释和储层预测常用的动力学参数，总的来说振幅是以下因素的综合：岩性变化、流体变化、物性变化、不整合面、地层调谐效应、地层层序变化等。在实际工作中经常使用均方根振幅、平均绝对振幅、波峰波谷振幅差、平均能量变化、绝对振幅组合等十余种。其中均方根振幅是在分析时窗内选择极大振幅，在其两侧追踪过零点的时间，计算两个时间间隔内地震记录样点的均方根。绝对振幅组合是时窗内记录波峰振幅和波谷振幅绝对值之和，多半用来表征在有意义的区段上由于岩性和烃类聚集的变化引起振幅的横向变化。

从提取的沙一段湖侵体系域Ⅰ砂层组的均方根振幅属性（图6-4-3），复合绝对振幅（图6-4-4）可以看出砂体发育，相带有利的井处在高值区，而砂体不发育，相带不利的井处在低值区，与井的吻合程度非常高。

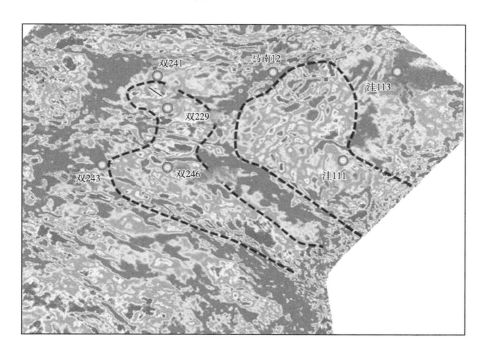

图6-4-3　清东地区沙一段湖侵域Ⅰ砂层组均方根振幅属性图

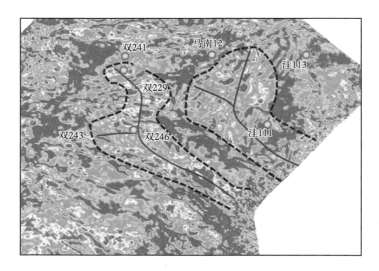

图 6-4-4 清东地区沙一段湖侵域 I 砂层组复合绝对振幅属性图

2）波阻抗反演预测砂层组空间展布

从波阻抗反演预测的沙一段湖侵体系域 I 砂层组等厚图来看（图 6-4-5），临近台安—大洼断层砂岩厚度大，南部砂体厚度大于北部砂体厚度，目前揭露井中清 22 深厚度最大，为 190m；北部洼 111 井最厚厚度为 71m。向扇三角洲前缘末端部位砂体厚度减薄，

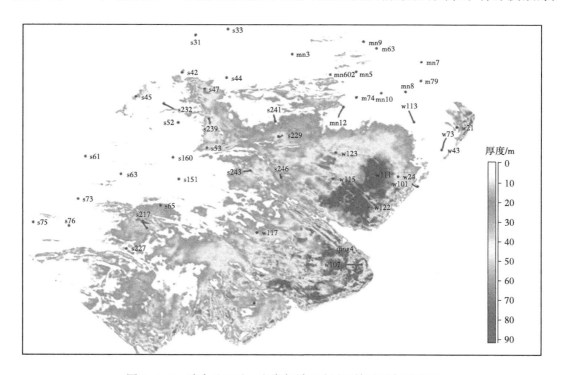

图 6-4-5 清东地区沙一段湖侵域 I 砂层组储层厚度预测图

厚度在 20m 左右。东陡坡 I 砂层组物源主要来自东侧，从南到北有 5 个分支物源。来自这 5 支物源的碎屑物质直接入湖形成扇三角洲相，以前缘亚相的水下分支流河道为主（图 6-4-6）。波阻抗反演预测砂体分布与地震属性分析结果具有一致性。

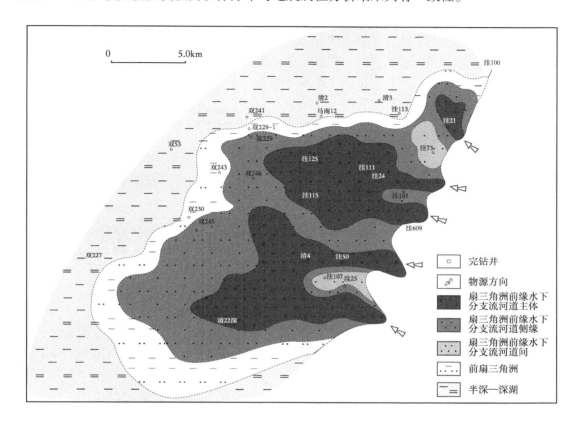

图 6-4-6  清东地区沙一段湖侵域 I 砂层组沉积微相图

3）叠前地震反演技术预测有效储层

地震数据反演已经成为寻找岩性油气藏最有效地方法之一，叠前弹性波阻抗反演也被称为弹性参数反演。该方法所依据的理论，所使用的数据、实现方法、步骤及其分析准则均不同于叠后声阻抗反演、其理论基础是地震反射和透射理论，即地震反射振幅不仅与分界面两侧介质的地震弹性参数有关，而且随入射角变化而变化、因此它能充分利用不同炮检距道集数据及横波、纵波、密度等测井资料，联合反演出与岩性、含油气性相关的多种弹性参数，综合判别储层物性及含油气性。由于叠前弹性波阻抗反演利用了大量地震及测井信息，所以进行分析结果较叠后声阻抗反演在可信度方面有很大提高，可对含油气性进行半定量描述。

总之，叠前弹性反演技术比叠后波阻抗反演有更高的精度和更丰富的信息。随着横波测井、多波多分量等勘探技术的发展，其应用领域也在逐步扩大，有望在未来替代常规叠后反演而成为叠前反演技术的主流。

在优选岩性敏感弹性参数的基础上，我们对该区的有效储层进行了定义。采用实际试油法定义出三类储层，其中一、二类试油为油层、油水同层的储层，为有效储层，三类储层试油为水层，然后依据流体敏感弹性参数分析结果，主要利用纵波阻抗与纵横波速度比，建立储层类型与弹性参数之间的概率密度函数关系。

从过双229井到洼111井的连井纵横波速度比与一类和二类储层反演剖面（图6-4-7），可以看出，纵横波速度比反映宏观储层的分布情况，而储层类型反演能具体反映一类和二类储层（有效储层）的分布情况（图6-4-8）。

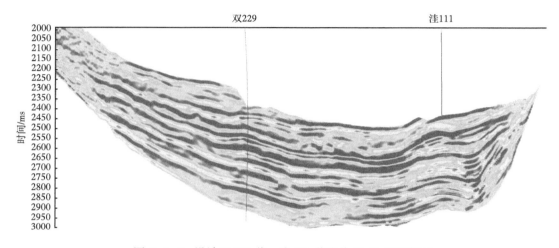

图 6-4-7　设计双 229 井—洼 111 井连井 $Vp/Vs$ 反演剖面

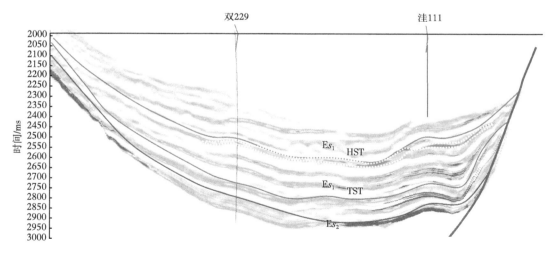

图 6-4-8　设计双 229 井—洼 111 井连井储层类型反演剖面

## 4. 勘探成果

在高精度层序地层格架划分建立的基础上，通过叠前叠后多属性优选，对沙一段主要目的层湖侵域三个准层序的沉积相展布进行分析。整体看，清水洼陷沙一段湖侵域沉积时期，受边界大洼断层的控制，来自东侧中央凸起的物源入湖形成扇三角洲沉积，其水下分支流河道及水下分支流河道侧缘微相最为有利，发育构造—岩性油气藏。利用叠后叠前反演预测有效储层发育区，以此为依据进行井位部署和钻探。洼111、洼115、洼128、双229、双246等探井获高产油气流。其中双229井在沙一段下亚段3352.6~3366m井段试油，压后日产油为52m³，日产气为4592m³，累计产油为163m³。取得了良好的勘探效果。

### （三）预探评价一体化，实现规模储量发现与有效开发建产

双229区块沙一段储层埋深在3300m以下，储层埋藏较深，压实作用强，物性差异大，需要加强储层的精细评价。通过资料应用多元化、参数研究精细化、单井评价个性化，提出深层薄互层储层测井评价新方法。

#### 1. 岩石类型及特征

根据岩心薄片鉴定资料分析，双229区块沙一段储层以岩屑长石砂岩为主，少量长石砂岩。砂岩碎屑成分以长石、石英为主，其次为岩屑，其中长石含量为34%~52%，石英含量为28%~39%，岩屑含量为15%~31%。岩屑以变质岩屑为主，其次为火山岩屑，少量沉积岩屑，这说明了本地区砂岩岩石成分成熟度中等。岩石分选中等；颗粒磨圆度较差，以次棱—次圆和次圆为主；颗粒间接触关系以线接触为主，点—线接触次之；胶结物成分主要为钙质和硅质，含量一般为1%~14%；胶结类型以孔隙式为主，占93.3%，说明了储层结构成熟度中等。

沙二段储层碎屑成分以石英、斜长石为主，少量钾长石、岩屑等。岩屑成分以中、酸性喷出岩、花岗岩、石英岩为主，少量动力变质岩、碳酸盐岩、凝灰岩、云母片、单晶方解石、钙化碎屑等。内源屑以鲕粒、砂屑、生屑为主。见少量海绿石等重矿物。泥质以黏土矿物为主，局部呈薄膜状胶结。泥微晶碳酸盐均匀分布。白云石呈粉晶均匀分布，部分交代碎屑，偶见石英次生加大。孔隙以原生粒间孔为主，次为次生粒间、粒内孔。岩石分选中等；颗粒磨圆度较差，以次棱角状—次圆状和次圆状为主；颗粒间接触关系以线接触为主，点—线接触次之；胶结类型主要为孔隙型、次生加大—孔隙型。

#### 2. 测井岩性识别

根据岩心粒度分析及薄片鉴定结果，依据岩石粒度相近、测井响应特征相似的原则将本区主要储层岩石归纳为3类岩性：砂砾岩、细砂岩、粉砂岩，并利用自然伽马相对值和深侧向电阻率曲线建立了这3类岩性的测井识别图版（图6-4-9），其中砂砾岩的自然伽马相对值分布范围为0%~28%，深侧向电阻率大于30Ω·m；细砂岩的自然伽马相对值分布范围为0%~35%，深侧向电阻率8~30Ω·m；粉砂岩自然伽马相对值分布范围为35%~60%，深侧向电阻率5~8Ω·m。

#### 3. 单井有效储层评价

沙一段下亚段（湖侵体系域）：根据本区6口井91块钻井取心物性分析资料统计（图6-4-10），孔隙度为10.4%~18.7%，中值为13.1%；渗透率为0.519~36.3mD，中值为1.4mD。

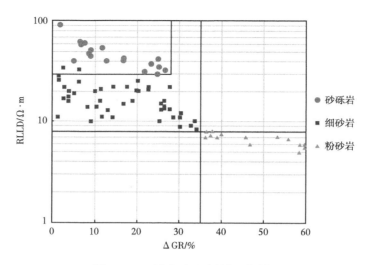

图 6-4-9  清东地区岩性识别图版

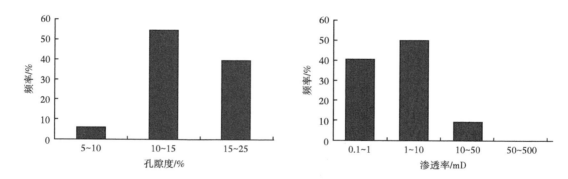

图 6-4-10  双 229 区块沙一段孔隙度、渗透率分布频率图

沙二段上亚段：根据本区双 229-34-60 井取心资料分析，岩心呈蜂窝状，微观上孔隙达 2mm，渗透率为 2000mD，是沙一段的 1000 倍。根据取心物性分析资料统计，孔隙度为 8.6%~24.5%，中值为 15.5%；渗透率为 10.3~2000mD，中值为 226mD（图 6-4-11）。

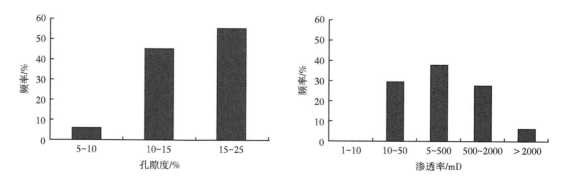

图 6-4-11  双 229 区块沙二段孔隙度、渗透率分布频率图

基于宏观、微观精细评价重新认识沙二段异常高孔储层形成机理。（1）母岩区主要为太古宇，刚性碎屑含量高，抗压实能力强；（2）强水动力淘洗，水体环境纯净，沉积卸载区泥质含量少（5.6%）；（3）局部颗粒粒度大、磨圆较好，原始孔隙度大；（4）早期石英、长石次生加大，将颗粒固结，形成"框架结构"，削弱压实作用，所以在深层沙二段形成高渗储层。

### 4. 深层低孔特低渗储层评价标准研究

在储层"四性关系"研究的基础上，结合试油和试采资料确定储层的含油性、岩性、物性和电性标准，进而通过测井资料解释有效储层。

1）含油性标准

双 229 井在 3352.6~3366.0m（31~34 层）进行压裂试油，射开 11.1m 4 层，压后日产油为 52.2m³，试油结论为油层。双 229 井在 3365.39~3370.99m（34~36 层）进行了钻井取心，进尺为 5.6m，岩心长为 5.6m，取得油浸显示为 4.30m，油斑显示为 0.31m，油迹为 0.34m，取心以油浸为主。试油段含有 34 号层，取心岩性为油浸细砂岩，其电性与未取心层 31~33 号层电性一致，可以说油浸储层能在本区获得工业油流（图 6-4-12）。因此将本区油层有效厚度含油性下限标准定为油浸。

2）岩性标准

通过对双 229 区块沙一段下亚段 4 口取心井的岩心统计（图 6-4-13），储层岩性主要为细砂岩、粉砂岩和泥质粉砂岩。细砂岩的含油性较好，含油级别以油浸为主，油浸及其以上含油级别占到 60% 以上；粉砂岩含油性较差，含油级别以油斑、油迹、荧光为主，泥质粉砂岩基本不含油。以油浸为含油性下限，将岩性下限定为细砂岩。

3）物性标准

储层物性是岩石微观孔隙结构的宏观反映，主要指储层的孔隙度和渗透率。通过对该区岩心物性资料分析，制作了物性与含油性关系图（图 6-4-14、图 6-4-15），以油浸为含油性下限，确定沙一段物性下限为：$\phi \geqslant 10\%$，$K \geqslant 0.5mD$；沙二段物性下限为：$\phi \geqslant 8.6\%$，$K \geqslant 0.2mD$。

4）电性标准

储层的电性是岩性、物性、含油性的综合反映。$E_3s_1{}^3$ 选取该区双 246 井区试油试采资料 26 个层点数据（其中合试油层 13 个、投产油层 8 个，水层 2 个），取心资料 4 个层点数据（油浸 3 个），测井解释干层 10 个层点（录井岩屑、气测无含油性显示），储层岩性为细砂岩根据物性中孔低渗、低孔特低渗分别制作了深侧向电阻率与声波时差交会图（图 6-4-16、图 6-4-17），可看出试油油层及取心含油、油浸层点与低产油层、干层电性差别明显。中孔低渗电性下限可确定为：$RT \geqslant 10\Omega \cdot m$，$\Delta t \geqslant 74\mu s/ft$，$S_o \geqslant 54\%$；低孔特低渗电性下限可确定为：$RT \geqslant 24\Omega \cdot m$，$65 \leqslant \Delta t \leqslant 74\mu s/f$，$S_o \geqslant 65\%$。

沙二段选取本区试油试采资料 20 个层点数据（合试油层 20 个），制作了深侧向电阻率与声波时差交会图（图 6-4-18）。电性下限可确定为 $R_{lld} \geqslant 40\Omega \cdot m$，$\Delta t \geqslant 66\mu s/ft$，$S_o \geqslant 55\%$。其中用声波时差 66$\mu$s/ft 计算孔隙度 8.6%，与含油产状法确定的物性下限具有一致性。

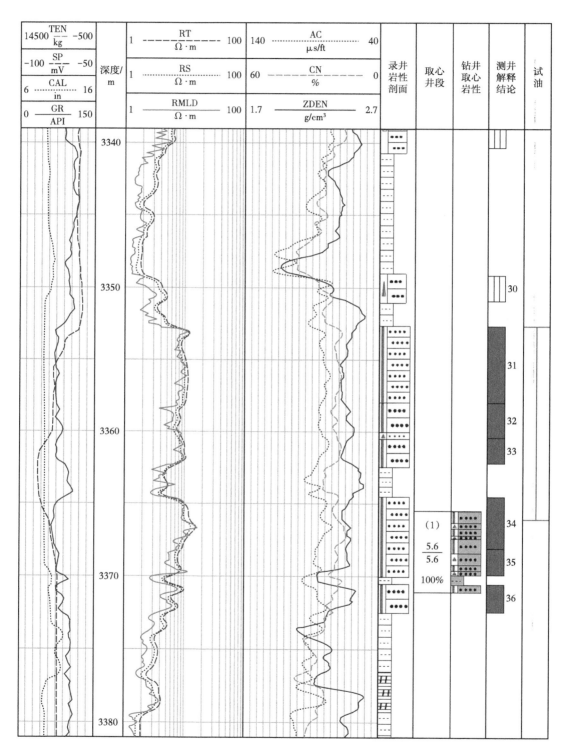

图 6-4-12　双 229 井含油性与试油关系图

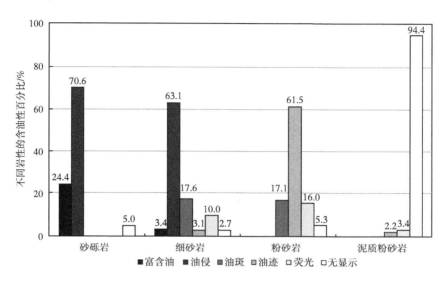

图 6-4-13 双 229 区块岩性与含油性关系图

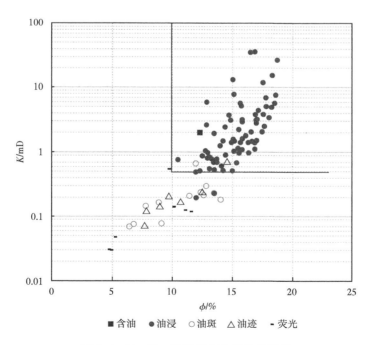

图 6-4-14 沙一段物性与含油性关系图

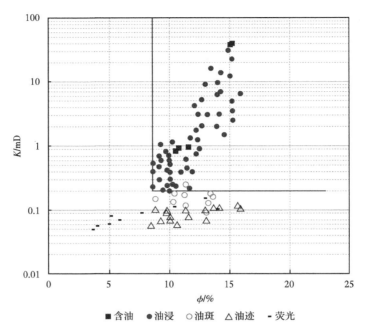

图 6-4-15　沙二段物性与含油性关系图

■含油　●油浸　○油斑　△油迹　- 荧光

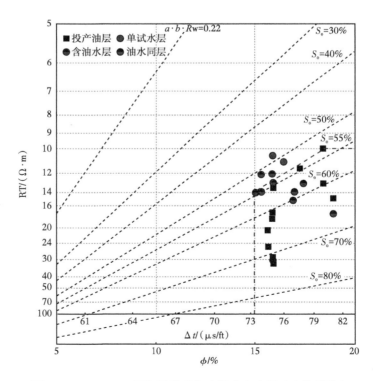

图 6-4-16　$E_3s_1{}^3-$Ⅲ组孔隙度与电阻率交会图（中孔低渗）

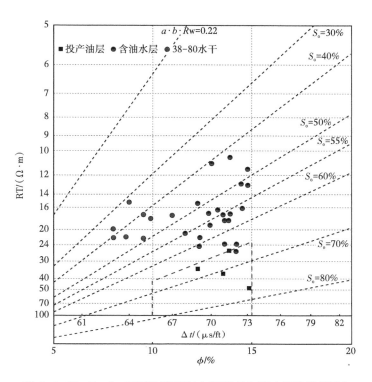

图 6-4-17 $E_3s_1^3-$ Ⅲ组孔隙度与电阻率交会图（低孔特低渗）

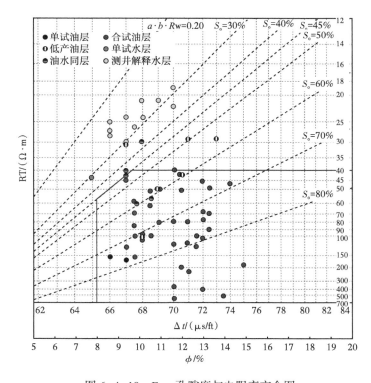

图 6-4-18 $E_3s_2$ 孔隙度与电阻率交会图

### 5. 重构洼内油气成藏模式

剖析了洼陷内油藏形成、分布和富集规律，建立洼陷内立体成藏模式。研究区位于清水洼陷北部，在具有负向构造的地质特征同时，也靠近清水洼陷的油源，控制了油区聚集；清水洼陷北部在沙一段、沙二段沉积时期为向斜构造，低洼的地势形态控制了砂体的汇聚方式及砂体分布，间接控制了有效岩性圈闭的形成；渗透性断层、不整合面、异常高渗砂岩控制了油气的运聚模式，油气沿断层、砂体向上运移，形成下生上储式油气成藏模式。根据这种洼陷内近源的成藏模式（图6-4-19），在沙一段构造低部位实施评价井7口，新增探明储量为 $2181×10^4$t，控制储量升级率为85%。

同时在这种成藏模式指导下认为，沙二段油气运移途径上的岩性圈闭、构造圈闭、岩性构造圈闭均是成藏有利部位，所以沙二段发育3种油藏类型，同时为了降低风险，采用"一井多探，开发兼探"多种举措降低成本。逐步探索，逐步落实油层发育。

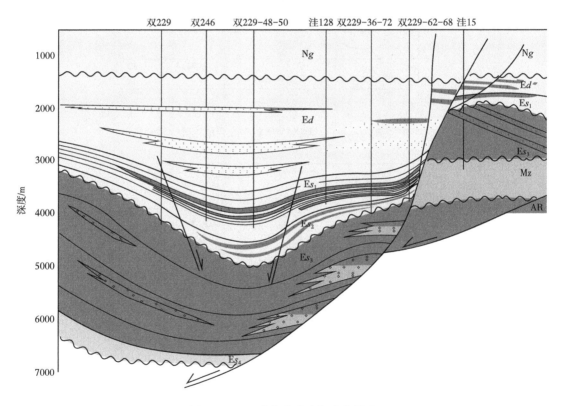

图6-4-19 清水洼陷油气成藏模式

### 6. 评价井位部署

以油藏认识为基础，储量上报为目的，优化部署评价井13口，均成功钻遇油层，岩性油藏钻探成功率达100%。评价井的实施控制了该块的含油面积及油层厚度，评价产能，为成功申报探明石油地质储量奠定了基础。

# 第五节　滩海地区海月东坡滩坝砂体岩性油气藏勘探实践

## 一、勘探概况

海月东坡位于辽宁省盘锦市双台子河入海口处的浅海海域，其北部为辽河陆上海外河油田，西部为月海油田，南部与中国海油锦州16-2构造毗邻。构造位置处于辽河坳陷中央凸起由北部陆上向海域延伸部位的东部区带，西接海月构造，东邻盖州滩洼陷，为一单斜构造，面积约为230 km²。从研究区基底背景看，具有南北高、中间低的特点，地层走向为北东，倾向南东，中央凸起构造海域部分发育多个低幅度潜山，海月东坡古近系超覆、披覆于潜山之上，发育有背斜、断鼻、地层及岩性等多种圈闭类型（图6-5-1）。

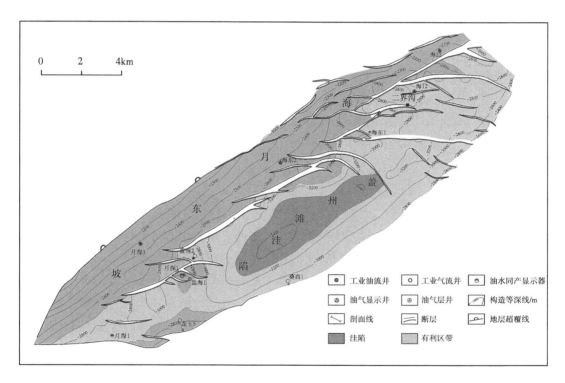

图6-5-1　滩海海月东坡勘探成果图

研究区从19世纪90年代末开始钻探，但至今仅实施了9口井，虽然发现了东营组、沙河街组、太古宇等多套含油层系，但是并没有上报探明石油天然气地质储量，勘探程度明显低于整个辽河滩海探区。勘探实践表明，海月东坡是辽河滩海地区油气勘探的价值洼地，以往勘探以构造油藏为主，近年来，随着勘探程度的不断提高，以构造油气藏勘探为目标的难度越来越大，如何在油气富集区带进一步寻找现实、可动用储量成为勘探的难题。根据近几年的研究成果，认为海月东坡东二段、东三段沉积时期以滩坝砂沉积为主，具备形成岩性油气藏条件，其中：盖南 1 井东二段 2623.6~2694.6 m 井段，71m/5 层试油，用 8mm 油嘴，日产气为 $16.66 \times 10^4$ m³，日产油为 23.42t，初步展示了滩坝砂岩性油气藏勘探的潜力。2019 年拓展滩坝砂油气勘探部署了月探 1 井，在东二段 2726.1~2766.0 m 井段，15.3 m/5 层试油，用 11mm 油嘴，日产气为 $13.6 \times 10^4$ m³，日产油为 72.3 m³。2020 年在南部滩坝砂发育区部署了月海 1 井，在东二段 2718.2~2727.0 m 井段，8.8 m/1 层地层测试，日产油为 45.86m³，为辽河滩海的油气勘探提供了新的领域。

## 二、海月东坡油气成藏地质条件及岩性油气藏分布模式

### （一）海月东坡油气成藏条件

#### 1. 烃源岩特征

海月东坡紧邻盖州滩洼陷，洼陷内发育东营组、沙一至二段、沙三段三套烃源岩，沙三段有机碳数值在 0.4%~2.4% 之间，东三段有机碳数值在 0.4%~3.2% 之间，明显优于其他烃源岩层，生烃潜量 $S_1+S_2$ 均值都大于 2mg/g，属于较好—好烃源岩。有机质类型方面，东营组烃源岩干酪根以 $\text{II}_2$ 和 III 型为主，沙三段以 $\text{II}_2$ 型为主。盖州滩洼陷在 2600m 左右有机质演化进入生油门限，在 3800m 左右进入高成熟热演化阶段，月探 1 井沙三段烃源岩样品 $R_o$ 值在 1.39%~1.68% 之间，证实海月东坡沙三段烃源岩已处于高成熟热演化阶段。总体来说，沙三段烃源岩平均厚度为 2000m，最大埋深为 11000m，演化程度高，是盖州滩洼陷的主力烃源岩。

#### 2. 构造特征

海月东坡是受盖州滩断裂控制的一个长期继承性发育东倾斜坡带，盖州滩断裂是陆上二界沟断裂向海域的延伸部分，该断裂北东向展布，倾向南东，延伸距离长、分段性明显，以雁列式展布为主，东营组沉积时期活动强度大，对盖州滩洼陷东营时期沉降中心起到明显的控制作用。新生代以来，前古近系基底翘倾抬升，形成西高东低的斜坡，古近系逐层超覆于基底之上，早期坡度相对较陡，晚期相对较缓，受东营晚期右旋走滑作用的影响，盖州滩断层下降盘东营组发育断鼻、断块构造。

#### 3. 沉积储层特征

受断层活动影响及构造演化控制，从沙三段沉积期到东营组沉积期研究区沉积物源供给方向及沉积相类型均有较大变化。沙三段沉积期断裂活动强烈，主要以近岸水下扇沉积为主；沙一段沉积期以扇三角洲沉积为主，物源主要来自海外河及月东潜山；东营组沉积期开始，东西向近源短轴物源供给体系转变为北部的长轴水系，北部发育三角洲沉积，海月东坡处于滨浅湖亚相沉积环境下，发育了一系列的滩坝砂沉积（图 6-5-2）。

#### 4. 生储盖配置

海月东坡含油层生储盖组合的配置方式可分为新生古储、自生自储、下生上储三种类型。新生古储组合是以沙三段为生油层，太古宙潜山为储层，沙三段直接超覆于潜山之上，

生成的油气通过不整合面运移至太古宙裂缝发育带中聚集成藏。自生自储组合是以沙三段盖州滩断裂下降盘发育的砂砾岩体与洼陷中烃源岩直接接触，油气直接进入储层中，以侧向运移为主，烃源岩同时也是盖层。下生上储组合是以东营组滩坝砂体为储层，沙河街组生成的油气通过深大断裂运移至储层中，东三段烃源岩也有一定的贡献作用，同时也作为区域盖层。

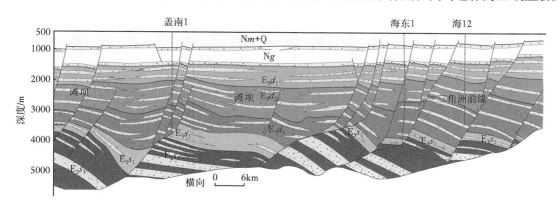

图 6-5-2　海月东坡过盖南 1 井—海东 1 井—海 12 井沉积剖面图

## （二）海月东坡滩坝砂发育特征

### 1. 滩坝砂发育背景

据前人研究成果，滩坝是指在滨浅湖地区，受波浪和沿岸流控制，与湖岸线平行的砂体，多呈席状或带状分布。按照沉积物的供给情况，可以分为富源（碎屑岩）和贫源（碳酸盐岩）两种类型，滩坝砂形成一般需要平缓的地形条件、（弱的）线—点物源体系、浅水动荡的古水动力、高频湖平面波动等条件[19]。海月东坡东营组沉积期微幅度构造的发育造成了水动力条件的改变，有利于滩坝砂的沉积。在海月东坡东营组沉积期平缓的古地貌环境下，沉积物受波浪及沿岸流影响，三角洲前缘砂体遭受改造[20-21]，是滩坝砂发育的主要成因（图 6-5-3）。

### 2. 滩坝砂基本特征

#### 1）岩石学特征

研究区滩坝沉积以薄层灰色的粉砂岩、泥质粉砂岩沉积为主，局部可见细砂岩，砂岩单层厚度小，一般为 2~5m，砂岩成分、结构成熟度相对较高，以长石岩屑砂岩为主。粒度概率累计曲线主要为两段式和三段式，其中两段式跳跃组分斜率较高，为 75° 左右，截点为 3φ，反映其分选较好；三段式中跳跃次总体发育，含量为 10%~75%，斜率较高为60°~80°，截点为 2~3.5φ，反映分选好，且存在冲刷回流现象，反映出水流的双向变化。

#### 2）电性特征

滩坝沉积在自然电位曲线和自然伽马曲线上，坝砂多对应宽幅正向指形和齿化的漏斗形，滩砂多对应异常幅度较高的"尖刀状"指形密集组合，整体构成向上异常幅度加大的反旋回[22]。

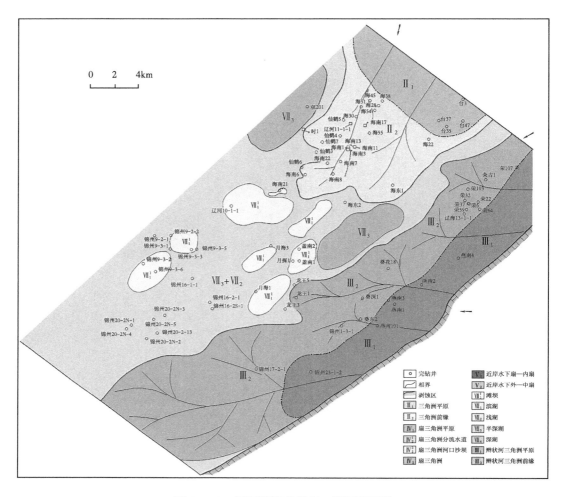

图 6-5-3　辽河滩海东部东二段沉积相图

3）沉积构造特征

岩心观察发现，研究区内滩坝砂发育有明显的交错层理、平行层理、爬升层理等。其中交错层理主要出现在粉砂岩中，层系界面成低角度相交，一般为2°~10°，反映了水流的来回反复冲洗作用。平行层理主要出现在粉细砂岩中，反映较强的水动力条件。此外，在泥岩中可见生物化石及丰富的生物扰动构造[23]，反映较浅的动荡水体环境，有利于滩坝形成。

4）地震响应特征

从单井岩性综合标定分析表明，对于泥岩隔层较厚的砂泥互层段，其地震反射特征表现为中、强振幅反射；而对于泥岩隔层相对较薄的富砂段，其对应的地震反射特征表现为中、弱振幅反射。对研究区已知井做严格的井震标定，并从已知井出发，分层段对井旁道地震振幅属性与层段内砂岩含量做统计分析[24]。分析结果表明，在同一层段内，地震均方根振幅与砂岩含量呈较好的负相关性，砂体发育程度越高，均方根振幅值越低，因此根据地震反射振幅的强弱可以判断储层发育程度。

### （三）海月东坡岩性油气藏分布模式

海月东坡作为盖州滩洼陷西侧单斜构造，紧邻生烃洼陷中心，烃源岩生成的油气容易被海月东坡上发育的构造、岩性圈闭所捕获。持续活动的盖州滩断裂和宽缓的不整合面构成了油气向海月东坡运移路径上合适的输导体系。沙河街组盖州滩断裂下降盘发育的砂砾岩体与烃源岩直接接触，油气以侧向运移为主，所形成的岩性油气藏受输导性的断裂体系控制作用不明显，主要受控于优势的储集相带。东营组发育的滩坝砂岩性油气藏为下生上储型，油气以垂向运移为主，对断裂输导的要求较高，尽管海月东坡广泛发育滩坝砂体，但油气分布主要与断裂发育有关，只有处于油气运移方向和路径上的岩性圈闭才能有油气充注，最终形成有效的岩性油气藏，所以滩坝砂岩性油气藏主要受控于输导断裂和滩坝砂体的分布（图6-5-4）。

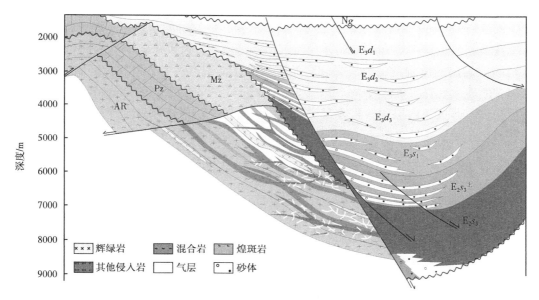

图6-5-4　海月东坡油气成藏模式图（北西—南东）

## 三、海月东坡滩坝砂体岩性油藏勘探实践

### （一）滩坝砂预测技术

海月东坡滩坝砂体具有岩性偏细（以细砂岩、粉砂岩为主）、单层厚度薄（一般小于5m）、横向变化快的特点，纵向多期叠置，横向叠加连片，准确预测难度较大。在分析滩坝砂岩地球物理特征的基础上，开展了滩坝砂体预测和描述的地球物理技术方法研究，形成了一套以古地貌分析、地震多属性分析、波阻抗反演为核心的预测技术[25]。

#### 1. 多属性分析技术

地震属性分析技术应用的关键是敏感属性的优选。在研究区同一层段内，地震均方根振幅与砂岩含量呈较好的负相关性，砂体发育程度越高，均方根振幅值越低。根据研究区地震属性参数与储层发育程度的统计关系，分层段提取与地震振幅相关的地震反射强度、甜点属性（振幅除以频率属性）。进而对同一层段内多属性与砂岩含量做交会分析，从统计学角度建立储层与多属性间优化的定量计算关系，来预测砂岩含量的平面展布情况。通过对地震反射强度、甜点属性的融合分析，初步预测东三段上亚段和东三段下亚段的储层分布特征。预测结果表明，南北方向上，海月构造带北部的储层发育程度明显好于南部；东西方向上，海月构造带主体部位的砂岩发育程度好于两侧，东侧斜坡区储层不发育。并且，根据该地区的地震反射特征与储层发育程度的关系分析，斜坡区地震反射主要以连续性好、中强振幅反射为主，反映斜坡区泥岩隔层可能相对发育，而砂层不发育。

### 2. 地震波阻抗反演技术

海月东坡东三段岩石物理特征研究结果表明，利用地震波阻抗反演技术能够有效识别砂层（图6-5-5）。基于海月东坡井震资料特点，选用了测井约束稀疏脉冲地震反演算法，进行地震波阻抗反演。该方法以测井资料丰富的低频成分补充地震资料有限带宽的不足，可获得不同岩层的波阻抗资料，为储层的精细描述创造有利条件。从波阻抗预测结果来看，识别的砂体呈强阻抗的特征。从已知井出发，对不同岩性的阻抗做统计分析，确定砂泥的门槛值，开展目的层段砂岩含量定量预测。从东三段下亚段砂岩含量预测结果来看，与地震属性预测结果具有较大的相似性，砂岩发育程度北部好于南部，主体好于两侧。

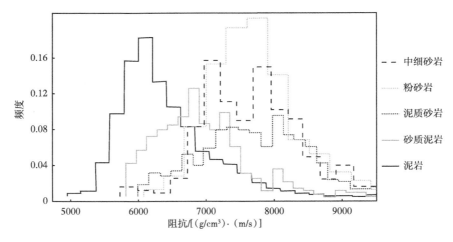

图6-5-5 海月东坡各种岩性阻抗分布图

### 3. 多种预测技术综合应用分析

由于海月东坡的滩坝砂岩储层以薄互层为主，砂泥互层组合样式多样，受地震资料分辨率的限制，单一的储层预测技术存在局限性。因此，在研究过程中，采用多种预测技术从不同的角度寻找储层敏感参数，来预测储层分布规律。主要做了以下三方面的综合分析：

1）结合古地貌特征，确定滩坝砂体发育的有利位置

研究表明，古地形对滩坝砂体沉积起控制作用，通常在古地貌相对平缓、地层倾角变化较小的位置有利于滩坝砂体的保存。从东三段古地貌分析来看，在海月东坡主体部位除了局部发育低隆起以外，大部分地区地貌比较平缓，倾角一般小于4°，适于滩坝砂体发育。

2）结合砂体发育有利位置与砂岩富集程度，为砂体追踪识别圈定目标区

利用不同层段地震多属性及波阻抗反演预测的砂岩含量结果进行综合分析，发现砂岩分布特点与已知井钻探结果具有较好的吻合性。砂岩含量高代表砂体发育富集区，这些地区砂体的发育层数多，更有利于砂体的识别（图6-5-6）。

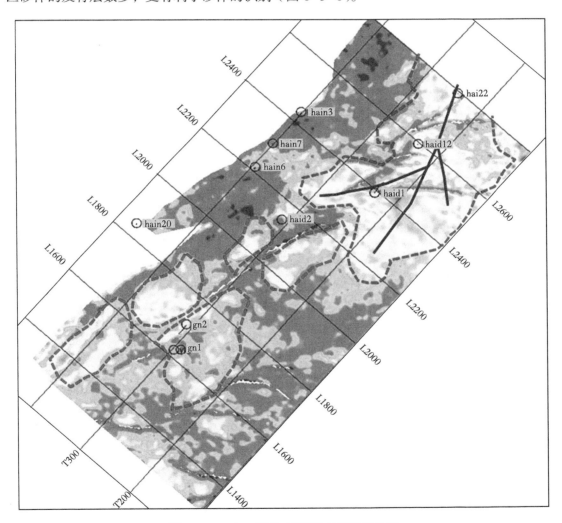

图6-5-6 东二段下亚段平均波阻抗属性图

3）结合地震反射特征与波阻抗特征，在目标区进行单砂体的追踪刻画

砂体的追踪刻画遵循三个步骤：首先，根据岩性标定把握砂体与地震、阻抗对应关系，对薄层引起的强振幅、强阻抗不进行追踪；然后，根据反演波阻抗同相轴的连续性及

强弱变化，进行砂体的横向追踪；最后，结合地震反射特征（波形、振幅、相位）的变化，落实砂体的边界。

### （二）滩坝砂岩性油气藏勘探成果

通过上述地球物理技术组合应用，对海月东坡东二段滩坝砂体进行了系统描述。综合多种预测结果，最终落实东营组5套滩坝砂体，分布范围广、规模大，纵向多期叠置，叠合面积为216km²，有利叠合砂体面积为66km²。盖南1井区东二段下亚段发育的滩坝砂规模相对较大，其中I砂层组最大厚度为35m，面积为39.7km²，与构造叠合面积为5.6km²（图6-5-7）；II砂层组最大厚度为40m，面积为43.6km²，与构造叠合面积为4.5km²（图6-5-8）。

对于刻画的滩坝砂体，结合油源条件、砂体落实程度及分布规模的分析研究，在海月东坡主体部位以滩坝砂体为目标，2019年部署实施了月探1井。该井在目的层东二段钻遇良好油气显示，测井解释气层96.3m/4层，油层10m/1层，油水同层5.8m/1层；东二段2766~2726.1m井段，15.3m/5层；用4.65mm油嘴，自喷，油压为19MPa，折日产油为12.8m³，折日产气为40494m³；用7.94mm油嘴，自喷，流压为23.52MPa，静压为27.32MPa，油压为17MPa，折日产油为66m³，日产气为136687m³，累计产油为18.9m³；用11.1mm油嘴，自喷，油压为17~15.5MPa，折日产油为76.8m³，日产气为220460m³，试油结论为气层。

月探1井获得成功后，为拓展东营组滩坝砂勘探的成果，相继在月探1井西部和南部的滩坝砂发育地区部署了月海3井（图6-5-9）和月海1井（图6-5-10）。

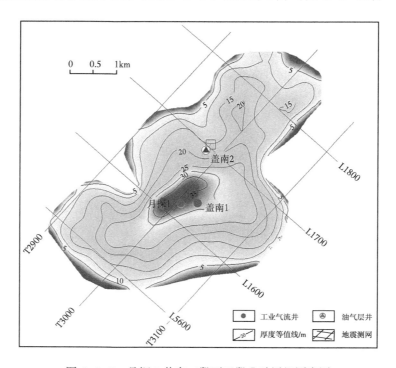

图6-5-7  月探1井东二段下亚段I砂层组厚度图

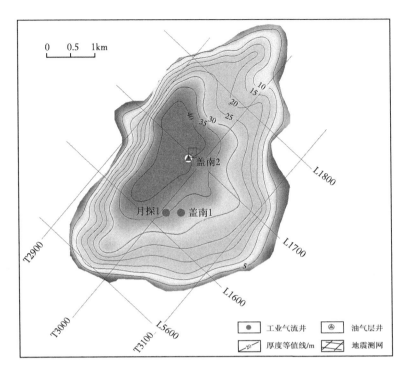

图 6-5-8　月探 1 井东二段下亚段 II 砂层组厚度图

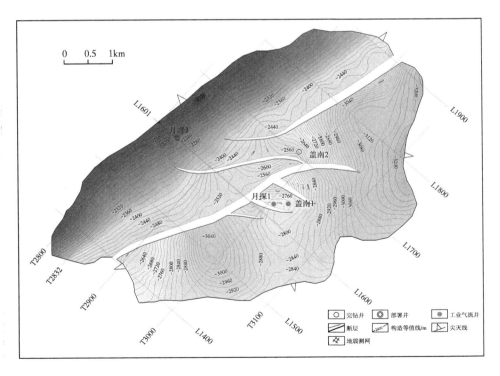

图 6-5-9　月海 3 井井位部署图

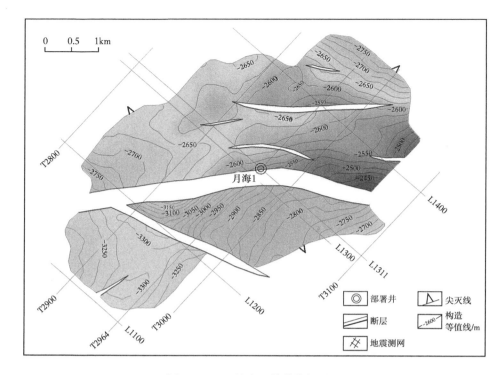

图 6-5-10　月海 1 井井位部署图

月海 3 井位于海月东坡的断裂上升盘，埋深比月探 1 井低 550m，东二段砂岩核磁有效孔隙度为 17%~29%，平均值为 24%；渗透率为 1~26mD，平均值为 11mD，物性较好，但油气显示级别较低，未试油。

月海 1 井位于月探 1 井西南方向，构造与沉积位置与月探 1 井相似。月海 1 井在东二段如预期钻遇滩坝砂沉积，试油获油水同层，岩性为灰色粉砂岩，测井解释孔隙度平均为 18%，渗透率为 90mD。在 2718.2~2727m 井段，8.8m/1 层试油，地层测试流压为 18.93MPa，静压为 26.64MPa，日产油为 45.86m³，日产水为 39.54m³，累计产油为 8.84m³，累计产水为 7.62m³。

月探 1 井、月海 1 井的钻探结果与钻前预测储层段吻合较好，表明以古地貌分析为基础，地震多属性分析、波阻抗反演联合应用进行储层预测适用于海月东坡滩坝砂研究，也证实了海月东坡滩坝砂具备勘探潜力。但由于目标区储层单层厚度薄、横向变化快，受到地震资料分辨率限制，在薄储层预测上仍需不断地进行技术攻关研究。相信随着勘探技术的不断进步及勘探力度的加大，该区岩性油气藏的勘探仍会不断有新的发现。

# 第六节　辽河外围岩性油气藏勘探实践

## 一、概况

辽河外围盆地是指除辽河断陷之外，分布于辽宁、内蒙古通辽—赤峰地区的诸多中生代、新生代凹陷的总称，共 6 个凹陷，呈北东向或南北向展布。凹陷大小不一，最小为 800km²，最大达到 2800km²，分别为陆家堡凹陷、奈曼凹陷、元宝山凹陷、钱家店凹陷、龙湾筒凹陷和张强凹陷[26]，总矿权面积为 21396km²。辽河外围盆地经历了 2 次大规模的构造运动，凹陷边部剥蚀严重，属于典型的残留型盆地[27]。

近年来，随着油气勘探程度的提高，辽河外围盆地岩性油气藏的勘探也有了新的进展。自 1996 年陆西凹陷发现包 14 块岩性油藏后，岩性油气藏的勘探也越来越受到重视。通过岩性油藏类型、岩性油气藏成藏机理、分布规律以及岩性圈闭识别技术等做了大量的研究工作，总结出了一整套较为完善的适应于辽河外围中生代断陷湖盆的岩性油气藏勘探思路和方法，并在多个凹陷发现了砂岩透镜体、砂岩上倾尖灭、复合岩性等类型的岩性油气藏，如陆西凹陷的包 32 块、陆东凹陷后河地区河 19 块和河 21 块及奈曼凹陷的奈 1 块、张强凹陷的强 1 块等。其中奈 1 块上报探明石油地质储量为 $2034 \times 10^4$t；强 1 块上报探明石油地质储量为 $632 \times 10^4$t；2020 年河 19 块上报探明石油储量为 $626.22 \times 10^4$t，河 21 区块上报控制石油储量为 $3039.00 \times 10^4$t。勘探实践证明，辽河外围中生代盆地具有发育岩性油气藏的良好地质背景。

## 二、辽河外围岩性油气藏发育条件

### （一）凹陷不均衡发育与多期构造活动控制岩性油藏，提供有利构造条件

研究区义县组沉积时期为盆地的初始张裂阶段，以堆积大量火山岩为特征，九佛堂组沉积时期为强烈深陷阶段，构造运动以沿断裂面滑动的垂直运动为主，盆地急剧下沉，在有断裂的一侧，造就了水深坡陡的古地貌条件，使碎屑物质直接进入湖盆中，沉积速率较快；湖盆的另一侧，由于没有边界断层的控制，古地貌为低缓的斜坡，碎屑物质主要由河流或多条山区辫状河流携带入湖，沉积速率较慢，逐渐形成单断箕状凹陷。这种单断箕状凹陷，陡坡带受控洼断层的控制，发育扇三角洲和近岸水下扇，不同期次的近岸水下扇、扇三角洲垂向叠置，横向连片，围绕凹陷中心成裙边状展布，易于形成储层物性侧向遮挡岩性油气藏，缓坡带受地形影响形成扇三角洲或辫状河三角洲，位于坡折带处易于形成岩性油气藏，凹陷中央深水区局部发育有滑塌浊积扇，是透镜状岩性油气藏发育的最有利区。

受区域应力和多期火山活动的影响，研究区经历了 2 次相对较大的构造运动：第 1 次发生于九佛堂组沉积末期，受东西向挤压作用影响，形成一系列的褶皱，如交南、前河、后河和新发—陆参 1 一带；第 2 次发生于阜新组沉积末期，构造运动较为剧烈，整体抬升并遭受剥蚀，尤其在缓坡带，剥蚀更为严重，剥蚀量最大达到 1000m。经过 2 次构造运动的影响，洼陷内局部地区地层发生反转，更有利于岩性油气藏的形成，同时产生大量的断层，利于油气运移。

### （二）多种类型储集体为形成岩性油藏提供了良好的储集空间

通过钻井揭示，辽河外围盆地共发育 3 类有效储层，即常规砂岩储层、凝灰质砂岩储层和火成岩储层。

（1）常规砂岩储层发育于九上段至阜新组，孔隙类型以原生粒间孔为主，其次发育少量溶蚀孔。在已知油藏区，九上段平均孔隙度为18.2%，渗透率为51.3mD，储层物性相对较好。

（2）凝灰质砂岩储层在辽河外围盆地九下段普遍发育，储层物性较差，为低孔、低渗—特低渗储层，但也不乏一些好的储层，如陆家堡凹陷东部廖1块，平均孔隙度为20.9%，渗透率为14.6mD。研究表明，九下段凝灰质砂岩在烃源岩范围内，容易被有机酸溶蚀产生大量次生溶蚀孔，大大改善储层物性，形成好的储层。

（3）火成岩也是该区主要储集体，目前钻井揭示义县组以火成岩为主，局部地区有少量沉积岩夹层，岩性复杂，见基性玄武岩、中性安山岩、酸性流纹岩和各种中性过渡型火山岩，其中每一期次旋回顶部气孔、裂缝发育，储层物性最好。九佛堂组时期至阜新组时期，火山活动较弱，但在陆家堡凹陷、龙湾筒凹陷火山活动较为频繁，凹陷内发育大量火成岩，以裂隙式喷发或侵入为主，目前钻遇的岩性主要有玄武岩、灰绿岩、玄武粗安岩、流纹岩和流纹斑岩，孔隙空间类型主要为原生气孔、溶蚀孔和裂缝，具有一定的储集性能。

### （三）凹陷中优质烃源岩为岩性圈闭聚油提供了物质保证

辽河外围盆地烃源岩有机质丰度高、类型好、成熟度高，为好烃源岩。除张强凹陷之外，其他凹陷均发育2套烃源岩，其中九上段油页岩是该区主力烃源岩，沙海组和九下段烃源岩为暗色泥岩，也具有较好的生油能力，为中—好烃源岩（张强凹陷沙海组暗色泥岩为主力烃源岩）。根据3次资源评价结果，辽河外围总资源量为$7.14 \times 10^8$t，探明储量为$1.13 \times 10^8$t，探明率仅为15.9%，剩余资源量为$6.01 \times 10^8$t，具有较大勘探潜力，为岩性圈闭聚油提供了物质保证[28]。

## 三、陆东凹陷后河—交力格地区岩性油气藏勘探

### （一）概述

陆东凹陷位于内蒙古赤峰和通辽市境内，是开鲁盆地内的一个次级负向构造单元，它是在海西褶皱基底上形成发育的中生代单断凹陷，面积为1740km²。发育交力格及三十方地两大洼陷，烃源岩厚度大，指标优越。陡坡带发育大型扇三角洲，扇体延伸至洼陷中心，源储配置关系优越，是实现规模增储的有利地区。陆东凹陷勘探始于20世纪80年代，勘探开发历程大体可分为三个阶段。

预探阶段，1983—1994年。1983年开始二维地震勘探工作，测网密度为1.2km×1.2km；1991年7月，部署在交力格洼陷南部陡坡带的交2井在九上段Ⅳ油层组进行试油，三层均获工业油流，取得良好效果，从而发现了交力格油田。同年，在交力格洼陷南部部署了三维地震面积为420km²。1993年下半年，对交2块进行试采，针对九上段Ⅳ油层组相继钻探多口评价井，均获工业油流，证实交2块具有良好产能，同时也展示出该区具有较丰富的油气资源和良好的勘探前景。1994年11月，交力格油田正式投入开发，1994年底九上段上报Ⅲ类探明石油地质储量为$545 \times 10^4$t，含油面积为6.0 km²。1994年2月于后河断

裂构造带主体区钻探廖 1 井，廖 1 井射开井段 1568.0~1580.0m，12m/1 层压裂试油，在九佛堂组测试获得日产为 4.51t 的油流，从而发现了前河油田。

评价阶段，1995—2020 年。1995 年在交 2 块南侧进行了高精度重力测量，对构造进行了解释，在此基础上，又相继在交力格洼陷东部上钻交 20、交 21、交 22、交 23 和交 24 井，除交 24 井外，均钻遇油层或见到油气显示。同年在 1994 年上报的交 2 块探明储量基础上，进行了扩边储量计算，上报Ⅲ类探明含油面积为 2.4 km²，地质储量为 139×10⁴t。2001 年，结合交 2 块开发情况，对该区储量进行了复算，复算后含油面积为 7.1 km²，地质储量为 455×10⁴t。1995 年 10 月钻探河 11 井，2001 年 9 月在 1778.1~1791.0m 井段试油，射开 12.9m/1 层，压裂后求产，获日产油为 4.48m³，累计产油为 67.2m³，2002 年河 11 块上报九佛堂组探明原油地质储量为 127.00×10⁴t。2003 年完钻完钻河 20-20、河 18-18、河 22-18 三口井，但由于储层物性差，直井累计产量低，其中河 18-18 井累计产油为 1869t，河 20-20 累计产油为 1236t，难以实现经济有效开发。2017 年采集了"两宽一高"地震资料，2018 年部署实施了水平预探井——河平 1 井，该井完钻井深为 2799m，完钻层位为九佛堂组上段Ⅳ油层组，水平段长为 948m，油层钻遇率为 87.6%，压后放喷，最高日产油为 30.6m³，累计产油为 7306.0t，释放了产能。2020 年河 19 块上报探明储量为 626.22×10⁴t，河 21 区块上报控制储量为 3039.00×10⁴t。评价阶段共完钻了探井、评价井 22 口，9 口井在九上段Ⅳ油层组试油获工业油流，发现了河 21 区块、河 19 区块河 25 井油藏。

开发及岩性油气藏勘探阶段，1996 年至今。前河油田的开发始于 1996 年，截至 2020 年 10 月 31 日，探明已开发石油地质储量为 180.00×10⁴t，探明原油储量动用率为 13.26%。初期采用正方形井网天然能量开发，效果不好，后期实施水平井及压裂技术，取得较好开发效果。共有采油井 22 口，开井 14 口，平均单井日产油 3.07t，累计产油为 1.95×10⁴t，井距约 300m。其中申报区河 21 区块、河 19 区块河 25 井未开发，后于 2017 年试采，共有采油井 13 口，平均单井日产油为 3.03t，累计产油为 1.12×10⁴t。

2019 年开始，对交力格地区重新开展新一轮系统评价，深化基础研究，认为交力格洼陷发育大规模扇三角洲沉积体系，砂体分布广、厚度大，且范围延伸至生油洼陷内部，与油源直接接触，成藏条件较好。为寻找规模增储目标，对交力格扇体开展了分层精细评价，对多层面积分布较广且连续性较好的砂体范围进行预测，优选有利相带部署了交 47 井。交 47 井于 2020 年完钻并开展试油，于九上段Ⅳ油层组试油压裂后，日产油为 4.25m³，累计产油为 62.88m³，试油结论为工业油层，交 47 井的成功揭示了交力格洼陷仍具有较好的勘探潜力。

**（二）地质条件**

1. 地层

根据陆东凹陷 70 口探井及邻区探井钻井揭示，凹陷地层自下而上为古生界基底，中生界下白垩统义县组、九佛堂组、沙海组、阜新组，上白垩统及新生界等（图 6-6-1）。

辽河油田岩性地层油气藏精细勘探

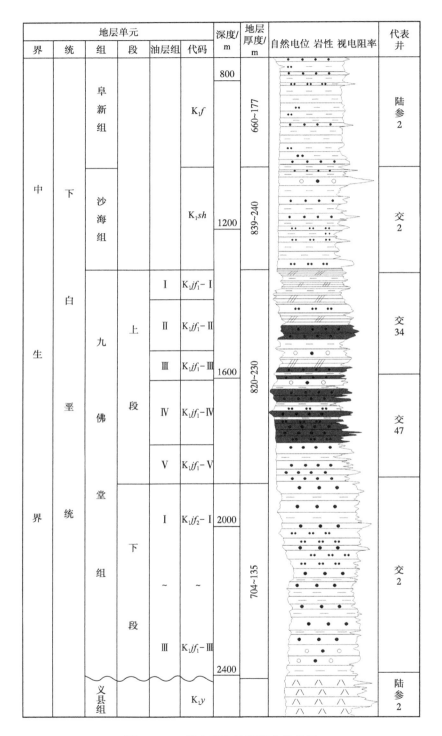

图 6-6-1　陆东凹陷地层综合柱状图

214

1）义县组（$K_1y$）

该组为大套灰色、绿灰色、紫红色中性火山喷出岩，以凝灰岩及安山质凝灰质角砾岩为主，局部有少量的安山质角砾岩或集块岩，普遍具有水云母化和泥化现象，未见生物化石。视电阻率曲线表现为厚层状不规则高阻，电阻率值最高为 $180\Omega \cdot m$，平均为 $80\Omega \cdot m$。从地震反射特征来看，该套地层发育较厚，且分布范围广，本区及周边河 21 井、陆参 1 井、广 2 井钻遇该套地层，其中陆参 1 井揭露义县组地层最厚为 103m，但未有井钻穿，与上覆地层呈角度不整合接触。

2）九佛堂组（$K_1jf$）

九佛堂组富含介形类、腹足类、孢粉等古生物化石，并发现典型热河生物群的狼鳍鱼 *Lycoptera*；三尾拟蜉蝣 *Ephemeropsis Trisetalis*；东方叶肢介 *Eosetheria* 等。九佛堂组为本区主要的油藏发育段，从区域的地层对比来看，地层分布较为稳定，发育一套含火山碎屑物质的半深湖—深湖相沉积，由下到上构成完整的正旋回，该组地层划分为上、下两段。其中下段岩性为灰色、深灰色灰质砂岩、灰质砂砾岩、灰质粉砂岩与深灰色泥岩互层，以富含灰质为特征，该组地层主要为视电阻率曲线表现为钟形高阻，电阻率值最高为 $120\Omega \cdot m$，平均为 $50\Omega \cdot m$；上段岩性为灰褐色油页岩、深灰色钙质泥岩夹薄层砂岩，边部区为砂砾岩。视电阻率曲线表现为锯齿状高阻，电阻率值最高为 $120\Omega \cdot m$，平均为 $15\Omega \cdot m$（陆参 2 井因钙质含量高，平均为 $45\Omega \cdot m$）。九佛堂组沉积厚度大，其中河 20 井揭示九佛堂组地层最厚为 1220m，陆参 1 井揭示九佛堂组地层最薄为 425m。与下伏地层呈平行不整合接触。

3）沙海组（$K_1sh$）

该组广泛分布于陆东凹陷，区内 17 口探井均钻遇，厚度为 221~873m。主要为滨、浅湖相，下部为灰色细砂岩、粉砂岩夹油页岩、泥岩；上部为灰色泥岩、细砂岩、粉砂岩呈不等厚互层沉积。沙海组泥岩质纯性脆，含较多的黄铁矿结核。含丰富的孢粉、介形类、腹足类化石。视电阻率曲线表现为齿状低阻。与上覆地层呈整合接触。

4）阜新组（$K_1f$）

该组广泛分布于陆东凹陷，区内 17 口探井均钻遇，厚度为 238~851m，主要为滨、浅湖相，下部为深灰色泥岩夹薄层灰、浅灰色细砂岩、粉砂岩。砂岩普遍具高岭土化，泥岩质纯、性脆，呈块状易碎，局部含砂质团块；上部岩性以灰色泥岩为主，夹细砂岩、粉砂岩、含砾砂岩。含孢粉、介形类及丰富的腹足类化石。因后期构造抬升，剥蚀较强烈，地层缺失严重，厚度变化较大。视电阻率曲线平缓，起伏不大。与上覆地层呈角度不整合接触。

2. 构造与断裂特征

后河地区位于凹陷中段南部，从整体上来看，后河地区为一个中部高、东西两侧相对较低的低幅度背斜构造，其长轴方向为北北西向，基本垂直于凹陷边界，短轴方向与凹陷边界平行。构造高点位于河 20 井—河 8 井—河 13—河 19 井一线，区内发育一系列近似平行的北北东向断裂，把后河背斜构造复杂化。后河地区经历了多期次的构造运动，断裂比较发育，大体呈北北东向展布。舍伯吐断层是后河地区东南侧的主控边界断层，属于一级断裂，走向为北东，倾向为南东。该断层长期活动，具有断距大延伸远的特点。义县组沉积期和九佛堂组沉积期活动强烈，沉降速度快，控制了后河东侧充足物源注入；到沙海、阜新组沉积时期逐渐减弱，直到消亡。该断层不仅控制了凹陷的格局，同时对后河断裂背斜构造带内的局部构造具有控制作用。河13东、河8西、河21东及河21西断层为本区的主干断层。这四条断层是控制后河地区九佛堂组构造演化及沉积体发育的主要断层，随着断层活动，在古地貌控制下，发育自本区东侧地区的物源体系沿着断层下降盘地势较低的区域向北、向西延伸；同时这些断层还控制着本区构造的发育及圈闭的形成，并将整个后河背斜分割成数个断块及断鼻，起到沟通油源、形成裂缝的作用。

交力格洼陷构造较为单一。洼陷北部为缓坡带，断裂发育较少；洼陷南侧为陡坡带，断裂相对比较发育。南侧发育大型舍伯吐断层，为陆东凹陷的主控边界断层，在本区走向为北西西，倾向为北北东。舍伯吐断层长期活动，义县组沉积期和九佛堂组沉积期活动强烈，沉降速度快，控制了南侧物源注入；到沙海、阜新组沉积时期逐渐减弱，直到消亡。该断层不仅控制了凹陷的格局，同时对局部构造具有控制作用。此外，该区九佛堂组发育多条主干断裂，走向以北北东为主，倾向主要为北西西及南东东，断距一般为50~100m，延伸长度一般为5~8km。这些断层控制着本区构造的发育及圈闭的形成，并将交力格洼陷南侧条带状分割。此外，交力格地区受主干断层控制发育数条小型派生断层，这些断层走向多为北北东及北北西，倾向主要为北西西及南西西，九佛堂组断距主要在50~120m之间，延伸长度为1.0~5.2km；这些派生断层主要使本地区构造复杂化，对构造及油藏基本不起控制作用（图6-6-2）。

### 3. 生油条件

区内油源主要来自三十方地洼陷，九佛堂组烃源岩面积约为500km²，厚度约为280m，有机碳含量平均为3.15%，氯仿沥青"A"含量为0.45%，总烃含量为2874μg/g，生烃潜量为13.8mg/g；干酪根类型好，多为Ⅰ—Ⅱ₁型；烃源岩有机质已经进入成熟阶段，为成熟烃源岩。按我国陆相烃源岩有机质丰度评价标准，属于好生油岩，生油能力强，为该区主力生油层系。

### 4. 沉积特征

通过对研究区探井所钻遇的沙海组、九佛堂组的岩石类型、结构，沉积构造、生物化石、测井相特征、地震反射特征及分析化验资料等相标志，对本区沉积特征展开研究。

从钻井取心的特征与分析化验资料来看，后河地区沉积体不仅有透镜状层理、交错层理、平行层理等典型的牵引流沉积特征，又包含包卷层理、泄水构造、滑塌构造等重力流沉积特征；粒度概率曲线多为两段式，个别近似于一段式，同样反映了牵引流沉积为主，兼具重力流改造的特征；同时碎屑颗粒分选磨圆较差，泥质含量高，横向及纵向相变快，反映了近源快速堆积的沉积特点。

根据河19井、河24井单井相图来看，河19井九上段岩心以水平层理为主，见大量炭屑，指示弱水动力沉积环境；河24井钻遇油浸细砂岩，发育块状构造、楔状层理，水动力较强，综合确定为扇三角洲前缘的沉积环境。通过广4—河21—河8—河13—河19—河11—河12—河14 井沉积剖面可以看出：在九佛堂组沉积时期，主要物源供给来自本区东侧，河19 井、河21 井钻遇主河道的侧缘部位。在平面上结合波阻抗反演，精细刻画砂体分布范围，进一步落实其扇三角洲主河道位于后河断裂背斜主体的河8 井—河12 井一线的北侧，最终刻画出储集体展布特征。

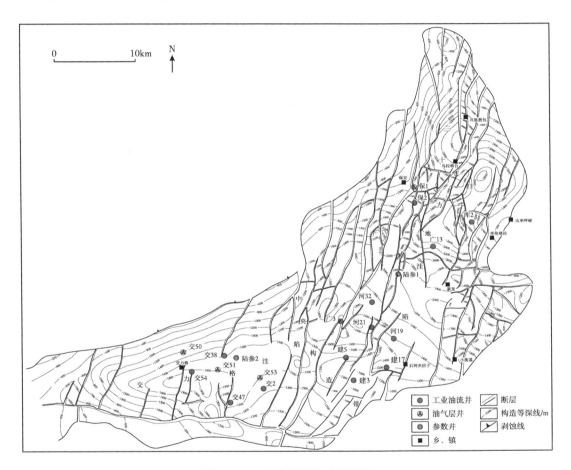

图 6-6-2　陆东凹陷构造纲要图

结合区域构造及沉积特点，综合各类相标志，综合分析认为：判断本区发育的沉积相类型主要为在浅湖—半深湖环境下的扇三角洲沉积体系，其中扇三角洲前缘分布在本区南部舍伯吐边界断层的下降盘，是本区储集体和油藏的主要发育区（图 6-6-3）。

5. 储层特征

1）岩性特征

本区岩石类型以长石岩屑砂岩和岩屑长石砂岩为主，碎屑以中性火山岩岩屑、长石为主，极少量为石英；接触关系以线接触为主；分选性差—中等；磨圆度为次棱角状—次圆状，岩石成分成熟度和结构成熟度较低。胶结类型以碳酸盐胶结及黏土矿物胶结为主，偶见硅质胶结。通过对本区岩心观察，薄片分析及沉积相综合分析，本区储层岩性分布受沉积相带的控制作用明显，从水下分支流河道到席状砂再到远端，储层岩性从砾质粗粒到长石岩屑砂岩粒屑中—细粒长石岩屑，再到含云粉砂质泥岩变化，储层逐渐变细，同时碳酸盐含量逐渐增大。

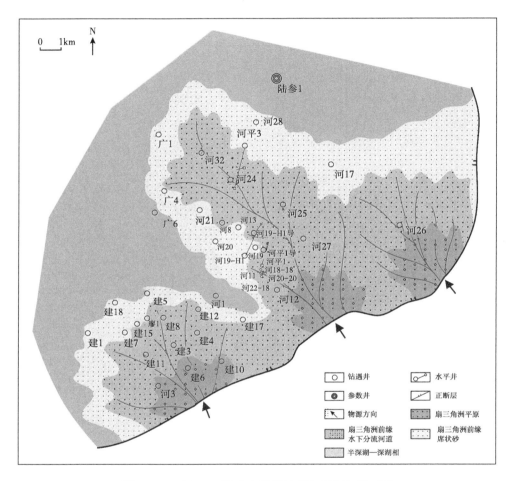

图 6-6-3 河 21 区块九上段Ⅳ油层组沉积相平面图

2）储集空间类型

通过对后河地区完钻井的钻探揭示及分析化验结果分析，认为本区储层是以中—酸性火山岩为母源的正常沉积岩，碎屑组分抗压实能力弱，粒间孔保存较差，且后期易发生溶蚀。因此，本区储集空间类型以次生孔隙为主，主要为溶蚀作用下产生的粒间、粒内溶孔，少量为残余粒间孔、铸模孔和构造缝。

3）储层物性特征及影响因素

九佛堂组储集空间类型以次生储集空间为主，孔隙主要为溶蚀作用下产生的粒内、粒间溶孔及残余粒间孔，此外还发育少量构造缝。孔隙喉道易被黏土矿物及碳酸盐矿物充填，造成孔隙连通性差。根据岩心物性分析，粉砂岩渗透率一般小于 0.1mD，细砂岩、中砂岩和砂砾岩渗透率一般大于 0.1mD，储层物性受岩性控制明显。根据本区九佛堂组 325 块岩心分析，储层孔隙度一般为 8%~18%，平均为 12.6%，渗透率一般为 0.06~5.76mD，平均为 0.61mD，属于中—低孔，低—特低渗储层。

本区储层独特的岩石成分及成岩演化过程是影响本区的储层性能的主要因素。储层的岩石成分对本区物性影响巨大。根据后河地区岩心分析化验结果看出，本区储层岩石类型主要为长石岩屑砂岩、岩屑长石砂岩。长石及岩屑抗压实能力弱，在压实作用下，颗粒之间呈线接触，粒间孔隙基本损失殆尽。

后期成岩演化造就本区中—低孔、低—特低渗储层。压实作用使得原生粒间孔大大降低，储层渗透率下降；而长石和岩屑易发生溶蚀作用，从而产生大量的次生溶蚀孔，一定程度上提高了储层孔隙度；同时，溶蚀产物中 $Ca^{2+}$、$Mg^{2+}$ 含量高，后期与地层水中的 $CO_2$ 结合产生大量的碳酸盐矿物，形成钙质胶结物，堵塞孔隙及微小喉道，最终形成本区中—低孔、低—特低渗储层。

#### 6. 生储盖组合

本区发育以细砂岩、粉砂岩为主的扇三角洲前缘亚相砂体，可作为良好储层。九佛堂组上段Ⅳ油层组上覆的Ⅰ—Ⅲ组发育的泥岩、油页岩厚度较大，在本区发育较为稳定，可作为油藏的区域性盖层，九上段Ⅳ油层组发育一定厚度的泥岩、油页岩层，可作为局部盖层。本区储层是以中—酸性火山岩为母源的沉积岩，碎屑组分抗压实能力弱，粒间孔保存较差，且后期易发生溶蚀，造成本地区储层储集空间以颗粒溶蚀孔为主，同时由于碳酸盐矿物胶结喉道，致使孔隙较发育但连通性差，孔隙内流体渗流困难，使得单井产能偏低；由于储层物性差且强亲水，束缚水饱和度高，造成含水偏高；从储层物性特征来看，位于优势沉积相带以及次生溶蚀带发育的地区，储层物性相对较好，油气相对富集，综合来看良好的相带且具有一定构造背景的地区为油气成藏最有利场所。

### （三）后河地区岩性油气藏勘探实践

#### 1. 油藏类型

后河地区油层分布主要受构造、储层砂体和物性的多重控制，油藏中储层物性的好与差是控制油层分布的主要因素，总体为构造背景下的岩性油藏，纵向上Ⅳ油层组埋藏深度为 1730~1815m，分布稳定，但单层厚度薄，油层横向连通性差，非均质性较强。该区九佛堂组发育多期次砂体，圈闭处于扇三角洲前缘有利相带，储层条件较好，属于层状构造岩性油藏（图 6-6-4）。

#### 2. 流体性质

1）原油性质

根据河 19 区块油分析资料，地面原油密度分布范围为 0.8819~0.917g/cm³，50℃时黏度分布范围为 39.76~334.03mPa·s，地层温度下黏度分布范围为 14~87mPa·s，凝固点分布范围为 9℃~25℃，含蜡量分布范围为 4%~7.21%，属于中质稀油。

2）地层水性质

九上段 IV 油层组河 8 井水性资料分析得：钾钠含量 2680mg/L，钙 10.5mg/L，氯根 12.56mg/L，硫酸根 0.07mg/L，重根 6366.8mg/L，总矿化度 9508.9mg/L，为 $NaHCO_3$ 型。

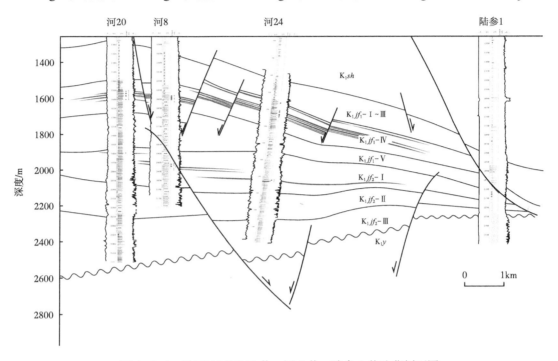

图 6-6-4　后河地区河 20 井—河 8 井—陆参 1 井油藏剖面图

3. 油藏控制因素与划分

根据钻井取心结果，目的层含油性明显受岩性、物性控制。随着岩性由粉砂岩向细砂岩、中砂岩变化，储层物性变好，含油级别升高，具有岩性油藏的典型特征，同时区块内构造低部位的河 12 井试油产水高，说明油藏发育一定程度上受构造条件控制。从油气钻探及试油试采情况来看，本区油层分布具有以下几个特征：

（1）平面上油层分布受相带控制，在扇三角洲前缘水下分流河道微相内油层最为发育，随着砂体向前延伸，储层逐渐变细，但仍具有一定的含油气性，整体来看，后河地区平面上具有连续型油藏特点。

（2）纵向上油层分布零散。本区九上段 IV 油层组为主要油层发育段，段内油层分布零散，这主要由于储层发育的非均质性所造成。油层在纵向上呈薄层状分布，单层厚度为 0.5~3m，单井油层厚度为 13~20m，油藏埋藏深度为 1540~1970m。

4. 后河连续型油气成藏模式

本区邻近三十方地洼陷及交力格洼陷两大生油洼陷，油源充足，后河地区九佛堂组油藏主要分布在上段 IV 组及下段 I 组，无明显隔层，储集空间类型以残余粒间孔、次生溶蚀孔为主，受岩性、物性控制的层状构造—岩性油藏（图 6-6-5）。

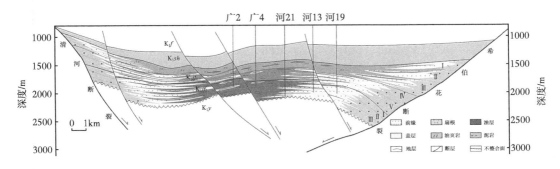

图 6-6-5　陆东凹陷油气成藏模式图

从整个中央构造带油气成藏模式来看，后河地区发育大型扇三角洲扇体，扇体前端与九上段、九下段两套优质烃源岩充分接触，由于储层物性差，油气难以长距离运移，往往表现为紧邻油源就近成藏。扇体主体粒度较粗，物性稍好，往往形成构造油藏及构造—岩性油藏，扇体前断到前缘远端，储层逐渐变细，形成源储一体的致密油藏，同时九上段厚层油页岩具备页岩油的成藏条件，从而形成从扇体边部到凹陷中心，从九下段到九上段的连续立体油气聚集模式。上述成藏认识也指导了本区的油气勘探。

通过成藏模式的建立，明确了后河油藏的成藏特点，指导了下步的勘探选区及实践，取得了显著的勘探成效。

**5. 勘探实践**

1）创新构建陆东凹陷浅水湖盆陡坡带大型长源扇三角洲沉积模式

2017 年开始，对陆东凹陷后河地区开展了重新系统评价，通过细分层系，将九佛堂组细分为 8 个油层组开展精细构造梳理。创新构建中生代凹陷浅水湖盆陡坡带大型长源扇三角洲沉积模式，突破了陡坡带扇体延伸距离短的禁锢，勘探范围从凹陷边部 3~5km 扩展到整个凹陷，进一步拓展各凹陷内部的勘探空间。基于此认识，优选本区河 18-18 井、河 8 井、河 13 井 3 口老井开展试油，均获得工业油流。同时，为进一步落实后河构造带的含油气面积及油气藏发育情况，在该区精细构造解释的基础上，运用波阻抗反演、地震多属性分析等多种储层预测技术，对该区储层的展布进行了预测和刻画，成功部署实施了河 19、河 20、河 21、河 24 等 4 口探井，且均在九上段Ⅳ油层组试油获工业油流，2018 年 10 月在河 19 块新增预测石油地质储量为 $3208 \times 10^4$t，含油面积为 29.9km$^2$。

2）创新建立陆东凹陷"连续立体"油气成藏模式

首次开展九佛堂组连续性储层精细评价，九上段和九下段烃源岩立体评价，以后河地区成藏特征为基础，综合建立了以陆东凹陷为代表的中生代残留型凹陷"连续立体"油气成藏模式，认为本区油藏主要发育于九佛堂组，纵向上发育于多个层组、多种类型储层中，平面上大面积连续分布于低渗透储层中，发育自生自储或下生上储型油藏。

以此理念为指导，对后河区块进一步开展评价。2018 年实施陆东凹陷第一口预探水平井——河平 1 井。该井完钻井深为 2799.0m，完钻层位九上段，水平段长为 927.0m，共解释Ⅰ类储层187.6m/13层、Ⅱ类储层404.7m/22层，储层钻遇率为87.6%。该井压后放喷，最高日产油为30.6m³。通过水平井提产，成功实现资源有效动用。2019年后河东部地区升级控制储量为13.8 km²，储量规模为1566×10⁴t。

在后河东部地区成功升级控制储量后，为实现后河西部地区储量升级，相继部署了河平3、河28、河32等三口探井。其中，在有利的沉积相带部署的河平3井，于2019年2月15日完钻，完钻层位为九上段，压后放喷日产油为8.9m³，累计产油为595.7m³。此外，在扇体前段完钻河28及河32两口探井，试油均获得工业油流。其中河32地层测试油管自喷，折日产油为4.46m³，累计产油为7.24m³，开展分段压裂后放喷，最高日产油达到18.9m³，该井不仅是陆东凹陷首口自喷油流井，也是陆东凹陷常规碎屑岩日产油最高的井，进一步证实陆东凹陷后河地区资源的落实性及可动用性。通过新井钻探及储量研究，2020年后河构造带西部河21块升级控制储量为3039×10⁴t，含油面积为28.7km²（图6-6-6）。

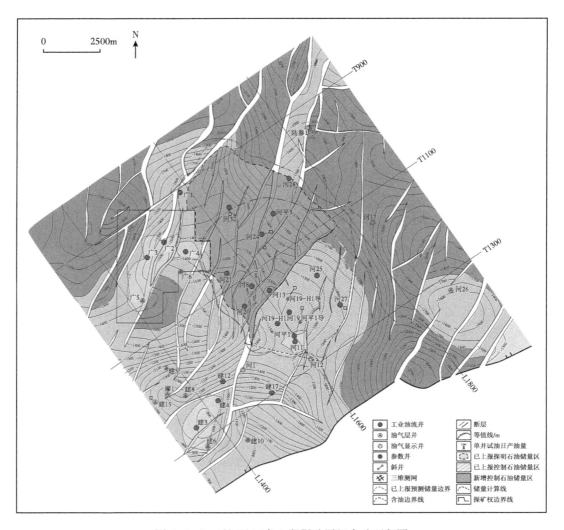

图6-6-6　后河地区九上段Ⅳ油层组含油面积图

### （四）交力格地区岩性油气藏勘探实践

**1. 油藏类型**

1) 交 2 块

交 2 块油层分布主要受构造、储层砂体和物性的多重控制，油藏中储层物性的好与差是控制油层分布的主要因素，总体为构造背景下的岩性油藏，纵向上油藏埋深为1600~1850m，油层分布较为集中，含油井段约为 150m 左右，单层厚度较薄，一般为1~2m，油层横向连通性差，非均质性较强。

2) 交 47 块

交 47 块油层分布主要受岩性及物性控制，扇三角洲前缘储层砂体较发育，南侧扇三角洲平原亚相物性较差，与前缘储层砂体的相带分界形成油藏的物性封堵带边界，控制油层分布。纵向上油层主要分布于九上段Ⅳ油层组，受储层非均质性影响，油层分布跨度大，单个油层发育比较分散，单层厚度一般为 0.5~5m，呈薄层状分布。储层含水主要以游离水、毛细管束缚水形式存在，区块内不具有统一油水界面，总体来看，为层状岩性油藏（图 6-6-7）。

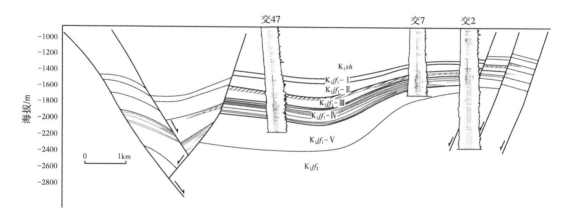

图 6-6-7　交力格洼陷交 47 井—交 7 井—交 2 井油藏剖面图

**2. 流体性质**

1) 原油性质

根据研究区内 9 口井的原油分析资料，九上段Ⅳ油层组地面原油密度分布范围为0.8416~0.8917g/cm³，平均为 0.873g/cm³，50℃时黏度分布范围为 5.62~75.27mPa·s，平均为 36.8mPa·s，凝固点分布范围为 11~27℃，平均为 18.2℃，含蜡量分布范围为5.27%~7.22%，平均为 5.5%，属于中质稀油。

2) 地层水性质

经九上段Ⅳ油层组交 34 井地层水性质资料分析可得：钾钠含量为 1810.1mg/L，钙含量为 10mg/L，镁含量为 1.2mg/L，氯酸根含量为 620.6mg/L，硫酸根含量为 68.4mg/L，重根含量为 3325.6mg/L，总矿化度为 6009.9mg/L，为 $NaHCO_3$ 型。

### 3. 油藏控制因素与划分

本区具有较好的油气成藏条件，主要归纳为以下几点：

一是交力格洼陷为陆东凹陷主力生油洼陷之一，九佛堂组烃源岩厚度较大、分布范围广，为好烃源岩，纵向上储层紧靠主力烃源岩层，油源条件好。

二是本区九佛堂组发育的扇三角洲前缘砂体，分布面积广，连续性较好，原生及次生孔隙较为发育，可作为较好的储层。

三是交力格洼陷九上段上部发育较为稳定的厚层泥岩及油页岩，可以作为良好盖层，提供可靠的保存条件，九上段Ⅳ油层组、Ⅴ油层组及九下段内部发育油页岩及暗色泥岩与砂岩互层，可作为油藏的局部盖层。

四是有利的构造演化历程有利于油藏的保存。交力格洼陷晚期构造活动较弱，断裂主要发育于洼陷东南侧，洼陷内部油藏未经受大的破坏，有利于该区规模油藏的形成。

### 4. 交力格洼陷连续型油气成藏模式

交力格洼陷属典型的单断箕状凹陷，在舍伯吐边界断裂周期性活动控制下，陡坡带物源逐渐呈现出满洼充填特征。在九下段Ⅲ油层组与九上段Ⅰ—Ⅲ油层组沉积时期，舍伯吐边界断裂活动强烈，水体相对较深，物源入湖后快速卸载堆积，扇体延伸距离较短。九下段Ⅱ—九上段Ⅳ油层组沉积时期，边界断裂缓慢活动，凹陷缓慢沉降，水体较浅，扇体逐渐进积呈现大面积满洼充填。由于储层物性差，油气成藏表现为原地成藏或短距离运移成藏，九下段埋藏深、储层致密，形成规模型致密砂岩油藏；九上段陡坡带发育构造油藏或构造—岩性油藏，洼陷带受砂体分布控制发育规模岩性油藏，九上段顶部大套油页岩是页岩油勘探领域。交力格洼陷整体呈现出构造（岩性）—岩性—致密油—页岩油"连续立体"的油气成藏模式（图 6-6-8）。

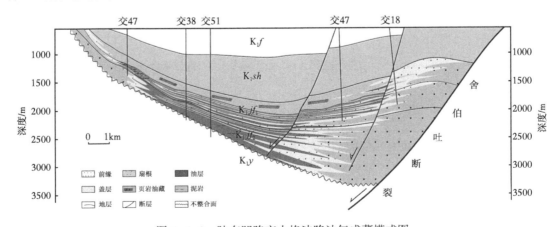

图 6-6-8  陆东凹陷交力格洼陷油气成藏模式图

### 5. 勘探实践

交力格扇体位于交力格洼陷内，为扇三角洲沉积体。1993 年，于扇体内钻探发现了交 2 块，上报探明储量规模为 $455 \times 10^4$t。后于扇体前端交 38 井周边上报预测储量为 $1002 \times 10^4$t，展现良好勘探前景。

2017 年后河规模储量的发现，证实了陆东凹陷能够形成较大规模的油藏。同时，对陆东凹陷的成藏条件研究发现，构造条件对油藏的控制作用较不明显，油藏的成藏及富集主要受岩性控制，反映了陆东凹陷岩性控藏的成藏特点，并建立了本区九佛堂组"纵向多层系立体成藏，平面油气大面积连续分布"的油气成藏模式。

2019 年开始，以岩性油气藏为目标，以"连续立体"油气成藏模式为指导，在交力格洼陷取得了显著的勘探成效。经研究发现，交力格扇体平面分布覆盖整个交力格洼陷，砂体延伸距离较远，地震反映特征分布稳定，断层较少，单井揭示沙海组及九上段顶部发育稳定厚层泥岩、油页岩段形成良好盖层，整体条件有利于形成大型岩性圈闭，且交 2 块及交 38 块的发现证实了本区具有较好的成藏条件。通过研究，落实有利砂体面积为 83 km²，预测资源量为 $4980 \times 10^4$t，部署了交 47、交 49、交 51 等多口探井。

2020 年，交 47 井于九上段Ⅳ油层组试油压裂，压后日产油为 4.25m³，累计产油为 62.88m³。结合完钻探井与储层预测，初步刻画九上段Ⅳ油层组、九上段Ⅴ油层组、九下段Ⅰ油层组、九下段Ⅱ油层组四套砂体，展现出 $5000 \times 10^4$t 级规模储量前景。

## 四、奈曼凹陷岩性油气藏勘探

### （一）勘探概况

奈曼凹陷位于开鲁坳陷西南部，是在海西期褶皱基底上发育起来的中生代凹陷，总体形态为北东走向的长条形凹陷，面积约为 800km²。奈曼地区勘探工作始于 1989 年，到 1995 年，凹陷内先后开展了 1:10 万航磁和 1:20 万重力普查，并完成了长度为 444.2km 的二维地震采集工作。

1995 年在奈曼凹陷东侧部署钻探了一口参数井——奈参 1 井，该井完钻井深为 2841.5m，由于钻探在隆起区，揭示 357m 下白垩统九佛堂组。

为加快奈曼凹陷勘探步伐，2003 年采集了长为 400km 的二维地震资料。2004 年通过对新采集二维地震资料与老地震资料综合解释，进一步落实了凹陷边界、主干断裂和二级构造带的展布，采用区域对比方法，对奈曼凹陷进行评价，本着揭示地层与油气显示兼顾的原则，在奈曼凹陷西部陡坡带双河断裂背斜较低部位部署了奈 1 井。

奈 1 井于 2005 年完钻，在九佛堂组共进行三次试油均获工业油流。其中第三次在九上段 1655.0~1697.4m 试油，射开 31.1m/8 层，压裂后初期获日产油为 10m³。奈 1 井的钻探成功展示了奈曼凹陷良好的勘探前景。为进一步认识奈 1 区块油藏特征，在综合地质研究的基础上全面开展了油藏评价工作，陆续部署实施了奈 2、奈 3 和奈 4 三口探井，在九上段试油均获工业油流，认为奈 1 块九上段为典型的构造油藏。随着奈 1 区块九上段试采，到 2007 年新完钻的 25 口开发井加深钻探，钻遇九下段油层，其中有 7 口井在九下段试油，压裂后均获工业油流。并于该年采集三维地震资料面积为 110km²，面元为 20m×20m，覆盖次数为 108 次，通过井震等资料的进一步完善，证实该区九下段为岩性油藏，有良好的油气勘探开发前景。2006、2007 年奈 1 块九佛堂组上段、下段共上报探明石油地质储量为 $2034 \times 10^4 t$。

2016 年冬，在凹陷的北部新采集"两宽一高"三维地震资料面积为 $200 km^2$，面元为 $10m \times 10m$，覆盖次数为 480 次，横纵比为 0.83，新老资料连片处理一次覆盖面积为 $430 km^2$。在构造精细解释和沉积相研究的基础上，运用地震波阻抗反演、地震多属性分析储层预测等技术，对该区储层展布和油气有利分布区进行了预测和刻画，成功部署了奈 21 井。该井于 2018 年 3 月 21 日完钻，完钻井深 2310.0m。主要目的层为九佛堂组。在 1945.4~1981.4m 井段试油，压裂后初期日产油为 $5.1m^3$。截至 2020 年底，奈 1 块共完钻各类井为 273 口，投产油井为 219 口，注水井为 54 口，开井为 42 口。区块日产油为 226.45t，年产油为 $9 \times 10^4 t$，累计产油为 $112.85 \times 10^4 t$。23 口井单井累计产油超过 $1 \times 10^4 t$。奈 1 块和奈 21 块勘探的成功，展示了奈曼凹陷西部陡坡带岩性油气藏勘探的巨大潜力。

为进一步拓展奈曼凹陷勘探成果。2020 年在 2016—2017 年新采集"两宽一高"三维地震资料基础上，对奈曼凹陷进行整体研究，规划部署。通过优选，在东部斜坡带部署奈 30 等 4 口探评井，其中奈 30 井在九下段获工业油流，该井于 2020 年 11 月 19 日完钻，完钻井深 1850.0m，主要目的层为九佛堂组。在 1505.6~1559.1m 井段，15.3m/11 层进行第一次试油，折日产油为 $2.4m^3$；压后水力泵排液，日产油为 $13.7m^3$，试油结论为工业油层，奈 30 井的成功，证实了东部斜坡带具有良好的勘探前景，打开了奈曼凹陷中北部地区岩性油气藏勘探的新局面。

## （二）地质条件

### 1. 地层

根据奈曼凹陷探井及邻区探井钻井揭示，凹陷地层自下而上为古生界二叠系，中生界侏罗系，下白垩统义县组、九佛堂组、沙海组、阜新组，上白垩统及新生界等。

1）古生界二叠系（P）

底部为灰色砂砾岩、细砂岩与灰绿色、褐色板岩互层；中部为灰色、灰黄色细砂岩、褐色、灰色泥质细砂岩与褐色粉砂质泥岩、泥岩互层；上部为灰色灰质细砂岩、浅灰色长石中砂岩夹褐色泥岩。奈参 1 井揭露地层厚度为 1300m。

2）中生界侏罗系（J）

发育大套火山岩，灰色、浅灰色、灰绿色凝灰岩和灰色、紫红色安山岩互层。局部地区发育冲积扇，以紫红色砂砾岩和泥岩为主。奈参 1 井揭露地层厚度为 820m。与下伏地层呈不整合接触。

3）义县组（$K_1y$）

以紫红色、灰色砾岩为主，局部地区见灰色、浅灰色、紫红色火山岩。洼陷区局部发育盐岩层。钻井揭露地层厚度为 0~1030m。与下伏地层呈不整合接触。

4）九佛堂组（K$_1$*jf*）

下段岩性为浅灰色厚层砂岩、凝灰质砂岩夹深灰色薄层凝灰质泥岩和含灰泥岩；上段下部为灰色、浅灰色砂砾岩、细砂岩、粉砂质泥岩、泥岩不等厚互层。该段以蕨类植物孢子为主，数量有所增加，以膜环弱缝孢属、有孔孢属、凹边瘤面孢属较多为特征，古型松柏类进一步增加。钻井揭露地层厚度为 0~1449m。与下伏地层呈不整合接触。

5）沙海组（K$_1$*sh*）

下部以灰色、深灰色泥岩、油页岩、粉砂质泥岩为主，夹灰色细砂岩、粉砂岩薄层；上部以灰色、深灰色泥岩、灰质泥岩为主，夹灰色灰质细砂岩薄层。该段以云杉粉属数量明显增加、海金砂孢属较多、古型松柏类较多为特征。钻井揭露地层厚度为 0~653m。与下伏地层呈整合接触。

6）阜新组（K$_1$*f*）

岩性为灰色、灰绿色、紫红色粉砂岩、砂岩、砂砾岩夹灰色、紫红色泥岩。该段杉粉属较多，云杉粉属含量增加，蕨类植物孢子及其无突肋纹孢属较多，古型松柏类连续出现；被子植物花粉少见。钻井揭露地层厚度为 0~636m。与下伏地层呈整合接触。

7）上白垩统（K$_2$）

是一套坳陷期河流相沉积的碎屑岩，主要是杂色砂砾岩、砂岩和红色、紫红色泥岩。钻井揭露地层厚度为 0~375 m。与下伏地层呈不整合接触。

8）新生界（C$_z$）

为松散黄土及大套流砂。钻井揭露地层厚度为 109~200m。与下伏地层呈不整合接触。

**2. 奈曼凹陷构造特征**

奈曼凹陷总体形态为北东向展布的长条形凹陷，受边界控盆断裂和凹陷内两条主干断裂的切割和围限，划分为三个二级构造带，各二级构造带均为北东向展布，东西两侧浅，中央部位深[29]。东西两侧构造形态又有所差别，东侧构造面貌为斜坡，西侧地层产状相对平缓，只是由于断层切割而形成相对高差较大构造面貌。根据构造的成因、构造面貌相似性和行迹的组合特点，可将凹陷划分为 3 个构造区带，从西到东依次是西部陡坡带、中央洼陷带和东部缓坡带（图 6-6-9）。

西部陡坡带：受边界主干断层控制，该构造带发育于九佛堂组沉积早期，一直到阜新组沉积末期该带才基本定型。整体呈条带状展布。该带由于离物源区较近，所处相带为扇三角洲的平原和前缘砂体，扇三角洲前缘砂体分选磨圆好，泥质含量少，储层物性好，是油气聚集的有利场所，而扇三角洲平原砂泥混杂，储层物性差，对油气形成侧向封堵，是进行岩性油藏勘探的有利区带。

东部斜坡带：位于凹陷的东部，为北东走向的长条带状，地层较平缓，整体为西北倾向。区内发育有北北东、北东、北西向断层，将该带划分为多个区块。但这些断层主要为中、晚期断层，垂向断距小，延伸长度短，使得局部构造圈闭不发育。该带由于埋藏浅，在凹陷边部下白垩统各组均遭受不同程度的剥蚀。而九下部超覆沉积在老地层之上所形成的地层超覆岩性圈闭是勘探的重点，且这类圈闭埋藏深度适中，是形成油气藏的有利圈闭类型。

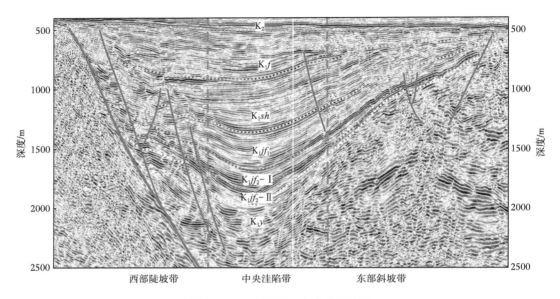

图 6-6-9　奈曼凹陷构造带划分图

中央洼陷带：位于凹陷的中部地区，呈条带状展布。该区构造较简单，断层只发育一些延伸长度短，断距较小的断层。由于九佛堂组沉积时期凹陷西侧发育有大型扇三角洲，伸向洼陷内，扇三角洲前缘远端砂体、滑塌浊积扇与湖相烃源岩互层，形成良好的生、储、盖组合，是岩性油藏勘探的有利场所。

3. 生油条件

区内主要发育九下段和义县组两套生油层系。九下段烃源岩以深灰色、灰色泥岩及凝灰质泥岩为主，有机碳含量平均为 2.92%，氯仿沥青 "A" 含量平均为 0.3132%，生油潜量平均为 14.36 mg/g，总烃含量平均为 1438.96 μg/g。干酪根类型以 Ⅰ、Ⅱ₁ 型为主，有机质热演化处于低成熟—成熟阶段[30]。义县组烃源岩在火山喷发间歇期发育形成，主要分布在凹陷北部，以深灰色泥岩夹粉砂质泥岩、含灰泥岩为主，有机碳含量平均为 3.40%，氯仿沥青 "A" 含量平均为 0.2815%，生油潜量平均为 18.54 mg/g，总烃含量平均为 1405.61 μg/g。干酪根类型多为 Ⅰ、Ⅱ₁ 型，有机质热演化处于低成熟—成熟阶段。总之，九下段和义县组烃源岩生油能力强，都为该区主力生油层段。

4. 沉积特征

通过对钻井、地震、测井及分析化验资料综合分析，确定奈曼凹陷九佛堂组沉积时期主要发育的砂岩体类型为扇三角洲砂岩体，浊积岩体以及辫状河三角洲砂岩体。

1）扇三角洲砂岩体

本区扇三角洲砂岩体主要发育在湖侵期，在剖面上也表现为多个正旋回沉积（图

6-6-10）。扇三角洲可以分为扇三角洲平原、扇三角洲前缘和前三角洲三个亚相。其沉积特征如下：

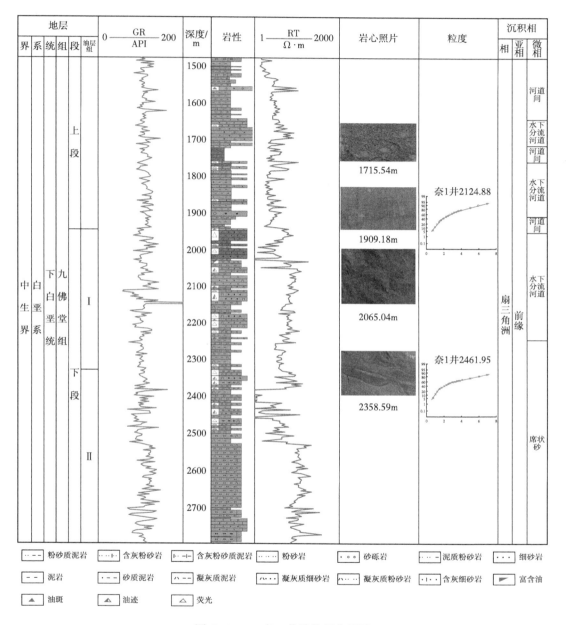

图 6-6-10　奈 1 井单井相分析图

　　扇三角洲平原分流河道由大套砂砾岩、含砾砂岩和细砂岩夹有红色、紫红色泥岩薄层构成。垂向上具下粗上细的间断性正韵律，分选差，与河流体系的河床沉积基本相同。发育板状交错层理以及冲刷—充填构造，自然电位曲线呈桶形、正梯形。

　　扇三角洲前缘水下分流河道由砂砾岩、含砾砂岩和中砂岩构成，上部还有少量的粉砂岩，分选中等。垂向层序结构特征与陆上分流河道相似，但砂岩颜色变暗，以小型交错层理为主，见块状层理、波状层理和平行层理，在其顶部可受后期水流和波浪的改造，有时出现脉状层理及水平层理。自然电位曲线呈突变的箱形或钟形，视电阻率曲线变化较大，多呈锯齿形。整个砂体呈长条状分布，横向剖面呈透镜状且很快尖灭。

扇三角洲前缘席状砂位于河口沙坝的侧方或前方，紧邻前三角洲。岩性较细，显示反韵律的粒序，表现为深灰色凝灰质泥岩和浅灰色凝灰质粉—细砂岩间互层，其中可见波状层理、变形层理。

2）浊积岩体

在沉积过程中，由于沉积物快速侧向沉积，沉积物表面倾角不断增加，沉积物在自身重力的作用下，加之地震、断裂活动等多种诱发因素影响，使沉积物向前滑塌，经液化形成浊流，并在低洼区沉积下来，形成透镜状浊流沉积。

3）辫状河三角洲砂岩体

研究区东部缓坡带九下段局部发育有辫状河三角洲前缘砂体，研究区以辫状河三角洲前缘亚相及前辫状河三角洲亚相为主，辫状河三角洲平原亚相不发育。垂向上，辫状河三角洲前缘亚相与前辫状河三角洲亚相在垂向上相互叠置，可形成进积型辫状河三角洲正旋回或退积型辫状河三角洲逆旋回（图6-6-11）。

辫状河三角洲前缘亚相是辫状河三角洲沉积较活跃的地区，为辫状河三角洲砂体的主体。辫状河三角洲前缘亚相主要为灰色细砂岩与灰色泥岩互层，其中砂岩厚度大于泥岩厚度，总体呈"泥包砂"。发育块状层理和冲刷面等沉积构造。

前辫状河三角洲亚相以灰色—深灰色泥岩夹薄层灰色细砂岩、粉砂岩，总体呈"砂包泥"。

### 5. 储层特征

1）岩性特征

奈曼凹陷九下段为区内主要勘探目的层，储层岩性以砂砾岩、细砂岩，凝灰质细砂岩为主。岩石的成分成熟度非常低，反映快速水流的近距离搬运沉积的特点。

奈曼地区储层以中砂岩、细砾岩为主，反映近距离水动力强的搬运特点；分选性以中等—差为主，颗粒磨圆度以次圆状和次棱角状—次圆状为主，说明物源与沉积地具有一定搬运距离并非山前就近沉积；接触关系有点—线接触、线接触、点接触。说明成岩过程中压实作用对砂岩原始沉积状态改造并不强烈；胶结类型以孔隙型为主。

综上所述，九上段储层砂岩成分成熟度低，结构成熟度中等，成岩后生作用较弱—中等，成岩作用应为早成岩作用后期。

2）储集空间类型

孔隙类型多样，既有粒间孔，也有粒间溶孔、铸模孔，其中以粒间孔、粒间溶孔为主，两者所占相对比例大致相同，说明成岩后期酸性流体对储集性能的改善具有积极的作用。

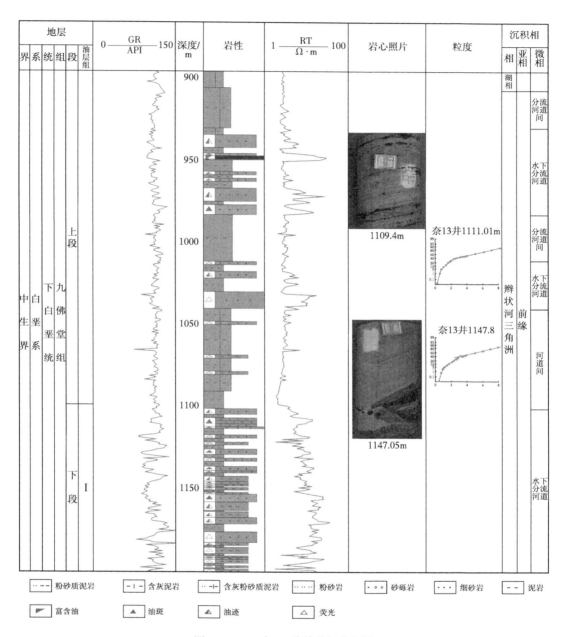

图 6-6-11　奈 13 井单井相分析图

### 3）储层物性

奈曼凹陷九佛堂组储层属于中—低孔，低渗—特低渗储层。九上段孔隙度主要分布在 7%~23% 之间，平均孔隙度为 14.8%；渗透率主要分布在 50mD 以下，平均渗透率为 11.2mD；泥质含量较高，平均为 14.9%；碳酸盐含量平均为 4.2%。九下段孔隙度主要分布在 3.9%~15.6% 之间，平均孔隙度为 11.6%，平均渗透率为 8mD；碳酸盐含量平均为 8.5%。

### 6. 生储盖组合

奈曼凹陷主要存在下生上储、自生自储三套生储盖组合。九下段暗色泥岩作为生油层，九上段砂岩为储层，沙海组大套泥岩作为盖层的下生上储式组合；九下段暗色泥岩作为生油层，同时九下段砂岩作为储层，而九上段、九下段泥岩作为盖层的自生自储式组合；义县组局部发育的暗色泥岩作为生油层，九下段砂岩作为储层，九下段泥岩作为盖层的下生上储式组合。

## （三）奈曼凹陷岩性油气藏勘探实践

奈曼坳陷油气藏的形成条件和分布特征分析表明，油气藏的形成具有一定的分区性和分带性，造成这种规律性分布的原因是断块活动、沉积体条件及沉积相类型的变化，以及油气运移聚集条件的相似性和差异性。如凹陷从西往东可以分为陡坡带、中央注陷带、东部斜坡带，不同构造带由于构造背景、断裂活动、沉积和油源等条件的差异，形成不同类型的圈闭和油气藏。根据构造条件和沉积条件的差异，结合岩性油气藏的特征，奈曼凹陷油气藏的形成可以归纳5种类型，其中岩性油气藏可分为砂岩上倾尖灭、地层超覆及物性侧向遮挡油气藏3类（图6-6-12）。

| 油藏类型 | 成因分析 | 油藏模式 | 代表油气藏 |
|---|---|---|---|
| 构造 | 断鼻 | 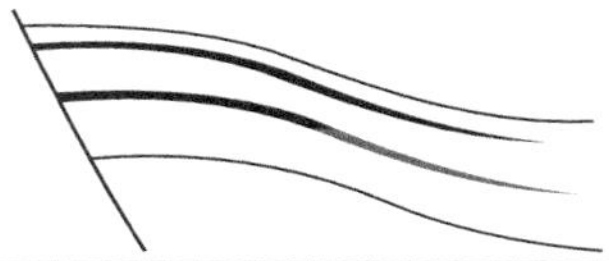 | 奈1块九上段油气藏 |
| | 断块 | 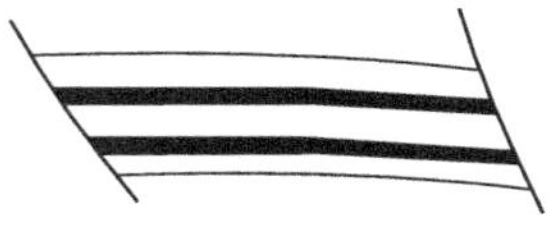 | 奈1块九上段油气藏 |
| 岩性 | 物性侧向遮挡 | 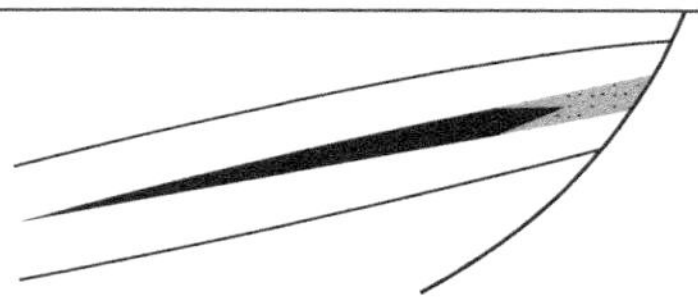 | 奈1块九下段油气藏 |
| | 上倾尖灭 | 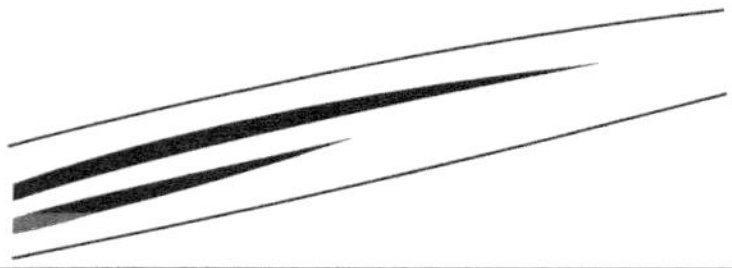 | 奈33块九下段油气藏 |
| | 地层超覆 | 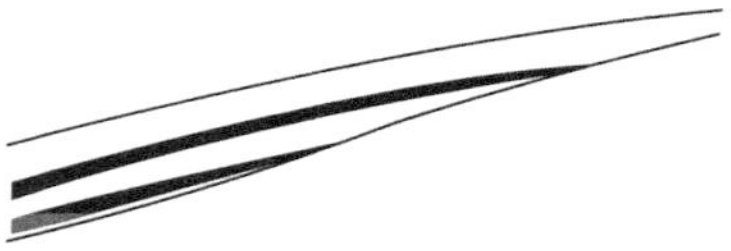 | 奈13井九下段油气藏 |

图 6-6-12 奈曼凹陷油气藏类型

（1）物性侧向遮挡油气藏模式。

西部陡坡带由于离物源区较近，所处相带为扇三角洲平原和前缘亚相，扇三角洲前缘砂体分选磨圆好，泥质含量少，储层物性好，是油气聚集的有利场所，而扇三角洲平原砂泥混杂，储层物性差，对油气形成侧向封堵，可形成大量物性侧向遮挡油气藏。如奈曼凹陷奈 1 块九下段油气藏。

（2）上倾尖灭油气藏模式。

中央洼陷带处于洼陷向缓坡上倾方向的转折部位，西侧发育的大型扇三角洲前缘远端砂体伸向洼陷内，并直接插入生烃洼陷的泥岩中，当砂岩向隆起上侧向尖灭时，可形成大量砂岩上倾尖灭油气藏。主要分布在奈曼凹陷中央洼陷带，如奈 33 块九下段油气藏。

（3）地层超覆油气藏模式。

这种模式总体上受区域基底斜坡背景控制，沉积盖层具有明显的超覆沉积特点。如东部凹陷斜坡带地层向上倾方向上超形成地层超覆圈闭，来自临近生烃凹陷的油气沿储层或断层向斜坡上方运移，在上倾方向形成的地层圈闭中聚集成藏。主要分布在奈曼凹陷东部斜坡带，如奈 13 井九下段油气藏。

整体而言，自西向东，不同地区岩性油气藏呈现出不同的特点，因此勘探思路及方法存在一定差异。

### 1.西陡坡岩性油气藏

1）成藏背景及油藏类型

奈曼凹陷西部陡坡带构造走向为北东向，构造形态整体上为一向西—西南倾斜坡，区带内发育少量北东向、近南北向断层。西边界断层沿着凹陷长轴方向展布，自凹陷沉积初期开始活动，终止于阜新组沉积末期，为长期活动的正断层。该断层控制着奈曼凹陷的形成和演化，控制着来自本区西侧的物源体系沿着断层下降盘低洼区域向东侧延伸。西边界次级断层为西边界断层伴生的下台阶断层，与西边界断层同期活动。

区域构造演化特征表明，奈曼地区始终是西高东低的地貌特点，西部高地长期出露地表遭受风化剥蚀，这种区域上的高低配置关系决定了奈曼地区的物源主要为西侧高地的供给，紧邻高地的陡坡带下降盘地区物源供给充足，主要发育扇三角洲前缘砂体。

目前已发现油藏主要位于奈 1 块和奈 21 块。奈 1 块位于双河背斜低部位，九上段为构造油藏，九下段油层分布受构造及岩性控制，构造低部位存在边水，为典型层状岩性边水油藏。奈 21 块九下段为构造岩性油气藏，九下段 3 次试油均获工业油流，该井九下段未解释水层，综合分析认为奈 21 块九下段为层状边水构造岩性油藏。

2）成藏有利因素与油层分布特征

本区油气成藏有利因素主要归纳为以下几点：

（1）本区主要发育九下段和义县组两套生油层系。九下段烃源岩以深灰色、灰色泥岩、凝灰质泥岩为主，有机碳含量平均为 2.92%，义县组烃源岩在火山喷发间歇期发育形成，以深灰色泥岩夹粉砂质泥岩、含灰泥岩为主，有机碳含量平均为 3.40%。两套生油层干酪根类型都以Ⅰ、Ⅱ₁型为主，有机质热演化处于低成熟—成熟阶段。

（2）本区九佛堂组发育扇三角洲前缘砂体，储层岩性以砂砾岩、细砂岩、粉砂岩为主，九上段储层物性较好，九下段储层较致密，非均质性强，具有形成岩性油气藏的良好储集条件。

（3）本区沙海组发育厚度为300~500m的暗色泥岩，可作为区域性盖层。同时，九佛堂组发育的大段泥岩及凝灰质泥岩对局部圈闭有较好的封盖作用。

从油气钻探及试油试采情况来看，本区油层分布具有以下几个特征：

（1）奈1区块九上段油藏埋深为1285~1726m。纵向含油幅度大，在88~300m之间。具有多套油水组合，不同断块、不同油层组之间油水界面各不相同。

（2）奈1区块九下段油层主要分布在Ⅰ、Ⅱ油层组内。

Ⅰ油层组：油藏埋深为1764~1860m，油层厚度为1.7~13.5m。油层分布主要受物性控制，为岩性油藏。

Ⅱ油层组：油藏埋深为1820~2132m，平面上油层间连通性较差，油层叠加连片，为岩性油藏。纵向上油层呈层状分布，油层分布主要受到储层物性的控制。

（3）奈21块油层主要分布在九下段的Ⅱ油层组内。九下段Ⅱ油层组油藏埋深为1600~2300m。单层油层有效厚度较薄，一般在1~5m之间。油层分布受构造及岩性控制，扇三角洲前缘相带内储层发育，西侧扇三角洲平原范围内储层不发育，砂体向北、东、南尖灭。

3）西部陡坡带油气成藏模式

自白垩纪以来，受西侧边界断层持续活动控制，奈曼凹陷西部地区快速沉降，形成西断东超的箕状凹陷。九下段沉积时期，受盆地西侧断裂活动影响，靠近物源的大量粗碎屑物质在下降盘沉积，西陡坡主要发育扇三角洲—深浅湖沉积体系，砂砾岩体向湖盆延伸相对较远。这些储集砂体被夹持或嵌入在首次湖泛期至最大湖泛期形成的暗色泥岩中，形成被断层遮挡或者侧向尖灭的岩性圈闭或构造—岩性圈闭。

从奈曼凹陷北部油气成藏模式来看（图6-6-13），西陡坡发育多期扇三角洲扇体，扇体前端与优质烃源岩充分接触，由于储层物性差，油气难以长距离运移，往往表现为紧邻油源就近成藏。在紧邻西部边界断层的双河断裂背斜带，双河背斜靠近控洼断层的下降盘，属于控洼断层长期活动形成的滚动背斜，往往形成构造油藏及构造—岩性油藏，而向洼陷中心，主要形成透镜体及砂体侧向尖灭的岩性油气藏。

通过成藏模式的建立，明确了西陡坡油藏的成藏特点，指导了下一步的勘探选区及实践。

4）勘探实践

奈曼凹陷油气勘探发现始于奈1块。2004年通过对新采集二维地震资料与老地震资料综合解释，进一步落实了凹陷边界、主干断裂和二级构造带的展布，采用区域对比方法，对奈曼凹陷进行评价，在凹陷中北部西侧发现了一个有利构造——双河断裂背斜，因此部署了奈1井。奈1井于2005年10月20日完钻，在九上段试油，1697.4~1655.0m

层段，压裂后获日产 11.54t 高产工业油流。随后又相继钻探了奈 2、奈 3 和奈 4 三口探井，均获成功，从而发现奈 1 块九上段构造油藏，并于 2006 年上报探明石油地质储量为 $1821.94 \times 10^4$t。

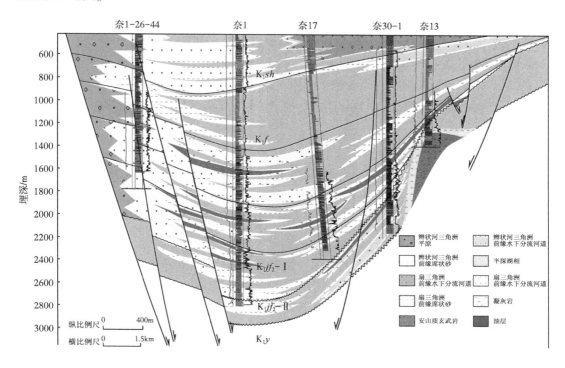

图 6-6-13　奈曼凹陷北部地区油气成藏模式图

随着奈 1 块的投入开发，2006 年 8 月，开发井奈 1-46-54 井九下段 1976.6~1691.9m 层段，压裂试采，获日产油为 7.9t。2006 年 9 月，奈 1 井在九下段 2030.9~2082.5m 层段，压裂后日产油 9.75t，喜获工业油流。之后多口开发井加深钻探，钻遇九下段油层，7 口井在九下段试油，压裂后均获工业油流，并于 2007 年上报探明石油地质储量为 $212.35 \times 10^4$t。通过井间对比分析，认为区内九下段为岩性油藏，从而拉开了西陡坡岩性油气藏勘探的序幕。在除双河背斜外可钻探有利构造不甚发育情况下，勘探对象由九上段构造油气藏为主转为九下段的岩性油气藏及构造—岩性油气藏。

自 2011 年开始，通过现有的二维和三维地震资料开展精细解释，并重点对凹陷的北部进行砂体追踪、刻画，发现了奈 10、奈 11 两个岩性圈闭，提出井位部署建议，其中奈 10 井在九下段见到了油气显示。2016 年以来加强了对该区的地质综合研究，按岩性油气藏勘探思路，在构造精细解释和沉积相研究的基础上，运用地震波阻抗反演、地震多属性分析储层预测等多种技术，对该区储层展布和油气有利分布区进行了预测和刻画。研究认为西陡坡物源来自南北两侧，发育多个扇三角洲，该区九下段为一套完整的三级层序。经历多期水进、水退沉积旋回，平面上单砂体规模较小，纵向上多期叠置，整体砂体十分发育。而后期的构造抬升作用，低洼部位砂体向西侧、北侧上倾尖灭，且邻近有效烃源岩中心，油源充足，利于形成岩性上倾尖灭油气藏。西陡坡是奈曼凹陷岩性油气藏勘探的现实领域，也是重要的增储上产阵地，成功部署了奈 21 井。该井于 2018 年 3 月 21 日完钻，完钻井深为 2310.0m。主要目的层为九下段。在 1945.4~1981.4m 层段试油，获日产油为 5.1m³。在 1860.8~1882.7m 层段试油，压后获日产油为 1.81m³，折算日产气为 19496m³。发现奈 21 块构造岩性油藏，预计可申报控制储量为 604×10⁴t。

截至 2020 年底，西部陡坡带完钻各类探井 8 口（奈 1 井、奈 2 井、奈 3 井、奈 4 井、奈 10 井、奈 21 井、奈 23 井、奈 27 井），获工业油流井 5 口，探明石油地质储量为 2034×10⁴t，剩余待探资源量为 4201×10⁴t，岩性油气藏仍是较为现实的勘探领域，有较大勘探潜力。

### 2. 东斜坡岩性油气藏

1）成藏背景及油藏类型

东部斜坡带呈北东向狭长状展布，九下段顶界形态为一北西倾向的斜坡，面积约为 175km²。东部斜坡带断裂发育较少，以中、晚期断层为主，断层走向为北东向、近南北向，垂向断距小，延伸长度短。

九下段沉积时期，本区物源来自东侧，主要发育辫状河三角洲前缘砂体，辫状河三角洲平原亚相不发育。岩性分布受沉积相带的控制作用明显，沿物源注入方向，储层岩性从粗—中砂岩到中—细砂岩逐渐过渡，储层逐渐变细。

受斜坡背景影响，沉积地层自西向东依次超覆，同时西侧紧邻生油洼陷中心，油源充足。因此本区主要发育砂岩上倾尖灭及地层超覆油气藏。

2）成藏控制因素与油层分布特征

本区目前已发现油藏主要为奈 30 区块九佛堂组岩性油藏。依据对奈曼油田东部斜坡带奈 30 区块已有探井的综合分析，九下段 I 油层组油藏受烃源岩以及储层岩性分布控制明显。主要表现为以下特征：

（1）近源成藏。斜坡带九佛堂组主要发育自生自储油藏，油源来自西侧洼陷区。在热演化过程中，烃源岩总是向着邻近的砂岩储层或沿地层上倾方向排烃，并在适宜的圈闭中成藏，因此斜坡带近源砂体成藏条件更为有利。

（2）岩性及物性控制富集程度。斜坡带地层厚度由低部位向高部位逐渐减薄，斜坡低部位沉积相带为辫状河三角洲前缘水下分流河道，储层岩性主要为砂砾岩、细砂岩。从储层岩石成分来看，酸—中性火山岩岩屑含量较高，在后期成岩作用下部分被溶蚀，形成粒间和粒内溶蚀孔，改善了储层物性，更有利于油气聚集。

从油气钻探及试油试采情况来看，本区油层分布具有以下几个特征：

（1）平面上，油层分布受沉积相带控制，在辫状河三角洲前缘水下分流河道微相内砂体最为发育，随着砂体向前延伸，储层逐渐变细，油层变薄。

（2）纵向上，油层分布集中于九下段 I 油层组，单层砂体厚度集中在 2.0~10.0m，油层单层厚度一般为 0.5~5.4m，油藏埋藏深度为 870~2140m。

3）勘探实践

东部斜坡带勘探是一个不断探索、实践再认识的过程。1995 年在斜坡带部署钻探了一口参数井——奈参 1 井，钻探资料显示由于钻探在隆起区，仅揭示 357m 下白垩统九佛堂组，未见任何油气显示。2006 年，按照"下洼找油"勘探思路，认为从中央洼陷带到东部斜坡带，九下段两期地层沿上倾方向依次超覆于义县组之上，构造部位越低，地层发育越全、储层厚度可能越大，因此于斜坡低部位部署奈 7 井。奈 7 井在九佛堂组见到多套油斑、油迹、荧光显示，证实洼陷生成的油气可以沿斜坡带向上运移，斜坡带高部位岩性地层油气藏应有较大勘探潜力。

为实现东部斜坡带岩性地层油气藏勘探的突破，从 2016 年起，区内进行了"两宽一高"三维地震资料采集，通过精细处理和解释，利用属性分析和油气检测等技术针对斜坡区储层及含油性开展研究（图 6-6-14、图 6-6-15），认为斜坡中部位主要为辫状河三角洲前缘水下分流河道微相，砂体发育，受斜坡背景控制，砂体上倾方向减薄尖灭，可以形成岩性油气藏。按照岩性油气藏勘探思路先后部署奈 13、奈 30 等井，其中奈 13 井压后水力泵排液，获日产油为 5.7m³，累计产油为 35.54m³；奈 30 井压后水力泵排液，获日产油为 14.7m³，获得高产油流，实现了奈曼凹陷东部斜坡带岩性地层油气藏勘探的重大突破。

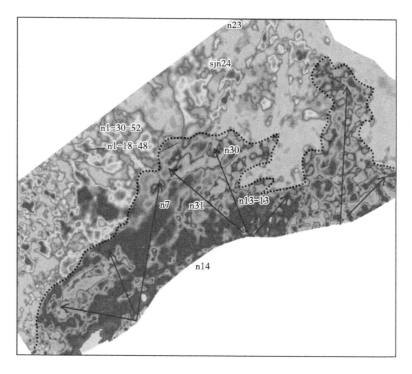

图 6-6-14　东部斜坡带九下段 I 油层组振幅属性图

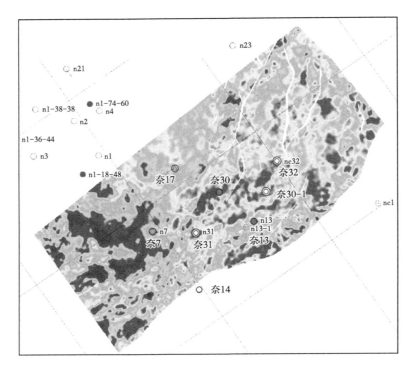

图 6-6-15　东部斜坡带九下段 I 油层组油气检测图

## 参 考 文 献

[1] 邓宏文. 高分辨率层序地层学原理及应用 [M]. 北京：地质出版社，2002.

[2] 王英民，金武弟，刘书会，等. 断陷湖盆多级坡折带的成因类型、展布及其勘探意义 [J]. 石油与天然气地质，2003，24（3）：199-203.

[3] 张巨星，蔡国刚. 辽河油田岩性地层油气藏勘探理论与实践 [M]. 北京：石油工业出版社，2007.

[4] 单俊峰，陈振岩，回雪峰. 辽河坳陷西部凹陷坡洼过渡带岩性油气藏形成条件 [J]. 石油勘探与开发，2005，32（6）：42-45.

[5] 阎火. 辽河裂谷西部凹陷下第三系沙河街组三段浊积岩相及其分布 [J]. 石油勘探与开发，1983，10（3）：24-30.

[6] 朱筱敏，康安，王贵文. 陆相坳陷型和断陷型湖盆层序地层样式探讨 [J]. 沉积学报，2003，21（2）：283-287.

[7] 冉波，单俊峰，金科，等. 辽河西部凹陷西斜坡南段隐蔽油气藏勘探实践 [J]. 特种油气藏，2005，12（1）：10-14.

[8] 单俊峰，陈振岩，回雪峰. 辽河西部凹陷岩性油气藏展布特征及有利勘探区带选择 [J]. 中国石油勘探，2005，29（4），29-33.

[9] 毛俊莉，张凤莲，鞠俊成，等. 辽河盆地西部凹陷鸳双地区沙二段储层评价及有利储层预测 [J]. 古地

理学报，2001，3（3）：76-82.

[10] 李思田，潘元林，陆永潮，等.断陷湖盆隐蔽油藏预测及勘探的关键技术——高精度地震探测基础上的层序地层学研究 [J].中国地质大学学报（地球科学），2002，27（5）：592-598.

[11] 魏艳，尹成，丁峰等.地震多属性综合分析的应用研究 [J].石油物探，2007，46（1）：43-47.

[12] 李晓光，单俊峰，陈永成.辽河油田精细勘探［M］.北京：石油工业出版社，2017.

[13] 冯增昭.沉积岩石学 [M].北京：石油工业出版社，1993.

[14] 贾承造，赵文智，邹才能，等.岩性地层油气藏地质理论与勘探技术 [M].北京：石油工业出版社，2008.

[15] 刘震，赵政璋，赵阳，等.含油气盆地岩性油气藏的形成和分布特征 [J].石油学报，2006，27（1）：17-23.

[16] 冉建斌，闫文华，杨长友，等.大民屯凹陷层序格架及沉积体系 [J].石油地球物理勘探，2005，40（1）：56-60.

[17] 董臣强，王军，张金伟.时频分析技术在三角洲层序分析中的应用 [J].断块油气田，2002，9（2）：18-21.

[18] 裘亦楠，薛叔浩，等.油气储层评价技术 [M].北京：石油工业出版社，1997.

[19] 操应长，王艳忠，徐涛玉，等.东营凹陷西部沙四上亚段滩坝砂体有效储层的物性下限及控制因素 [J].沉积学报，2009，27（2）：230-237.

[20] 朱筱敏，张晋仁.断陷湖盆滩坝储集体沉积特征及沉积模式 [J].沉积学报，1994，12（2）：20-28.

[21] 邓宏文，马立祥，姜正龙，等.车镇凹陷大王北地区沙二段滩坝成因类型、分布规律与控制因素研究 [J].沉积学报，2008，26（5）：715-724.

[22] 罗红梅，朱毅秀，穆星，等.渤海湾渤南洼陷深层湖相滩坝储集层沉积微相预测 [J].石油勘探与开发，2011，38（2）：182-190.

[23] 朱筱敏，信荃麟，刘泽容，等.东濮凹陷黄河南地区下第三系沉积体系与油气评价 [J].地质论评，1993，39（3）：248-258.

[24] 陈世悦，杨剑萍，操应长.惠民凹陷西部下第三系沙河街组两种滩坝沉积特征 [J].煤田地质与勘探，2000，28（3）：1-4.

[25] 杨懿，姜在兴，魏小洁，等.利用地震属性分析沉积环境的误区：以辽河盆地滩海东部凹陷东二段为例 [J].地学前缘，2012，19（1）：221-227.

[26] 殷敬红，雷安贵，方炳钟，等.辽河外围中生代盆地"下洼找油气"理念 [J].石油勘探与开发，2005，35（1）：6-10.

[27] 费宝生.试论残留型盆地研究思路和油气勘探方法 [J].海相油气地质，1998，3（4）：3-7.

[28] 裴家学.辽河外围盆地岩性油藏形成条件及识别 [J].特种油气藏，2015，22（4）：62-65.

[29] 田浯.奈曼凹陷烃源岩地球化学特征 [J].石油地质与工程，2018，32（5）：23-26.

[30] 赵兴齐，陈践发，张晨，等.开鲁盆地奈曼凹陷奈1区块原油地球化学特征及油源分析 [J].中国石油大学学报（自然科学版），2012，36（3）：44-53.